铁路职业教育铁道部规划教材

（中 专）

电机与电气控制技术

赵 莉 主 编

周 立 主 审

中国铁道出版社

2013年·北京

内 容 简 介

本书为铁路职业教育铁道部规划教材，是根据铁路职业教育电气化铁道供电专业教学大纲“电机与电气控制技术”课程教学计划，并结合学校实际教学情况以及现场工作的需要编写的。本书内容包括变压器、直流电机、三相异步电动机、常用低压电器、三相异步电动机的继电器-接触器控制线路、常用机械的电气控制线路、可编程控制器（PLC）基础知识等内容，文后附有15个实验内容。

本书可作为电气化铁道供电专业中专教材，也可供现场工程技术人员参考。

图书在版编目（CIP）数据

电机与电气控制技术/赵莉主编．—北京：中国铁道出版社，2008.1（2013.7重印）

铁路职业教育铁道部规划教材．中专

ISBN 978-7-113-08579-7

Ⅰ．电…　Ⅱ．赵…　Ⅲ．①电机学—专业学—教材②电气控制—专业学校—教材　Ⅳ．TM3　TM921.5

中国版本图书馆CIP数据核字（2008）第005954号

书　　名： 电机与电气控制技术

作　　者： 赵　莉　主编

责任编辑： 阚济存　武亚雯　　**电话：** 010-51873133　　**电子信箱：** td51873133@163.com

封面设计： 陈东山

责任校对： 孙　玫

责任印制： 金洪泽

出版发行： 中国铁道出版社（北京市西城区右安门西街8号，100054）

印　　刷： 北京昌平百善印刷厂

版　　次： 2008年1月第1版　　2013年7月第4次印刷

开　　本： 787mm×1092mm　1/16　印张：13.75　字数：343千

书　　号： ISBN 978-7-113-08579-7

定　　价： 28.00元

前言

本书为铁路职业教育铁道部规划教材，是根据铁路中专教育电气化铁道供电专业教学计划“电机与电气控制技术”课程教学大纲要求。由全国铁路高职和中专教学指导委员会2007年组织编写的中专教材。这套教材在编写时尽量简化理论分析，注重实践环节，文字叙述力求简明扼要、深入浅出，既可作为中等职业技术教育电气类、机电一体化(电气类)专业的教材，供三年制和二年制中等职业学校的学生使用，也可作为职业高中、电气技术工人培训的教材使用。

本书由内江铁路机械学校赵莉主编，内江铁路机械学校谢刚、陈风铃、付永华，武汉铁路司机学校陈敏，南京铁道职业技术学院苏州校区宋瑾参编。其中，谢刚编写第一章；陈风铃编写第二章；陈敏编写第三章；宋瑾编写第四章；赵莉编写第五章和第七章；第六章由赵莉、谢刚共同编写，实验部分由付永华、赵莉共同编写。本书由北京铁路电气化学校周立主审。

本书在编写过程中得到了内江铁路机械学校、武汉铁路司机学校、南京铁道职业技术学院、北京铁路电气化技术学校等单位的大力支持，内江铁路机械学校曾玲、杨光对本书的部分章节进行了文字校对，在此一并表示真挚的谢意。

由于编者水平有限，书中不足之处在所难免，敬请读者批评指正。

编　者
2007年11月

目　录

第一章

变　压　器

变压器是一种交流电能的变换装置，通过电磁感应原理，把一种电压等级的交流电能变换为另一种电压等级的交流电能，以满足电能的传输、分配和使用。

变压器有许多种类，在国民经济各部门中得到广泛应用，本章主要讲述在电力系统中普遍使用的电力变压器，其基本原理也适用于其他变压器。

第一节　变压器的结构、铭牌及分类

【学习要求】

1. 掌握变压器的结构及各部分的作用。
2. 掌握变压器型号、额定值的意义。
3. 了解变压器的分类。

一、变压器结构

变压器结构随科学技术不断发展而不断演变，图 1-1 是目前最普遍使用的电力变压器外形图。它的本体是铁芯及套在铁芯上的绕组（或称线圈），一般称这个本体为器身，同时将器身放在盛满变压器油的油箱内。所以，变压器的主要结构是铁芯、绕组、油箱及其他零部件（见图 1-1），分别介绍如下。

1. 铁芯

铁芯是变压器磁路的本体，为了减少铁芯内的涡流及磁滞损耗，通常采用含硅量为 5%、厚度为 0.35 mm 或 0.5 mm、两平面涂绝缘漆或氧化处理的硅钢片叠装而成。其牌号一般有 D31-0.35、D42-0.35、D320-0.35 等，其中字母 D 表示电工钢，D 后面的第一位数字表示含硅量，数字愈大，表示含硅量愈高；第二位数字表示比耗的高低，数字

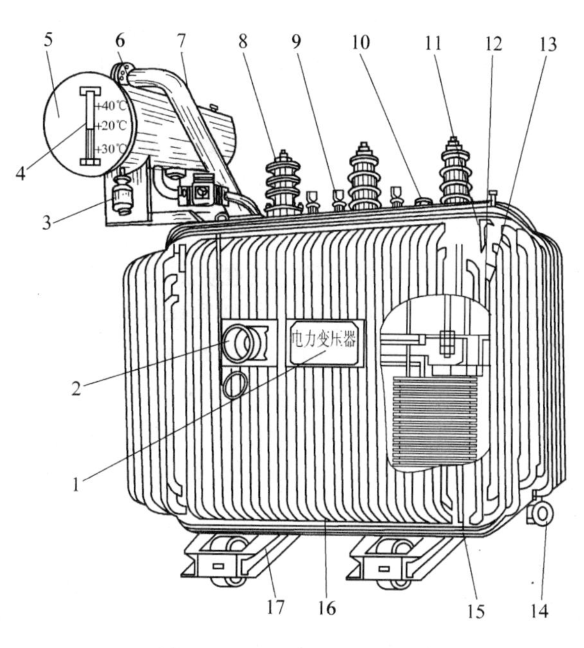

图 1-1　油浸式电力变压器

1—铭牌；2—信号式温度计；3—吸湿器；4—油表；5—储油柜；6—安全气道；7—气体继电器；8—高压套管；9—低压套管；10—分接开关；11—油箱；12—变压器油；13—铁芯；14—放油阀门；15—绕组；16—接地板；17—小车

愈大，比耗愈低；第三位数字表示冷轧硅钢片（如果没有第三位数字，表示热轧硅钢片），它们具有较优导磁性能和较低比耗；对有特殊要求变压器，可采用坡莫合金（如 1J79）、铁氧体等。

铁芯的叠装方式有叠装式和对装式两种，图 1-2 为单相变压器铁芯对装形式，图 1-3、1-4 为单相变压器铁芯叠装形式，图 1-5 为三相变压器铁芯叠装形式。

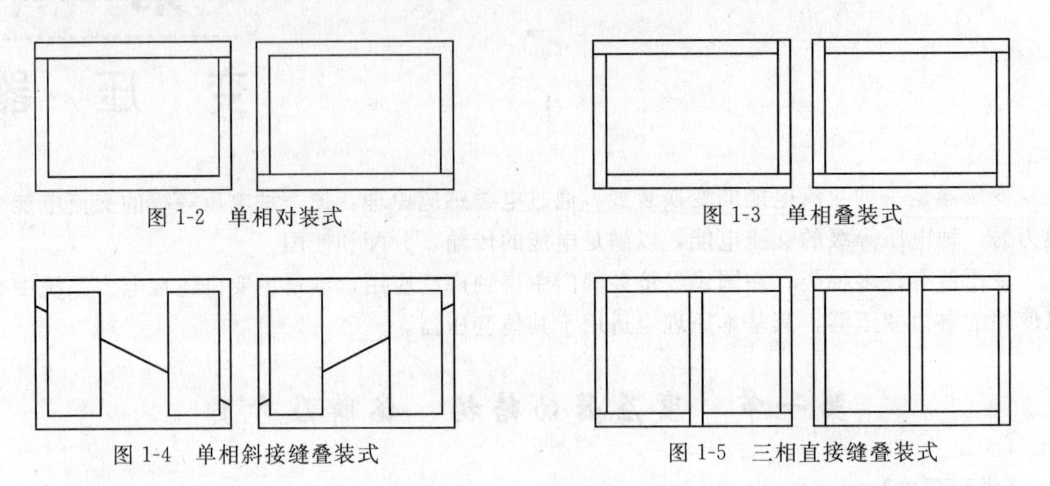

图 1-2　单相对装式

图 1-3　单相叠装式

图 1-4　单相斜接缝叠装式

图 1-5　三相直接缝叠装式

2. 绕组

绕组是变压器传递交流电能的电路部分，常用包有绝缘材料的铜线或铝线绕制而成。

为了使绕组具有良好的机械性能，其外形一般为圆筒形状，高压绕组的匝数多、导线细，低压绕组的匝数少、导线粗。

高、低压绕组同心地套装在铁芯上，称为同心式绕组，电力变压器大多采用这种结构。套装时低压绕组靠近铁芯柱，高压绕组再套在低压绕组外面，高、低压绕组之间及降压绕组与铁芯柱之间要可靠地绝缘。

为了适应不同容量与电压等级的要求，变压器绕组有多种形式，如圆筒式、螺旋式、连续式、纠结式等。

3. 油箱及变压器油

油浸式变压器的器身，放在充满变压器油的油箱中。油箱用钢板焊成，为了增强冷却效果，油箱壁上焊有散热管或装设散热器。

小容量变压器，采用揭开箱盖起吊器身的普通油箱；大容量变压器器身的重量大，起吊困难，多采用“钟罩”式油箱，即把上节油箱吊起，器身及下节油箱固定不动。

变压器油为矿物油，由石油分馏而得。其作用为：一是盛油及装器身之用；二是作为散热用，即通过变压器油将绕组和铁芯中的热量传递到油箱壁而散到周围介质中去。

4. 其他零部件

（1）储油柜（油枕）。储油柜装在油箱上部，用连通管与油箱接通，储油柜中储油量一般为油箱总油量的 8%～10%。

储油柜能容纳油箱中因温度升高而膨胀的变压器油，并限制变压器油与空气的接触面积，减少油受潮和氧化的程度。此外，通过储油柜注入变压器油，还可防止气泡进入变压器内。

储油柜内装有吸湿器，使储油柜上部的空气通过吸湿器与外界空气相通。吸湿器中装有硅胶等吸附剂，用以吸附通入储油柜内空气中的杂质和水分。

（2）安全气道（防爆管）。它是一根钢质圆管，顶端出口装有一块玻璃或酚醛薄膜片，下部与油箱连通。当变压器内部发生故障时，油箱内压力升高，油和气体冲破玻璃或酚醛薄膜片向外喷出，从而避免油箱受高压破裂。

（3）气体继电器。它安装在储油柜与油箱之间的连接管道中，是变压器内部故障的保护装置。

（4）套管。套管由瓷质的绝缘套筒和导电杆组成。穿过油箱盖后，其导电杆下端与绕组引线相连接，上端与线路连接。

（5）调压装置。为调节变压器的输出电压，可以改变高压绕组匝数在小范围内进行调压。一般在高压绕组某个部位（如中性点、中部或端部）引出若干个抽头，并把这些抽头连接在可切换的分接开关上。在停电状态下方可切换的分接开关称无励磁调压开关，在不断开负载的情况下可切换的分接开关称有载调压开关。

二、变压器的分类

为了适应国民经济各部门的不同使用目的和工作要求，变压器有多种类型，而各种类型变压器在结构上和性能上差异也很大。一般按照变压器的用途进行分类，也有按照结构特点、相数、冷却方式等进行分类。

按用途不同，变压器分为电力变压器、特种变压器、仪用互感器等。

电力变压器，又分为降压变压器、升压变压器和配电变压器等，它是电力系统的重要组成设备。如果变压器每相有两个绕组，称之为双绕组变压器，它有两个电压等级，是目前应用最广的一种型式；如果每相有三个或多个绕组，称之为三绕组或多绕组电力变压器，它有三个或多个电压等级，用来连接三个或多个电压等级的电网。

特种变压器包括电炉变压器、整流变压器、电焊变压器等，它们是专供特殊电源用的。此外，还有测量用变压器——仪用互感器（电压互感器和电流互感器）、试验用高压变压器、自动控制系统中的控制变压器、用来传递信号或阻抗匹配的电子仪器用变压器等。

按变压器的冷却方式和冷却介质不同，可分为油浸式变压器（又分为油浸自冷式、油浸风冷式和油浸水冷式等）、干式变压器（又分为干式空气自冷式、干式浇注绝缘式）、充气式变压器等。

当然，变压器类型也可按相数分，有单相、三相、多相变压器；按绕组与铁芯间相对位置分，有壳式、心式和卷铁芯变压器；按容量大小分，有小型变压器、中型变压器、大型变压器及特大型变压器。

三、铭　　牌

每台变压器在醒目位置上都装有一个铭牌，上面标明了变压器的型号和额定值。所谓额定值，是指制造厂按照国家标准，对变压器正常使用时的有关参数所作的限额规定。在额定值下运行，可保证变压器长期可靠地工作，并具有优良的性能。

1．型号

变压器型号由字母和数字两部分组成，字母代表变压器的基本结构特点，数字分别代表额定容量和高压侧的额定电压，例如：

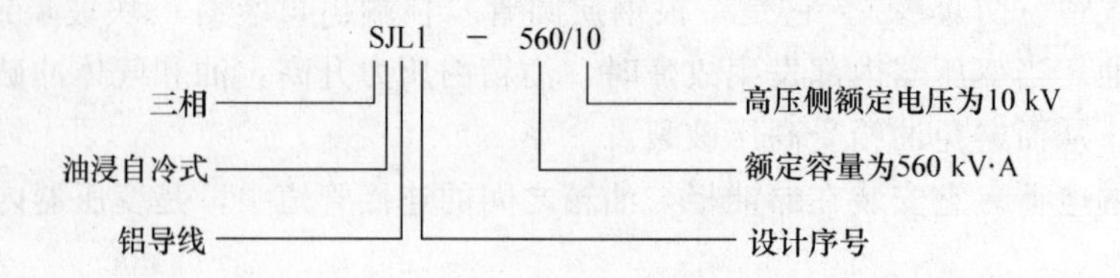

2. 额定值

(1) 额定容量 S_N。指变压器额定运行状态下输出的视在功率，单位为kV·A或MV·A。对于双绕组变压器，原、副边绕组的容量相等，即是变压器的额定容量。

(2) 额定电压 U_{1N}，U_{2N}。U_{1N}为原边额定电压。U_{2N}为副边额定电压，是指当原边接入额定电压而副边空载（开路）时的电压，单位为kV。三相变压器额定电压指线电压。

(3) 额定电流 I_{1N}，I_{2N}。I_{1N}和 I_{2N}是分别根据额定容量、额定电压计算出来的原、副边电流，单位为A。对于三相变压器，额定电流指线电流。

原、副边电流可用下式计算。

单相变压器：

$$I_{1N}=\frac{S_N}{U_{1N}};\ I_{2N}=\frac{S_N}{U_{2N}} \tag{1-1}$$

三相变压器：

$$I_{1N}=\frac{S_N}{\sqrt{3}U_{1N}};\ I_{2N}=\frac{S_N}{\sqrt{3}U_{2N}} \tag{1-2}$$

(4) 额定频率。我国规定电力系统的额定频率为50 Hz。

除上述额定值外，铭牌上还标明了温升、连接组、阻抗电压等。

例 1-1 一台SJL1-180/10型电力变压器，$U_{1N}/U_{2N}=10\ \text{kV}/0.4\ \text{kV}$。求一、二次额定电流。

解：根据题意，$S_N=180$ kV·A，则

$$I_{1N}=S_N/\sqrt{3}U_{1N}=180\times10^3/(\sqrt{3}\times10\times10^3)\text{A}=10.4\ \text{A}$$
$$I_{2N}=S_N/\sqrt{3}U_{2N}=180\times10^3/(\sqrt{3}\times0.4\times10^3)\text{A}=259.8\ \text{A}$$

小　　结

变压器的主要结构是铁芯、绕组、油箱及其他零部件。铁芯是变压器磁路的本体，是磁路部分；绕组是变压器传递交流电能的电路部分。

变压器按用途不同分为电力变压器、特种变压器、仪用互感器等。按变压器的冷却方式和冷却介质不同，可分为油浸式变压器、干式变压器、充气式变压器等。

变压器的额定值，包括额定功率、额定电压、额定电流及额定频率等。其电流、电压均指的是线值。应尽量保证变压器在额定状态下运行。

第二节　变压器的工作原理

【学习要求】

掌握变压器的工作原理。

从变压器结构可知，它的主体是铁芯及套在铁芯上的绕组。如果把接交流电源的绕组称为一次绕组（或原边绕组），用字母 N_1 表示其匝数，则把接负载（如灯泡）的绕组称为二次绕组（或副边绕组），用字母 N_2 表示其匝数（见图 1-6）。当一次绕组接通交流电源时，接二次绕组的灯泡便发光，是什么原因呢？二次绕组并没有直接接在电源上，灯泡发光所消耗的电能从哪里来呢？这要用电磁感应的原理来解释：处在变化磁场中的导体，产生感应电动势，当外电路通过负载（灯泡）闭合时，便有电流通过，使灯泡发光。具体来说，是当一次绕组接上交流电源时，在一次绕组中就有交流电流通过，该电流将在铁芯中产生交变磁通 Φ，由于一、二次绕组套在同一铁芯上（实际上两绕组套在同一铁芯柱上，以增大耦合作用，为简明起见，常把两绕组分别画在铁芯两边），铁芯中的磁通同时交链一、二次绕组。于是，在这两绕组中都产生感应电动势（e_1、e_2）。对负载来说，二次绕组的电动势相当于电势源，在与二次绕组连接的回路中，便有电流通过灯泡，使灯泡发光。

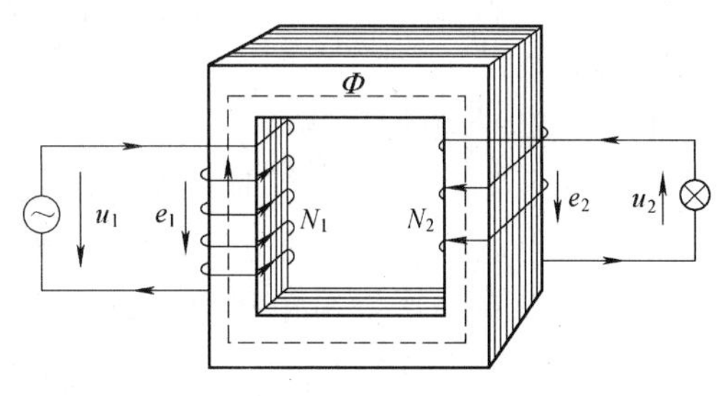

图 1-6　变压器原理图

由此可见，当变压器一次绕组通以交流电时，在其铁芯中产生交变磁通，根据电磁感应原理，一次绕组将从交流电源处吸收电能，传递到二次绕组，供给负载。这就是变压器的基本工作原理。

显然，铁芯中的磁通是传递能量的桥梁，也就是说，变压器只传递交流电能，而不能产生电能，它只能改变交流电压或电流，而几乎不改变它们的乘积。

为了分析方便，把变压器一次绕组称为一次侧，把接负载的一侧称为二次侧。它们的物理量及其参数，分别附有下标“1”和“2”以示区别。下节将对空载运行和负载运行进行详细分析。

小　　结

变压器的工作原理是基于电磁感应定律，交变磁场是工作的媒介。为了减少铁耗和提高磁路的磁导率，采用高导磁的硅钢片叠成闭合铁芯；为了增加一、二次侧电磁耦合，将一、二次绕组套在同一铁芯柱上。

第三节　变压器的运行特性

【学习要求】

1. 掌握变压器变比的计算。
2. 掌握变压器空载、负载时的功率关系。
3. 掌握变压器电压变化率、效率的意义。
4. 掌握变压器外特性的意义。
5. 了解变压器空载、负载时的特点及等效电路。

一、变压器的空载运行

变压器一次绕组接在额定电压和额定频率的电网上，而二次侧开路时的运行状态，称为空载运行，如图 1-7 所示。

1. 空载运行时的磁场

单相变压器在空载运行时，在一次绕组中通过的电流，称为空载电流，用 $\dot{I}_0$ 表示。空载电流在一次绕组中建立空载磁动势 $\dot{F}_0=N_1\times\dot{I}_0$ 及相应的磁通。其方向按右手螺旋定则确定。由于绝大部分磁通 $\dot{\Phi}_m$ 沿铁芯闭合，同时与一、二次绕组交链，称为主磁通；另一小部分磁通 $\dot{\Phi}_{1\sigma}$ 主要沿非铁磁性材料（变压器油或空气等）闭合，而且仅与一次绕组交链，称为一次绕组漏磁通。变压器空载时主磁通占总磁通的绝大部分，而漏磁通约为 0.2%。主磁通起传递能量的媒介作用，漏磁通仅在一次绕组内产生感应电动势，只起电压降的作用，不能传递能量。

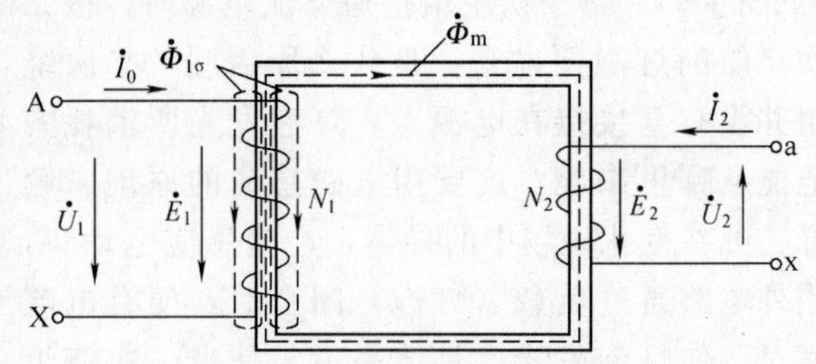

图 1-7 单相变压器空载运行示意图

2. 空载运行时的电动势和变比

(1) 电动势。根据电磁感应定律，可推出变压器一、二次侧的感应电动势

$$\dot{E}_1=-\mathrm{j}4.44fN_1\dot{\Phi}_m \quad E_1=4.44fN_1\Phi_m \tag{1-3}$$

$$\dot{E}_2=-\mathrm{j}4.44fN_2\dot{\Phi}_m \quad E_2=4.44fN_2\Phi_m \tag{1-4}$$

$$\dot{E}_{1\sigma}=-\mathrm{j}4.44fN_1\dot{\Phi}_{1\sigma} \quad E_{1\sigma}=4.44fN_1\Phi_{1\sigma} \tag{1-5}$$

一、二次绕组感应电动势有效值 E_1 和 E_2 正比于主磁通最大值 Φ_m，电网频率 f 及匝数 N_1（或 N_2），其相位滞后于 $\dot{\Phi}_m$ 90°。

如果不计漏电动势的影响，从图 1-7 可知，$\dot{U}_1\approx\dot{E}_1$，也就是说，$E_1$ 与 U_1 几乎大小相等，而方向相反，故把 E_1 称为反电势。

(2) 变比。一、二次绕组感应电动势之比值，称为变压器的变比（用字母 k 表示），它等于两绕组匝数之比，即

$$k=\frac{E_1}{E_2}=\frac{N_1}{N_2} \tag{1-6}$$

当变压器空载运行时，由于一次侧 $\dot{U}_1\approx\dot{E}_1$，二此侧 $\dot{U}_{20}\approx\dot{E}_2$，故可近似地认为 $k=U_1/U_2$。

3. 电动势平衡方程式及等效电路

根据图 1-7 各量所规定的方向，按基尔霍夫回路定律，可列出单相变压器空载时的电动势平衡方程式：

$$\dot{U}_1=-\dot{E}_1-\dot{E}_{1\sigma}+\dot{I}_0r_1 \quad \dot{U}_{20}=\dot{E}_2 \tag{1-7}$$

经过换算得

$$\dot{U}_1=-\dot{E}_1+\dot{I}_0Z_1=\dot{I}_0Z_m+\dot{I}_0Z_1 \tag{1-8}$$

$$\dot{U}_{20}=\dot{E}_2 \tag{1-9}$$

式中 $Z_1=r_1+\mathrm{j}X_1$——一次绕组漏阻抗；

r_1——一次绕组自身电阻；

X_1——一次绕组漏电抗，是个常数，表征漏磁通对电路的电磁效应；

$Z_m = r_m + jX_m$——励磁阻抗，不是常数，受主磁路饱和变化的影响；

r_m——励磁电阻，对应于铁耗电阻；

X_m——励磁电抗，表征铁芯磁化性能的一个重要参数。

根据空载电动势平衡方程式，便可画出对应的等效电路（见图 1-8）。

4. 空载时的功率

单相变压器空载时，从电源输入的功率仅与变压器的内部损耗相平衡。空载时输入变压器的功率用 p_0 表示，绕组电阻 r_1 上铜耗用 p_{Cu10} 表示，铁耗用 p_{Fe} 表示，则

$$P_0 = p_{Cu10} + p_{Fe} = I_0^2 r_1 + I_0^2 r_m \tag{1-10}$$

而

$$P_0 = U_1 I_0 \cos\varphi \tag{1-11}$$

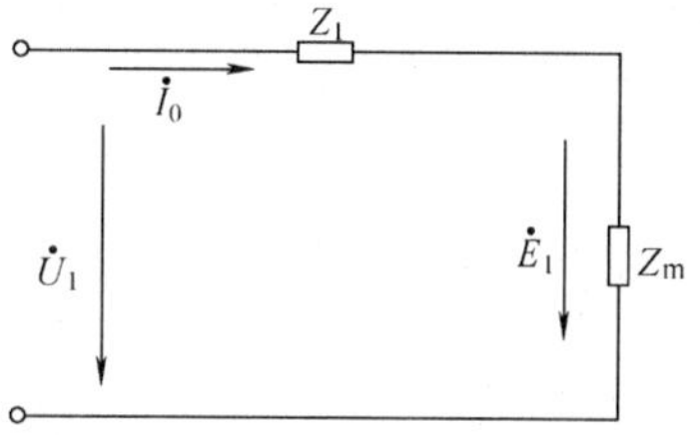

图 1-8 单相变压器空载等效电路图

其中，φ 为 U_1 与 I_0 的夹角，称为空载时的功率因数角。变压器空载时 φ 几乎为 90°，因而功率因数很低。

例 1-2 一台 $S_N = 600$ kV·A 的单相变压器，接在 $U_1 = 10$ kV 的电源上，空载时二次电压 $U_2 = 400$ V。已知 $N_2 = 32$ 匝，若不计漏阻抗影响，则该变压器变比 k 及 N_1 各为多少？

解： 如不计漏阻抗影响，则 $U_1 = E_1$，$U_2 = E_2$，可得

$$k = \frac{E_1}{E_2} = \frac{U_1}{U_2} = \frac{10 \times 10^3}{400} = 25$$

则一次绕组匝数 N_1 为

$$N_1 = kN_2 = 25 \times 32 = 800 \text{（匝）}$$

二、变压器的负载运行

变压器一次绕组接在额定电压和额定频率的电网上，而二次侧接上负载时的运行状态，称为负载运行，如图 1-9 所示。

1. 负载运行时的物理情况

变压器负载运行时，一次电流从空载时的 $\dot{I}_0$ 改变为负载时的 $\dot{I}_1$，但一次侧漏阻抗的电压降 $\dot{I}_1 Z_1$ 与 $\dot{E}_1$ 比较仍然很小，仍有 $\dot{U}_1 \approx -\dot{E}_1$ 的关系，故从空载到额定负载时，E_1 变化很小，与之相对应的主磁通和产生主磁通的合成磁动势变化也很小，故负载时的磁化电流与空载电流 $\dot{I}_0$ 相差很小，仍近似认为相等，所对应主磁通仍用 $\dot{\Phi}_m$ 表示。二次侧有电流 $\dot{I}_2$ 流过，由于变压器是一种静止的电气设备，在传递电功率的过程中损耗很小。在理想情况下可认为原边功率等于副边功率，即

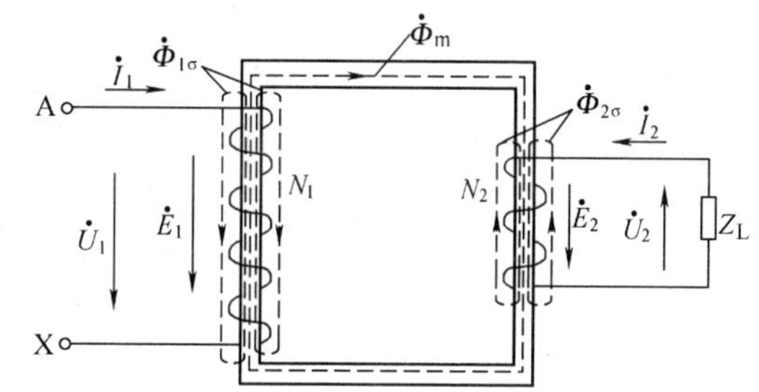

图 1-9 单相变压器负载运行原理图

$$U_1 I_1 = U_2 I_2 \tag{1-12}$$

故有

$$\frac{I_1}{I_2} = \frac{U_2}{U_1} = \frac{N_2}{N_1} = \frac{1}{k} \tag{1-13}$$

2. 负载时的等效电路

变压器负载时的等效电路，如图 1-10 所示。

由 T 形等效电路，可得变压器负载运行时的基本方程式

$$\left.\begin{aligned}\dot{U}_1&=-\dot{E}_1+\dot{I}_1Z_1\\ \dot{E}_2'&=\dot{U}_2'+\dot{I}_2'Z_2'\\ \dot{U}_2'&=\dot{I}_2'Z_L'\\ \dot{E}_1&=\dot{E}_2'\\ \dot{E}_1'&=-\dot{I}_0Z_m\\ \dot{I}_1+\dot{I}_2'&=\dot{I}_0\end{aligned}\right\}\tag{1-14}$$

T 形等效电路虽然能正确反映变压器内部电磁关系，但进行计算还是比较复杂，由于 $I_0 \ll I_{1N}$，可把 I_0 忽略不计，于是得到变压器负载时的等效电路，如图 1-11 所示。

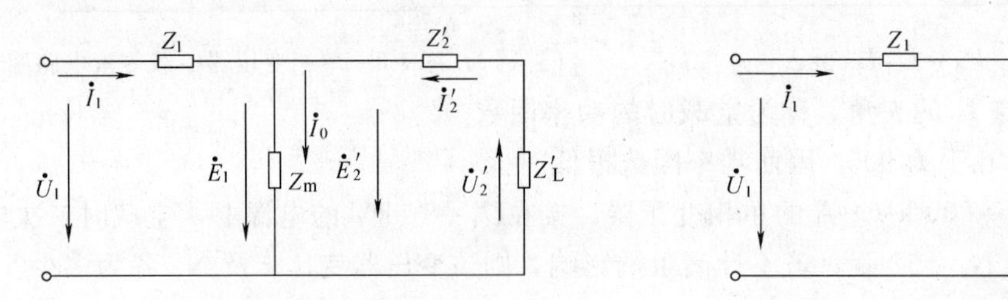

图 1-10　变压器 T 形等效电路

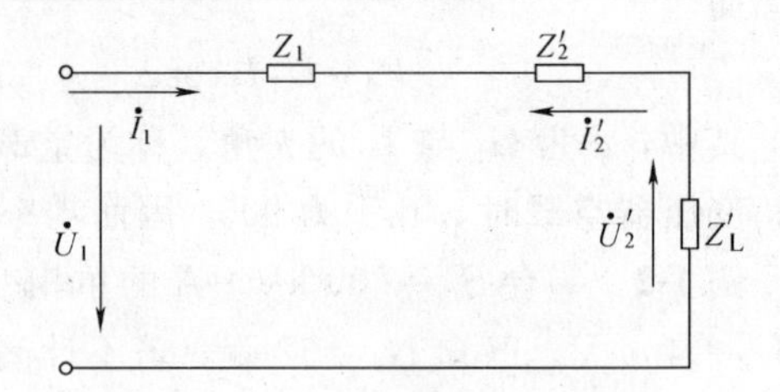

图 1-11　变压器简化等效电路

当 $Z_L=0$（即负载短路时）则变压器的等效输入阻抗为 Z_1+Z_2'，称之为短路阻抗，用字母 Z_K 表示。即

$$Z_K=Z_1+Z_2'=r_K+jX_K$$

式中　$r_K=r_1+r_2'$——短路电阻；

$X_K=X_1+X_2'$——短路电抗；

r_2'——二次绕组自身电阻等效到一次侧的值；

X_2'——二次绕组漏电抗等效到一次侧的值，是个常数，表征漏磁通对电路的电磁效应。

3. 变压器负载运行时的功率关系

变压器是将一种电压等级的电能转变为另一种电压等级的电能的电气设备，负载需要什么性质功率，需要多少功率，变压器就输给相应的功率。当然，在能量的传输过程中，变压器本身也要消耗一小部分功率，使输出功率小于输入功率。则输入功率与输出功率的关系式为

$$P_1=p_{Cu1}+p_{Fe}+p_{Cu2}+P_2=P_2+\sum p \tag{1-15}$$

式中　P_1——变压器的输入功率；

p_{Cu1}——一次绕组电阻上的铜耗；

p_{Cu2}——二次绕组电阻上的铜耗；

p_{Fe}——变压器的铁耗；

P_2——变压器的输出功率。

$\sum p=p_{Cu1}+p_{Cu2}+p_{Fe}$ 称为总损耗，它由两部分组成：一部分是可变损耗（$p_{Cu1}+p_{Cu2}$）；另一部分为不变损耗 p_{Fe}，它与负载大小无关。

例 1-3　有一台单相变压器，$U_{1N}/U_{2N}=3\,000$ V/220 V，供给一台 $P_L=25$ kW 电阻炉。求该变压器一、二次侧的电流。

解：变压器二次侧电流即为这台电阻炉的电流，所以

$$I_2 = P_L/U_{2N} = (25\times10^3)/220 = 114(\text{A})$$

一次电流为

$$I_1 \approx \frac{I_2}{k} = \frac{U_2}{U_1}I_2 = \frac{220}{3\ 000}\times114 = 8.33(\text{A})$$

三、变压器的外特性

在原绕组电压为额定电压，负载功率因数 $\cos\varphi_2$ 为一常数时，变压器副绕组端电压 U_2 随负载电流 I_2 变化的规律 $U_2=f(I_2)$ 称为变压器的外特性，如图 1-12 所示。由图可见，空载时 $I_2=0$，则 $U_2=U_{20}$。

当负载为电阻性或电感性负载时，随着 I_2 的增大，U_2 逐渐降低，即变压器具有下降的外特性。在负载大小相同时，其电压下降的程度取决于负载的功率因数，负载功率因数越低，U_2 下降越大。当负载为电容性负载时，随着 I_2 的增大，U_2 有可能上升，即变压器具有可能上升的外特性。

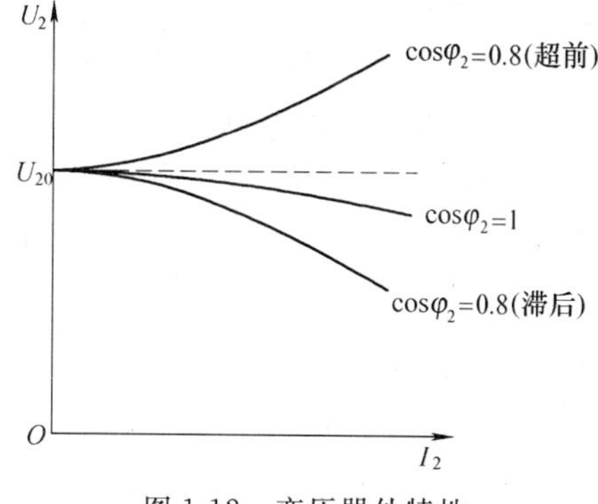

图 1-12　变压器外特性

四、变压器的电压变化率

变压器的负载并不是固定不变的，负载的变化会影响到变压器副绕组端电压的变化。随着负载的变化，电源电压变化越小，则说明供电电压的质量越高。一般用电压变化率来反映供电电压的稳定性，它是变压器运行的主要性能指标之一。

变压器一次绕组接在额定频率、额定电压的电网上，二次侧空载电压 U_{20} 与在给定负载功率因数下二次侧有电流时的二次电压 U_2 的算术差（$U_{20}-U_2$），与二次额定电压之比，即为电压变化率，用 $\Delta U\%$ 来表示，则

$$\Delta U\% = \frac{U_{20}-U_2}{U_{20}}\times100\% = \frac{U_{2N}-U_2}{U_{2N}}\times100\% \tag{1-16}$$

五、变压器的效率

变压器在能量转换过程中总伴随着铜耗和铁耗，致使输出功率小于输入功率。将输出功率与输入功率的比值称为效率，用字母 η 表示。即

$$\begin{aligned}\eta &= \frac{P_2}{P_1}\times100\% = \frac{P_1-\sum p}{P_1}\times100\% = \left(1-\frac{\sum p}{P_2+\sum p}\right)\times100\% \\ &= \left(1-\frac{p_{\text{Cu1}}+p_{\text{Cu2}}+p_{\text{Fe}}}{P_2+p_{\text{Cu1}}+p_{\text{Cu2}}+p_{\text{Fe}}}\right)\times100\%\end{aligned} \tag{1-17}$$

变压器效率的高低，反映了变压器运行的经济性，是运行性能的重要指标。由于变压器是静止电气设备，在能量转换过程中没有机械损耗，故其效率较高，一般中小型变压器效率可达 95%～98%，大型变压器可达 99%以上。

变压器的效率 η 随输出功率 P_2 变化的规律称为变压器的效率特性 $\eta=f(P_2)$，如图 1-13 所示。由图可见，变压器的效率有一个最大值。当变压器的不变损耗等于可变损耗时，变压

器的效率达到最大。要提高变压器的效率，不应使变压器在较小负载下运行；也不宜使变压器在很大负载下运行，如果负载过大，铜耗会急剧增大，不仅使效率下降，而且温度升高，会使变压器过热而受到损害，严重时将烧毁变压器。

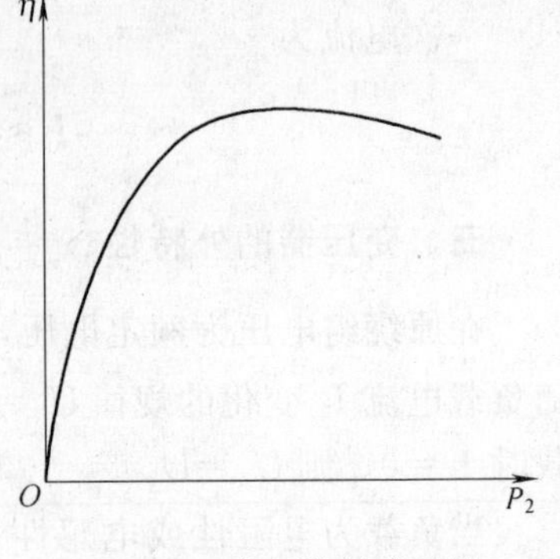

图 1-13　变压器效率特性

小　　结

从变压器空载运行可知，根据变压器内部磁通的实际分布情况和所起作用不同，把磁通分为主磁通和漏磁通两部分，主磁通沿铁芯闭合，在一、二次绕组中产生感应电动势，起传递电磁功率的媒介作用；漏磁通是经过非磁性物质闭合，只起电抗压降作用而不直接参与能量传递。

电压变化率 $\Delta U\%$ 和效率 η 是变压器重要性能指标，$\Delta U\%$ 的大小表明变压器运行时二次电压的稳定性，η 表明运行时的经济性。

第四节　变压器的参数测定

【学习要求】

1. 掌握变压器空载、负载试验的目的及注意事项。
2. 了解短路电压标幺值、短路阻抗标幺值的意义。

变压器等值电路中的各阻抗参数，直接影响变压器的运行性能，对已经制造出来的变压器，可用空载试验和负载（短路）试验测定这些参数。

一、空载试验

空载试验可测定励磁阻抗 Z_m、铁芯损耗 p_0、空载电流 I_0 及变比 k。图 1-14 为单相变压器空载实验原理接线图。

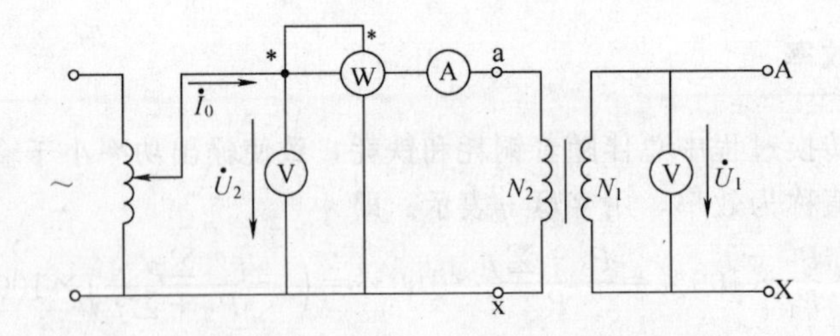

图 1-14　变压器空载试验接线图

为了试验安全和仪表选择方便，一般在低压侧施加电压而高压侧空载。由于励磁阻抗的数值与铁芯的饱和程度有关，即与外施电压有关，因此试验电压应为额定电压，这样测定的励磁阻抗值才有意义。

仪表中的读数分别为 U_2、U_1、I_0、p_0，结合空载等值电路，并忽略很小的 r_1、X_1，可计算出励磁阻抗和变比 k，得

$$\left.\begin{aligned}Z_m&=\frac{U_{1N}}{I_0}\\ r_m&=\frac{p_0}{I_0^2}\\ X_m&=\sqrt{Z_m^2-r_m^2}\\ k&=\frac{U_1}{U_2}\end{aligned}\right\}\tag{1-18}$$

由于空载试验是在低压侧施加电源电压，所以测得的励磁参数是折算到低压侧的数值，如果需要得到高压侧的数值，还必须乘以 k^2。这里的 k 是高压侧对低压侧的变比。

空载电流和空载损耗（铁损耗）随电压的大小而变化，即与铁芯的饱和程度有关。所以，测定空载电流和空载损耗时，也应在额定电压下才有意义。

二、负载（短路）试验

通过负载试验可测定短路阻抗 Z_K 及短路损耗 p_K。图 1-15 为单相变压器负载试验原理接线图。

为了便于测量，负载试验一般将变压器高压侧经调压装置接入试验电源，而低压侧短路。高压侧绝对不允许加额定电压，否则，一、二次绕组电流过大将被烧毁。所以，作短路试验时，通常取短路绕组的电流达额定值为计算依据。此时高压侧所加电压约为额定电压的 5%～10%，称为短路电压，用字母 U_K 表示。

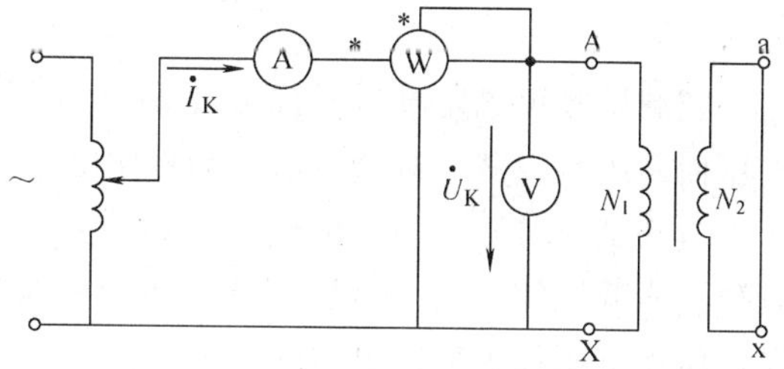

图 1-15　单相变压器负载试验接线图

仪表中的读数分别为 U_K、I_K 和 p_K，结合副边短路时的等值电路（其中 $Z_L'=0$），可计算出短路阻抗为

$$\left.\begin{aligned}Z_K&=\frac{U_K}{I_K}\\ r_K&=\frac{p_K}{I_K^2}\\ X_K&=\sqrt{Z_K^2-r_K^2}\end{aligned}\right\}\tag{1-19}$$

在 T 形等值电路中，可以认为 $r_1=r_2'=\frac{r_K}{2}$，$X_1=X_2'=\frac{X_K}{2}$。由于电阻与温度有关，按国家标准，应将试验温度下测定的 r_K 和 Z_K 折算到 75℃时的值。

对于铜线变压器按下式换算：

$$\left.\begin{aligned}r_{K75℃}&=\frac{235+75}{235+\theta}r_K\\ Z_{K75℃}&=\sqrt{r_{K75℃}^2+X_K^2}\end{aligned}\right\}\tag{1-20}$$

式中 θ 为试验时的环境温度。对铝线变压器，式中的常数 235 应改为 225。

短路试验时，当 $I_K=I_{1N}$ 时电源所加电压——短路电压 $U_K=I_KZ_K$，如果用 $I_{1N}Z_{K75℃}$ 表示，则称额定短路电压，用字母 U_{KN}表示。它与高压侧额定电压 U_{1N}的比值，称为短路电压标幺值（或相对值），用字母 u_K 表示（习惯上有时也叫 u_K 为短路电压），即

$$u_K=U_{KN}/U_{1N}=I_{1N}Z_{K75℃}/U_{1N}=\frac{Z_{K75℃}}{U_{1N}/I_{1N}}=Z_{K75℃}/Z_{1N}=z_K^* \tag{1-21}$$

式中 $Z_{1N}=U_{1N}/I_{1N}$——一次侧阻抗基值，是一次侧额定电压与额定电流的比值；

z_K^*——短路阻抗标幺值，用“*”号加以区别。

可见，短路电压标幺值 u_K 与短路阻抗标幺值 z_K^* 相等。所以，u_K 是变压器的一个重要参数，应标在铭牌上。u_K 的大小反映了变压器在额定负载下运行时，漏阻抗压降的大小，从运行角度看，希望阻抗压降小，使变压器输出电压随负载变化波动小一些，但 u_K 或 z_K^* 太小时，变压器短路电流太大，可能损坏变压器，因而在一般情况下，中小型电力变压器的 u_K 为 4%～10.5%；大型的为 12.5%～17.5%。

对于三相变压器，试验测定的电压、电流及功率是指线电压、线电流和总功率。应根据不同的接线方式，先将线电压、线电流换算成相值，将总功率换算为一相的功率，然后按上述公式进行计算，求得变比、每相参数等。

小　结

空载试验可测定励磁阻抗 Z_m、铁芯损耗 p_0、空载电流 I_0 及变比 k。一般在低压侧施加电压而高压侧空载，试验电压应为额定电压。若要得到高压侧的参数值，还应乘以 k^2。

负载试验可测定短路阻抗 Z_K 及短路损耗 p_K。一般将变压器高压侧经调压装置接入试验电源，而低压侧短路。高压侧绝对不允许加额定电压，否则，一、二次绕组电流过大被烧毁，所加电压约为额定电压的 5%～10%。

第五节　三相变压器

【学习要求】

1. 了解组式、心式变压器的特点。
2. 掌握变压器端头标记及连接组的判定。
3. 掌握变压器并联运行的条件。

目前电力系统均采用三相制，因而三相变压器得到了广泛的应用。

三相变压器在对称负载下运行时，各相电压、电流大小相等，相位彼此差 120°，各相参数亦相等，故对它的研究归化为分析一相的方法，先求取一相的电压、电流，然后根据对称关系获得其他两相的电压和电流。因此，单相变压器的基本方程式、等效电路、运行特性等均适用于三相变压器。

一、三相变压器的磁路系统

三相变压器按铁芯结构形式的不同分为两种：一种是组式变压器，另一种是心式变压器。

组式变压器由三台单相变压器铁芯组合而成，其特点是三相磁路各自独立，互不关联，如图 1-16 所示。

三相心式变压器如图 1-17 所示。其特点是各相磁路彼此关联，每相磁通都要通过另两相磁路闭合。

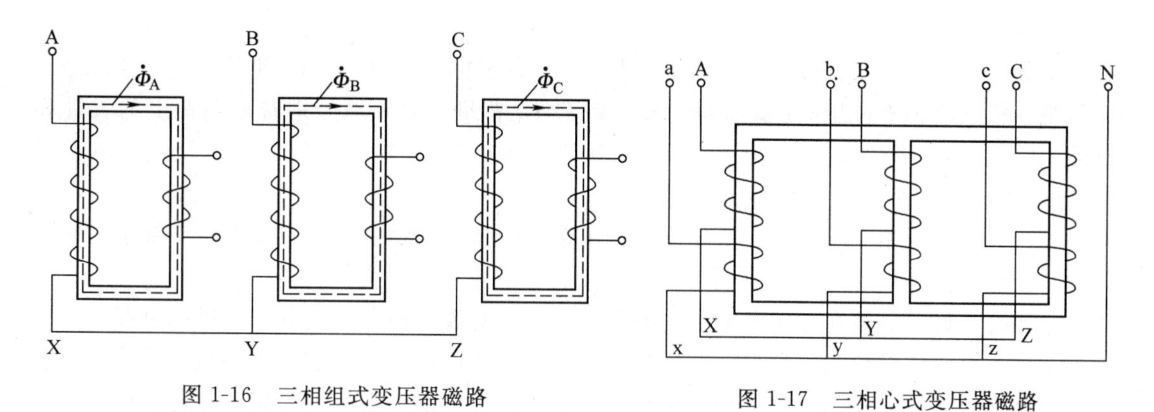

图 1-16　三相组式变压器磁路　　　　图 1-17　三相心式变压器磁路

目前使用较多的是三相心式变压器，它具有材料省（特别是硅钢片、油箱及变压器油）、结构简单、维护方便、占地面积小等优点。

二、三相变压器的电路系统——连接组

变压器不但能改变电压（电动势）的数值，还可以使高、低压侧的电压（电动势）具有不同的相位关系。所谓变压器的连接组，就是讨论高、低压侧绕组的连接法以及高、低压侧电压（电动势）之间的相位关系。

1. 单相变压器的连接组

分析单相变压器高、低压侧绕组感应相电动势之间的相位关系。如图 1-18 所示。首先，用字母符号标记高、低压绕组出线端：高压绕组首端记为 A，尾端记为 X；低压绕组首端记为 a，尾端记为 x。其次，规定高、低压相电动势正方向：各绕组相电动势正方向从首端指向尾端。即高压绕组相电动势正方向为 $\dot{E}_{AX}$，为简化便用 $\dot{E}_A$ 表示，低压绕组相电动势正方向为 $\dot{E}_{ax}$，用 $\dot{E}_a$ 表示。

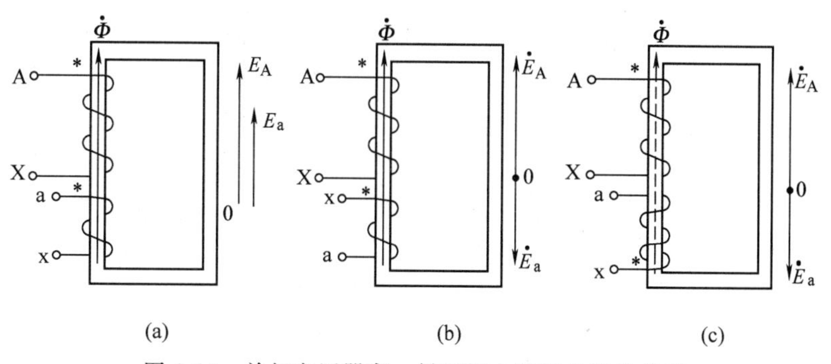

图 1-18　单相变压器高、低压相电动势的相位关系

(a) I，I0 连接组；(b)、(c) I，I6 连接组

综上所述，高、低压绕组相电动势之间只有两种相位关系：

(1) 若高、低压绕组首端 A 与 a 为同极性端且绕组绕向相同，或 A 与 a 为异极性端且绕组绕向相反，则高、低压相电动势 $\dot{E}_A$、$\dot{E}_a$ 相位相同；

(2) 若高、低压绕组首端 A 与 a 为异极性端且绕组绕向相同，或 A 与 a 为同极性端且

绕组绕向相反，则高、低压相电动势 $\dot{E}_A$、$\dot{E}_a$ 相位相反。

对上述的相位问题，常用“连接组”来表明高、低压绕组的连接法及其电动势的相位关系，其表示方法如下：

单相变压器高、低压绕组连接组用 I/I 表示。数字标号用时钟的钟点表示，其含义是把高压绕组相电动势 $\dot{E}_A$ 相量及低压绕组相电动势 $\dot{E}_a$ 相量，形象地分别看成时针上的长针和短针，并且令高压绕组相电动势 $\dot{E}_A$ 指着时钟盘面上的数字“12”，那么低压绕组相电动势 $\dot{E}_a$ 指向时钟的数字，即为组别号。

不论单相或三相变压器，高低压绕组线电动势相量间的相位移，不仅取决于绕组的连接方式，而且还与绕组的绕向及绕组出线端的标志——同名端有关。

单相高、低压绕组在感应电动势的瞬间，总有一对端头同时为正电位，另一对端头同时为负电位，把电位极性相同的端头，用“ * ”标记，称同极性端。如果两绕组首端为同极性端，则两绕组相电动势同相位；如果两绕组首端为异极性端，则两绕组相电动势反相位。

如图 1-18（a）的单相变压器，其连接组为 I，I0（I/I-12），图 1-18（b）、（c）的单相变压器，其连接组为 I，I6（I/I-6）。

2. 三相变压器的连接组

三相绕组主要有星形和三角形两种连接法。三相绕组的连接法及端头标记见表 1-1。

表 1-1　三相电力变压器的绕组连接法及端头标记

绕组名称	端头标记		连接法		
	首　端	尾　端	星　形	三角形	星形连接有中线引出时
高压绕组	A B C	X Y Z	Y	D	Y_N
低压绕组	a b c	x y z	y	d	y_n

（1）星形连接。以高压绕组星形连接（Y 连接）为例，其接线及电动势相量图如图1-19所示。在（a）图所规定的正方向下，有 $\dot{E}_{AB}=\dot{E}_A-\dot{E}_B$，$\dot{E}_{BC}=\dot{E}_B-\dot{E}_C$，$\dot{E}_{CA}=\dot{E}_C-\dot{E}_A$。

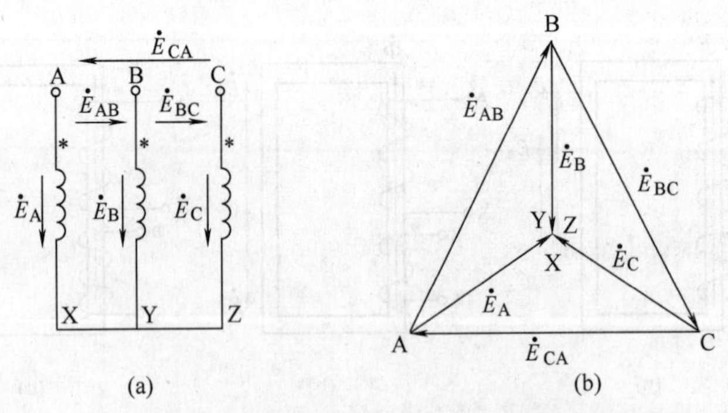

图 1-19　Y 接法的三相绕组及电动势相量图

（a）Y 接法的三相绕组；（b）电动势相量图

（2）三角形连接。三角形连接方法有两种，一种是右向三角形连接，另一种是左向三角形连接。以低压绕组右向三角形连接（d 连接）为例，其接线及电动势相量图如图 1-20 所示。在图 1-21（a）中所规定的正方向下，有 $\dot{E}_{ab}=-\dot{E}_b$，$\dot{E}_{bc}=-\dot{E}_c$，$\dot{E}_{ca}=-\dot{E}_a$。

以低压绕组左向三角形连接（d 连接）为例，其接线及电动势相量图如图 1-21 所示。

在图 1-21（a）中所规定的正方向下，有 $\dot{E}_{ab}=\dot{E}_a$，$\dot{E}_{bc}=\dot{E}_b$，$\dot{E}_{ca}=\dot{E}_c$。

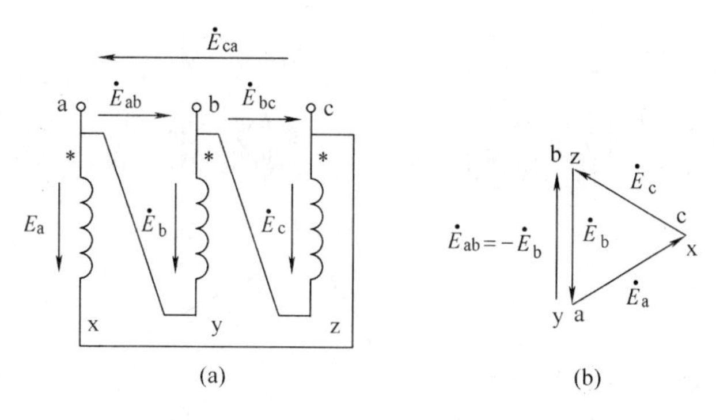

图 1-20 右向 d 接法的三相绕组及电动势相量图

（a）右向 d 接法的三相绕组；（b）电动势相量图

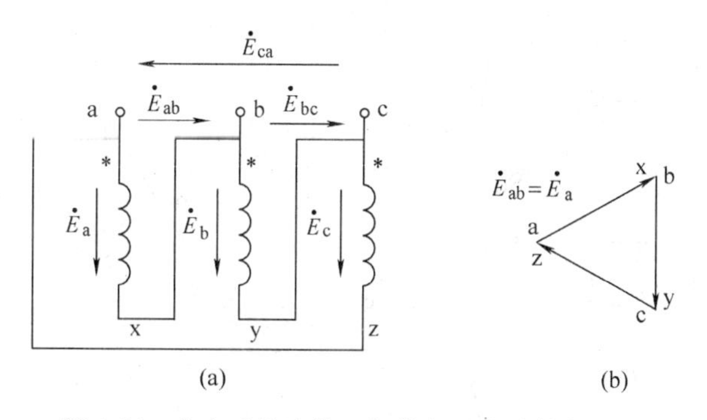

图 1-21 左向 d 接法的三相绕组及电动势相量图

（a）左向 d 接法的三相绕组；（b）电动势相量图

3. 连接组的确定

对于三相变压器，需要判定的是高、低压绕组对应线电动势之间的相位关系，所以三相变压器的连接组，是由表示高、低压绕组连接法及其对应线电动势相位关系的组别号这两部分组成。

高、低压绕组对应线电动势的相位关系，可用相位差表示，高低压绕组的连接法（星形或三角形）不同，相位差也不一样，但总是 30°的倍数，因此，仍然可用时钟数字来表示对应线电动势之间的相位差。具体方法是，分别作出高、低压侧电动势相量图，选高压侧线电动势 $\dot{E}_{AB}$ 相量作长针，且指着时钟盘面上的“12”，对应的低压侧线电动势 $\dot{E}_{ab}$ 相量作短针，看它指向时钟的哪一点数，该数字即为连接组标志中的组别号。

下面分别对 Y，y（Y/y）及 Y，d（Y/△）连接的三相变压器连接组进行分析。

（1）Y，y0（Y，y12）连接组。图 1-22 为 Y，y0 连接组接线图及电动势相量图。图中高、低压绕组的首端为同极性端，因此高、低压绕组相电动势同相位。取 A，a 点重合的相量图，可见，$\dot{E}_{AB}$ 指向“12”，$\dot{E}_{ab}$ 也指向“12”，其连接组记为 Y，y0。

（2）Y，y6 连接组。图 1-23 为 Y，y6 连接组接线图及电动势相量图。图中高、低压绕组的首端为异极性端，因此高、低压绕组相电动势反相位。取 A，a 点重合的相量图，可见，$\dot{E}_{AB}$ 指向“12”，$\dot{E}_{ab}$ 指向“6”，其连接组记为 Y，y6。

改变低压绕组极性端，或者在保证正相序下改变低压绕组端头标记，还可以得到 2、4、

8、10 四个偶数组别号。

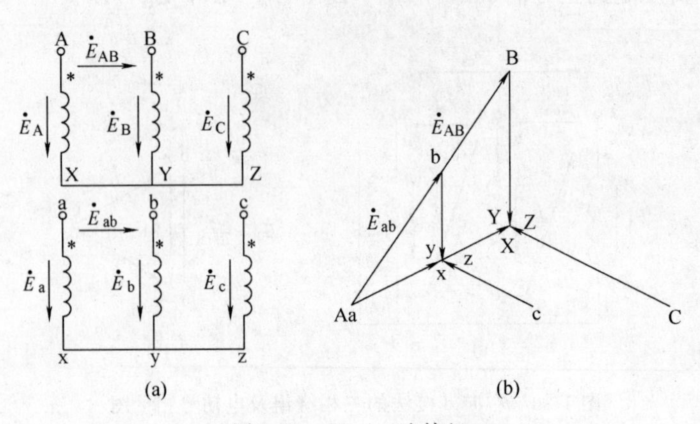

图 1-22　Y，y0 连接组

（a）Y，y0 连接组接线图；（b）电动势相量图

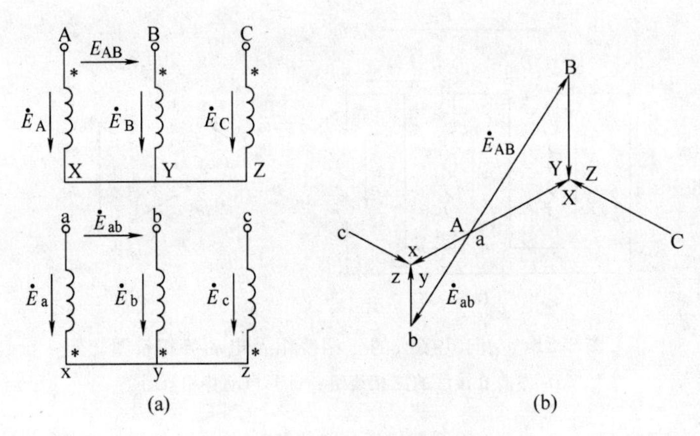

图 1-23　Y，y6 连接组

（a）Y，y6 连接组相量图；（b）电动势相量图

（3）Y，d11 连接组。图 1-24 的低压绕组为右向三角形连接，高、低压绕组首端同极性，高、低压绕组相电动势同相位。取 A，a 点重合的相量图，可确定为 Y，d11 连接组。

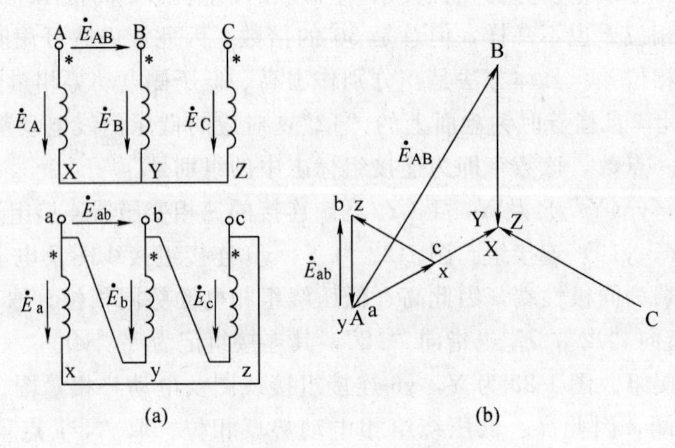

图 1-24　Y，d11 连接组

（a）Y，d11 连接组接线图；（b）电动势相量图

改变低压绕组为右向或左向三角形连接，也可以改变低压绕组极性端或者在保证正相序下改变低压绕组端头标记，还可以得到 3、5、7、9 四个奇数组别号。

凡是高、低压绕组连接方式相同时，其连接组标号为偶数；凡是高、低压绕组连接方式不同时，其连接组标号为奇数。

三、三相变压器的并联运行

在现代发电站（厂）和变电所中，常采用几台变压器并联运行方式。所谓并联运行，就是把几台变压器的一、二次绕组相同标号的出线端连在一起（即相序一致），分别接到公共母线上，同时对负载供电。图 1-25 为两台变压器并联运行线路图。

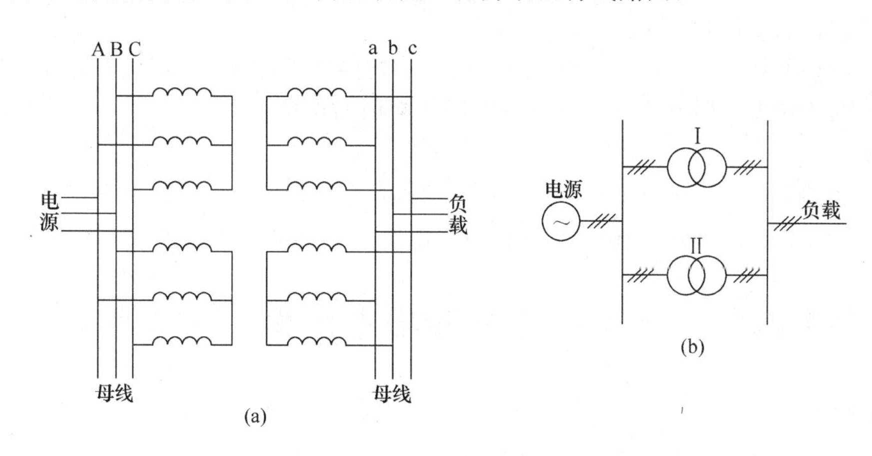

图 1-25 两台变压器并联运行线路

（a）接线图；（b）简化形式

几台变压器并联运行其优点有：一是提高供电的可靠性；二是根据负载大小随时调整或投入并联的变压器台数，以提高运行效率；三是减少总的备用容量，比较经济。当然，并联变压器台数过多，每台容量过小，反而增加设备投资，多占安装面积。

几台变压器并联运行，不仅要求它们相序一致，而且还有两个要求：一是并联组未带负载之前（空载时），组内每一台变压器二次侧或它们之间没有电流（环流）；二是负载运行时，各台变压器承担负载按其容量大小成比例分配，使并联组的容量得到充分利用。

为此，并联运行的变压器，应满足三个条件：一是各台变压器的一、二次侧额定电压相同（即变比相等）；二是属于同一连接组；三是短路电压标幺值或短路阻抗标幺值相等。

下面分别说明满足这三个条件的必要性。

1. 变比不等时变压器的并联运行

若两变压器连接组别相同，但变比不等，则副边电压不等，并联运行后，副边回路电压之和不等于零，变压器之间会产生环流。变比差值越大，环流越大。为保证空载运行时环流不超过额定电流的 10%，则变比相对差值不应大于 1%。

2. 连接组不同时的并联运行

若两变压器变比相同，但连接组别不同时，副边电压的大小虽然相同，但相位不同，至少相差 30°，副边回路电压和不等于零，副边会产生很大的环流（达到几倍额定电流），将烧坏变压器的绕组。因此，连接组别不同的变压器绝对不能并联运行。

3. 短路电压标幺值不等时的并联运行

若两台变压器短路阻抗标幺值相等，一台变压器达到额定负载时，另一台变压器也达到额定负载。

若两台变压器短路阻抗标幺值不相等，当短路阻抗标幺值小的变压器达到额定负载时，短路阻抗标幺值大的变压器欠载运行，即设备容量不能得到充分利用。

小　结

三相变压器磁路系统分为两类，一是组式变压器磁路，一是心式变压器磁路。前者三相磁路彼此独立，后者彼此关联。

三相变压器的连接组，反映了高、低压绕组的连接法以及高、低压侧对应线电动势（线电压）之间的相位差。国家标准规定电力变压器常用的连接组有 Y，y，n0、Y，d11、Y_N，d11 这三种。

并联运行的变压器，应满足三个条件：一是各台变压器的一、二次侧额定电压相同（即电压比相等）；二是属于同一连接组；三是短路电压标幺值或短路阻抗标幺值相等。

第六节　变压器的安全检查及常见故障处理

【学习要求】

了解变压器安全检查的内容及常见故障的处理方法。

为了保证变压器能正常运行，安全可靠地供电，变压器在运行中应经常进行检查，以便能及时消除隐患和防止事故的发生和扩大。

一、电力变压器运行中的检查

为及时发现变压器运行中的异常情况，运行人员应对变压器做定期检查，严格监视其运行情况并做好记录。变压器运行中检查的主要项目如下。

1. 检查（监视）变压器控制盘上的仪表、负荷变化（三相电流是否平衡、是否超负荷）、电压质量（电压高、低）等。

2. 检查（仔细听）变压器的噪声状况，音响是否正常。正常情况下，声音轻、平稳。

3. 检查变压器的油温，温度计是否正常，油色是否正常，储油柜的油位是否与温度相对应，各部位有无渗油、漏油。上层油温一般应在 85℃以下，对强迫油循环水冷却的变压器应为 75℃以下。

4. 检查套管油位是否正常，套管外部有无破损裂纹，有无严重油污，有无放电痕迹及其他异常现象。

5. 检查各冷却器手感温度是否相近，风扇、油泵、水泵运行是否正常，油流继电器工作是否正常，水冷却器的油压是否大于水压。

6. 检查呼吸器是否完好，吸附剂是否干燥（硅胶正常颜色应为蓝色，不呈粉红色）。

7. 检查引线接头、电缆、母线是否有过热变色现象。

8. 检查压力释放阀或安全气道及防爆膜是否完好无损。

9. 检查气体继电器内有无气体。

10. 检查油箱的接地情况。外壳接地线是否牢固、完好，接地电阻值一般在 4 Ω 以下。

11. 检查控制箱和二次端子箱是否关严、受潮。

12. 检查干式变压器的外部表面是否有积污。

13. 检查电力变压器的运行环境，要求通风、清洁、防雨。

二、电力变压器故障现象、原因及处理

变压器在发生故障时会出现一些异常现象，通过这些现象可以找出故障原因，从而采取相应措施将其消除。如发现有严重不正常现象应停止运行并检修。电力变压器常见故障的现象、原因及处理方法如下（表 1-2）。

表 1-2 电力变压器常见故障的现象、原因及处理方法

序号	故障类型	故 障 现 象	可 能 的 原 因	处 理 方 法
1	绕组匝间或层间短路	1. 变压器异常发热 2. 油温升高 3. 油发出特殊的“嘶嘶”声 4. 电源侧电流增大 5. 三相绕组的直流电阻不平衡 6. 高压熔断器熔断 7. 气体继电器动作 8. 储油柜冒黑烟	1. 变压器运行年久，绕组绝缘老化 2. 绕组绝缘受潮 3. 绕组绕制不当，使绝缘局部受损 4. 油道内落入杂物，使油道堵塞，局部过热	1. 更换或修复所损坏的绕组，衬垫和绝缘筒 2. 进行浸漆和干燥处理 3. 更换或修复绕组
2	绕组接地或相间短路	1. 高压熔断器熔断 2. 安全气道薄膜破裂、喷油 3. 气体继电器动作 4. 变压器油燃烧 5. 变压器振动	1. 绕组主绝缘老化或有破损等严重缺陷 2. 变压器进水，绝缘油严重受潮 3. 油面过低，露出油面的引线绝缘距离不足而击穿 4. 绕组内落入杂物 5. 过电压击穿绕组绝缘	1. 更换或修复绕组 2. 更换或处理变压器油 3. 检修渗漏油部位，注油至正常位置 4. 清除杂物 5. 更换或修复绕组绝缘，并限制过电压的幅值
3	绕组变形与断线	1. 变压器发出异常声音 2. 断线相无电流指示	1. 制造装配不良，绕组未压紧 2. 短路电流的电磁力作用 3. 导线焊接不良 4. 雷击造成断线 5. 制造上缺陷，强度不够	1. 修复变形部位，必要时更换绕组 2. 拧紧压圈螺钉，紧固松脱的衬垫、撑条 3. 割除熔蚀面或截面缩小的导线或补换新导线 4. 修补绝缘，并作浸漆干燥处理 5. 修复改善结构，提高机械强度
4	铁芯片间绝缘损坏	1. 空载损耗变大 2. 铁芯发热、油温升高、油色变深 3. 吊出变压器器身检查可见硅钢片漆膜脱落或发热 4. 变压器发出异常声响	1. 硅钢片间绝缘老化 2. 受强烈振动，片间发生位移或摩擦 3. 铁芯紧固件松动 4. 铁芯接地后发热烧坏片间绝缘	1. 对绝缘损坏的硅钢片重新涂刷绝缘漆 2. 紧固铁芯夹件 3. 按铁芯接地故障处理方法进行处理
5	铁芯多点接地或接地不良	1. 高压熔断器熔断 2. 铁芯发热、油温升高、油色变黑 3. 气体继电器动作	1. 铁芯与穿心螺杆间的绝缘老化，引起铁芯多电接地 2. 铁芯接地片断开 3. 铁芯接地片松动	1. 更换穿心螺杆与铁芯间的绝缘管和绝缘衬 2. 更换新接地片或将接地片压紧

续上表

序号	故障类型	故障现象	可能的原因	处理方法
6	套管闪络	1. 高压熔断器熔断 2. 套管表面有放电痕迹	1. 套管表面积灰脏污 2. 套管有裂纹或破损 3. 套管密封不严，绝缘受损 4. 套管间掉入杂物	1. 清除套管表面的积灰和脏污 2. 更换套管 3. 更换封垫 4. 清除杂物
7	分接开关烧损	1. 高压熔断器熔断 2. 油温升高 3. 触点表面产生放电声 4. 变压器油发出“咕嘟”声	1. 动触头弹簧压力不够或过渡电阻损坏 2. 开关配备不良，造成接触不良 3. 连接螺栓松动 4. 绝缘板绝缘性能变劣 5. 变压器油位下降，使分接开关暴露在空气中 6. 分接开关位置错位	1. 更换或修复触头接触面，更换弹簧或过渡电阻 2. 按要求重新装配并进行调整 3. 紧固松动的螺栓 4. 更换绝缘板 5. 补注变压器油至正常油位 6. 纠正错误
8	变压器油变劣	油色变暗	1. 变压器故障引起放电造成变压器油分解； 2. 变压器油长期受热氧化使油质变劣	对变压器油进行过滤或更换新油

小　　结

变压器运行中检查的主要项目有变压器控制盘上的仪表、负荷变化；变压器的噪声状况，声响是否正常；变压器的油温套管油位是否正常等内容。

电力变压器故障包括绕组匝间或层间短路，绕组接地或相间短路，绕组变形与断线，铁芯片间绝缘损坏，铁芯多点接地或者接地不良，套管闪络，分接开关烧损，变压器油变劣。

1. 简述变压器的基本工作原理，为何能改变电压？

2. 变压器原、副边电流是否相等？为什么？

3. 把变压器接在直流电源上能工作吗？为什么？

4. 变压器有哪些主要部件？各部件有何作用？

5. 一台单相变压器，$S_N=500$ kV·A，$U_{1N}/U_{2N}=10$ kV/0.23 kV，试求原、副边额定电流。

6. 变压器的一、二次侧并没有直接的电路联系，但当负载电流增大或减小时，一次电流也跟着变化，这是何原因？

7. 某单相变压器的额定电压为220 V/110 V，如不慎将低压侧误接到220 V交流电源上，将会有什么影响？

8. 变压器带何性质负载时，有可能使电压变化率为零？

9. 变压器并联运行的条件是什么？哪些条件要严格遵守？

10. 试用相量图判别图 1-26 的连接组标号。

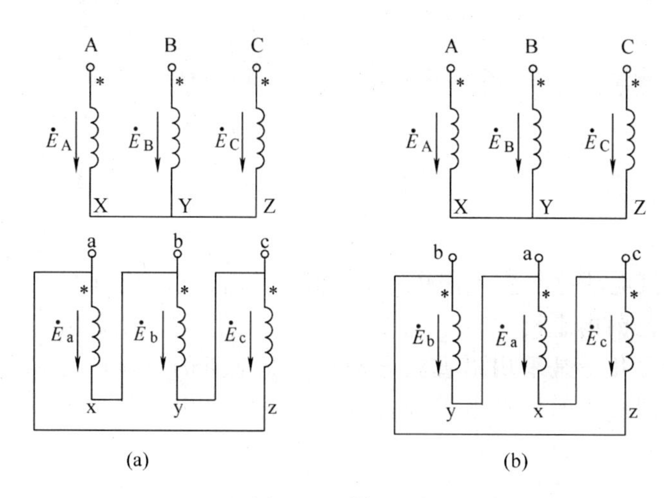

图 1-26 题 10 图

第二章

直流电机

直流电机是直流电动机与直流发电机的统称。直流电动机具有良好的启动和制动性能，且能在较大的范围内平滑地调节速度。因此，在可逆、可调速与高精度的拖动技术领域中，相当时期内几乎是采用以直流电动机为原动机的直流电力拖动。例如：目前我国的电力机车、大型机床的拖动电机等。直流发电机多用于化学工业中的电镀、电解等设备的电源。

本章主要分析直流电机的基本工作原理、结构和运行特性。图 2-1 是直流电机的外形图。

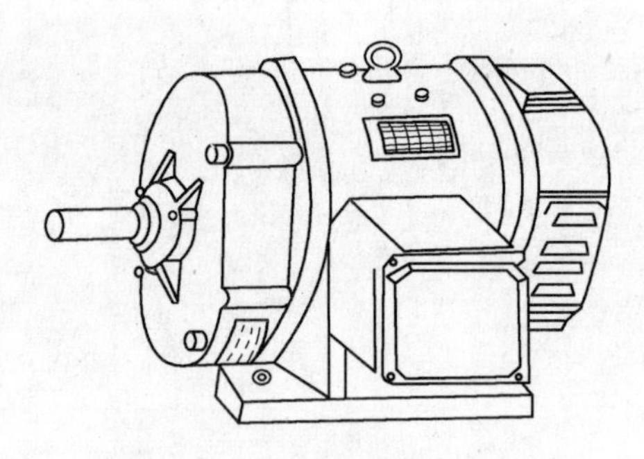

图 2-1　直流电机外形图

第一节　直流电机的结构、铭牌

【学习要求】

1. 掌握直流电机的主要结构，能确定各部分的名称。
2. 熟悉主要部件的功能。
3. 掌握铭牌数据的含义。

直流电机的结构由两个主要部分组成：静止部分（称为定子），主要用来产生磁场；转动部分（称为转子，通称电枢），是机械能变为电能（发电机）或电能变为机械能（电动机）的枢纽。在定子与转子之间有一定的间隙称为气隙。

图 2-2 是直流电机的主要部件图，图 2-3 是四极直流电机的截面图。

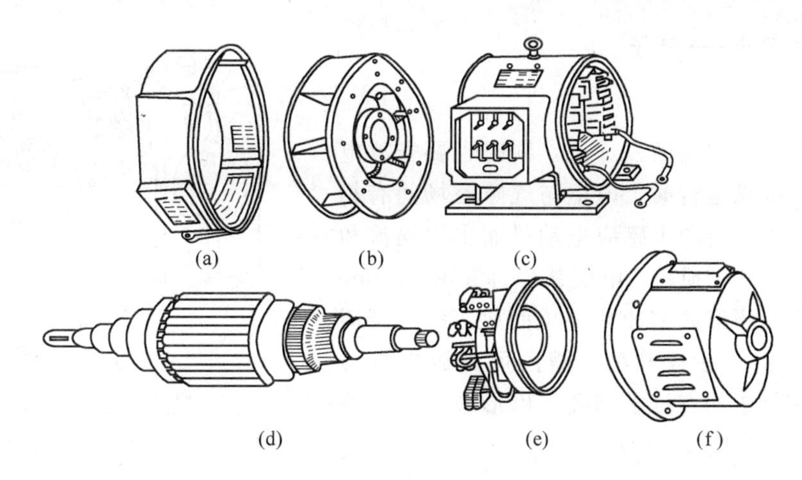

图 2-2 直流电机的主要部件图

(a) 前端盖；(b) 风扇；(c) 定子；(d) 转子；(e) 电刷装置；(f) 后端盖

一、静止部分——定子

1. 主磁极

磁极主要作用是产生电机的主磁场。它由磁极铁芯和励磁绕组组成。当励磁绕组中通入直流电流后，铁芯中即产生励磁磁动势及其磁通，并在气隙中建立励磁磁场。励磁绕组通常用圆形或矩形的绝缘导线制成一个集中的线圈，套在磁极铁芯外面。磁极铁芯一般用 1～1.5 mm厚的低碳钢板冲片叠压铆接而成。主磁极用螺杆固定在机座上。

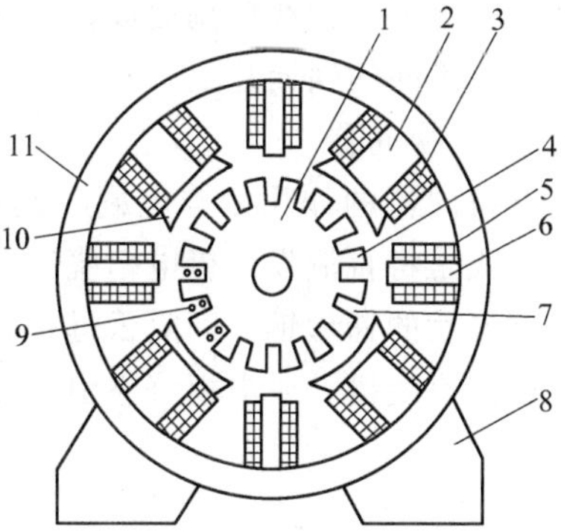

图 2-3 四极直流电机的截面图

1—电枢铁芯；2—主磁极；3—励磁绕组；4—电枢齿；5—换向极绕组；6—换向极铁芯；7—电枢槽；8—底座；9—电枢绕组；10—极靴；11—机座

主磁极总是 N、S 两极成对出现。各主磁极的励磁绕组通常是相互串联连接。连接时要能保证相邻磁极的极性按 N、S 交替排列。

2. 换向极

换向极的作用是产生附加磁通，使电刷与换向片之间火花减小。它由换向极铁芯和换向极绕组组成。换向极绕组总是与电枢绕组串联，它的匝数少、导线粗。换向极铁芯通常都用厚钢板叠制而成。用螺杆安装在相邻两主磁极之间的机座上。直流电机功率很小时，换向极可以减少为主磁极数的一半，甚至不装置换向极。图 2-3 中 5、6 为换向极的结构。

3. 机座

机座通常由铸钢或厚钢板焊接制成，它有两个用途：一是用来固定主磁极、换向极和端盖。二是组成磁路的一部分。机座也称为磁轭。

4. 电刷装置

电刷装置是把直流电压和直流电流引入或引出的装置。它由电刷、刷握、刷杆座、压紧弹簧和铜丝辫等组成，如图 2-4 所示。电刷的数目一般等于主磁极的数目，各电刷在换向器表面上的距离应该是相等的。

二、转动部分——转子

1. 电枢铁芯

电枢铁芯是主磁路的一部分，同时也要安放电枢绕组。由于电机运行时，电枢与气隙磁场间有相对运动，铁芯中也会产生感应电动势而出现涡流和磁滞损耗。为了减少损耗，电枢铁芯通常用0.5 mm厚表面涂绝缘的圆形硅钢冲片叠压而成。冲片圆周外缘均匀地冲有许多齿和槽，槽内可安放电枢绕组，有的冲片上还冲有许多圆孔，以形成改善散热的轴向通风孔，如图 2-5 所示。

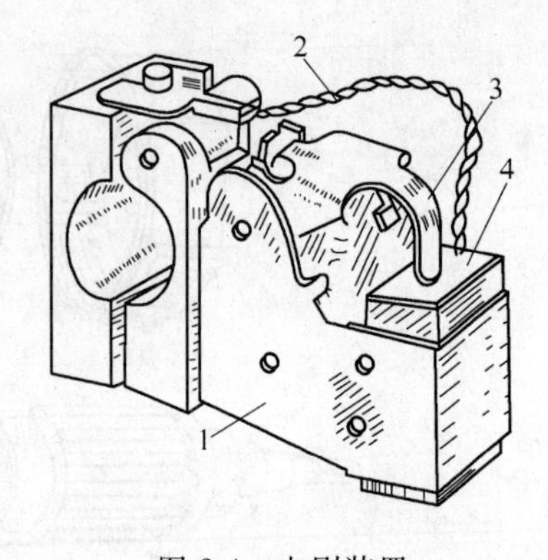

图 2-4　电刷装置

1—刷握；2—铜丝辫；3—压紧弹簧；4—电刷

2. 电枢绕组

电枢绕组是直流电机电路的主要部分，它的作用是产生感应电动势和流过电流而产生电磁转矩实现机电能量转换。电枢绕组由许多个线圈按一定的规律连接而成。这种线圈通常用高强度聚酯漆包线绕制而成，嵌入电枢铁芯的槽中。线圈的两个端头按一定的规律分别焊接在两片不同的换向片上。

3. 换向器

换向器的作用是与电刷一起将直流电动机输入的直流电流转换成电枢绕组内的交变电流，或是将直流发电机电枢绕组中的交变电动势转换成输出的直流电压。换向器是一个由许多燕尾状的梯形铜片间隔云母片绝缘排列而成的圆柱体，每片换向片的一端有高出的部分，上面铣有线槽，供电枢绕组引出端焊接用，如图 2-6 所示。

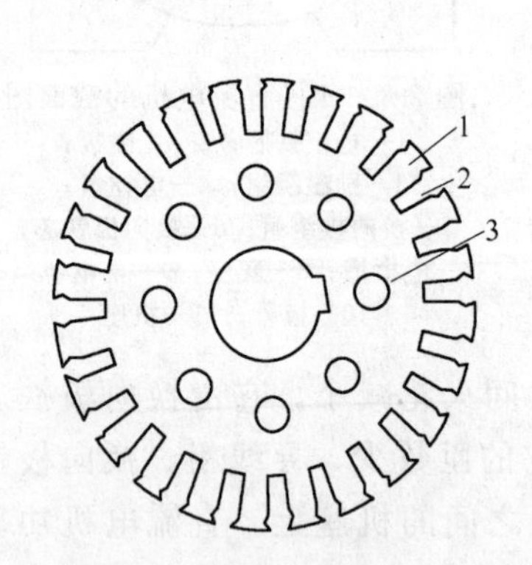

图 2-5　电枢铁芯硅钢冲片

1—齿；2—槽；3—轴向通风孔

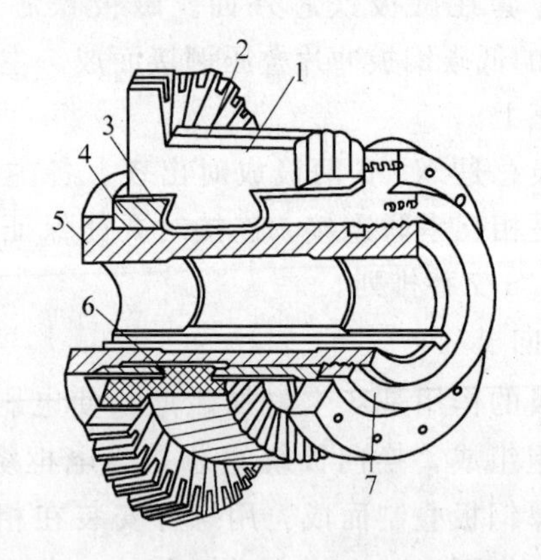

图 2-6　换向器

1—换向片；2—云母片；3—V 形云母套筒；4—V 形钢环；5—钢套；6—绝缘套筒；7—螺旋压圈

三、气　　隙

气隙即定子与转子之间的空气间隙是电机磁路的重要部分。它的路径虽然很短（一般小型电机的气隙 0.7～5 mm，大型电机为 5～10 mm），但由于气隙磁阻远大于铁芯磁阻，对电机性能有很大的影响。在拆装直流电机时应予以重视。

四、直流电机的铭牌数据

每台直流电机的机座外表面上都钉有铭牌。上面标明电机的主要额定数据及电机的产品数据，供使用者使用时参考。在电机运行时，若所有的物理量均与其额定值相同，则称电机运行于额定状态。若电机的运行电流小于额定电流，称电机为欠载运行；若电机的运行电流大于额定电流，则称电机为过载运行。电机长期欠载运行使电机的额定功率不能全部发挥作用，造成浪费；长期过载运行会缩短电机的使用寿命，因此长期过载和欠载都不好。电机最好运行于额定状态或额定状态附近，此时，电机的运行效率、工作性能等均比较好。图 2-7 是一台直流电动机的铭牌。

直流电动机			
型号	Z_2-72	励磁方式	并励
功率	1.1 kW	励磁电压	110 V
电压	110 V	励磁电流	0.895 A
电流	13.3 A	定额	连续
转速	1 000 r/min	温升	75℃
出品号数	××××	出厂日期	××××年×月
××××电机厂			

图 2-7　直流电动机的铭牌

现对其中几项主要数据说明如下。

（一）电机型号

型号表明该电机所属的系列及主要特点。根据型号，就可以从有关的手册及资料中查出该电机的许多技术参数。

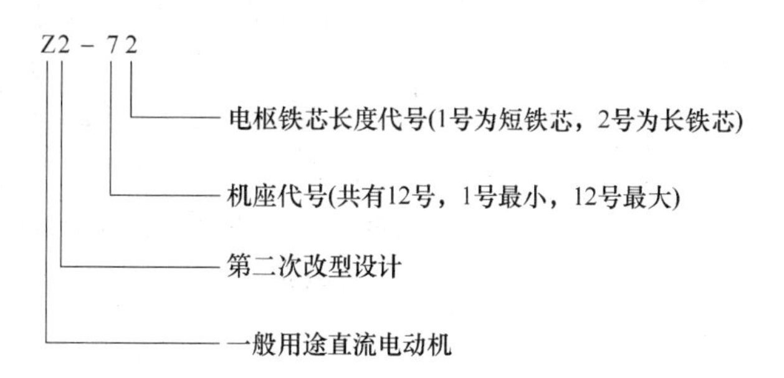

（二）额定值

1. 额定功率 P_N

P_N 是指在规定的工作条件下，长期运行时的允许输出功率。对于发电机来说，是指正负电刷之间输出的电功率；对于电动机，则是指轴上输出的机械功率。

2. 额定电压 U_N

U_N 对发电机来说，是指在额定电流下输出额定功率时的端电压；对电动机来说，是指在按规定正常工作时，加在电动机两端的直流电源电压。

3. 额定电流 I_N

I_N 是直流电机正常工作时输出或输入的最大电流值。

对于发电机，三个额定值之间的关系为

$$P_N = U_N I_N \tag{2-1}$$

对于电动机，三个额定值之间的关系为

$$P_N = U_N I_N \eta_N \tag{2-2}$$

额定效率

$$\eta_N = \frac{P_N}{P_1} \times 100\% \tag{2-3}$$

式中 P_1——输入功率。

4. 额定转速 n_N

n_N（r/min）是指电机在上述各项均为额定值时的运行转速。

5. 额定温升

是指电机允许的温升限度，温升高低与电机使用的绝缘材料的绝缘等级有关。

例 2-1 一台直流电动机，$P_N = 17$ kW，$U_N = 220$ V，$n_N = 1\,500$ r/min，$\eta_N = 83\%$。求其额定电流和额定负载时的输入功率。

解：由式（2-3）得

输入功率 $P_1 = P_N/\eta_N = 17/0.83$ kW$=20.482$ kW

额定电流 $I_N = P_1/U_N = 20\,482$ W$/220$ V$=93.1$ A

6. 励磁方式

直流电机在进行能量转换时，不论是将机械能转换为电能的发电机，还是将电能转换为机械能的电动机，都以气隙中的磁场作为媒介。除了采用硅钢制成主磁极的永磁式直流电机以外，直流电机都是在励磁绕组中通以励磁电流产生磁场的。励磁绕组获得电流的方式称做励磁方式。

直流电机的运行性能与它的励磁方式有密切的关系。励磁方式分为：

（1）他励。他励励磁绕组的电流由单独的电源供给（永磁式也是他励的一种形式）如图 2-8（a)所示。

（2）并励。并励励磁绕组与电枢绕组并联，如图 2-8（b）所示。

（3）串励。串励励磁绕组与电枢绕组串联，如图 2-8（c）所示。

（4）复励。复励励磁绕组分为两部分：一部分与电枢绕组并联，是主要部分；另一部分与电枢绕组串联，如图 2-8（d）所示。两部分励磁绕组的磁通势方向相同时称为积复励；

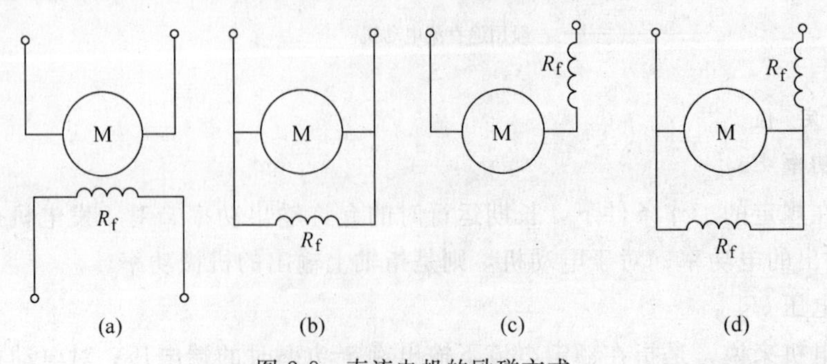

图 2-8 直流电机的励磁方式

（a）他励；（b）并励；（c）串励；（d）复励

方向相反则称为差复励。

小　　结

直流电机的组成由静止的定子、旋转的转子及气隙组成。定子主要用来建立磁场，转子是电能与机械能转换的枢纽，而气隙是传递磁场能量的中间介质。

第二节　直流电机的工作原理

【学习要求】

掌握直流电机作为发电机和电动机的工作原理，熟悉其工作过程。

一、直流电动机的基本工作原理

直流电动机的工作原理可用一简单的模型来说明，图 2-9 为直流电动机的工作原理模型。图中 N、S 是一对在空间固定不动的磁极，abcd 是安装在可旋转导磁圆柱体上的线圈，线圈连同导磁圆柱体称为电枢，线圈两端分别接到两个相互绝缘并可随线圈一同转动的铜质换向片上，换向片分别与固定不动的电刷 A 和 B 保持滑动接触。这样，旋转着的线圈可以通过换向片、电刷与外电路接通。

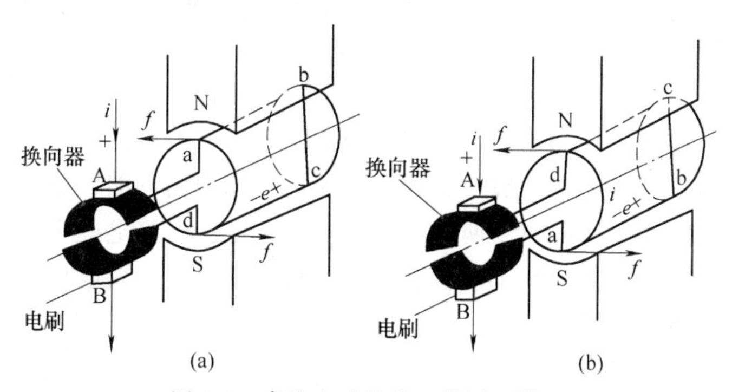

图 2-9　直流电动机的工作原理模型

线圈边受力方向由左手定则确定。在图 2-9（a）的情况下，位于 N 极下的线圈边 ab 受力方向为从右向左，而位于 S 极下的线圈边 cd 受力方向为从左向右。该电磁力形成的电磁转矩，使电枢逆时针方向旋转。当电枢旋转到图 2-9（b）所示位置时，原位于 S 极下的线圈边 cd 转到 N 极下，其受力方向变为从右向左，而原位于 N 极下的线圈边 ab 转到 S 极下，其受力方向变为从左向右，该转矩的方向仍为逆时针方向，线圈在此转矩作用下继续按逆时针方向旋转。这样虽然线圈中流通的电流为交变的，但 N 极下的线圈边受力方向和 S 极下线圈边所受力的方向并未发生变化。电动机在此方向不变的转矩作用下转动。

二、直流发电机的基本工作原理

直流发电机的理论基础是电磁感应定律。在磁感应强度为 B 的磁场中，当长度为 L 的导体以匀速 v 切割磁力线时，导体中就有感应电动势产生。若磁力线、导体与其运动方向互相垂直，则感应电动势的大小为

$$e=BLv \tag{2-4}$$

图 2-10 为直流发电机的工作原理模型。

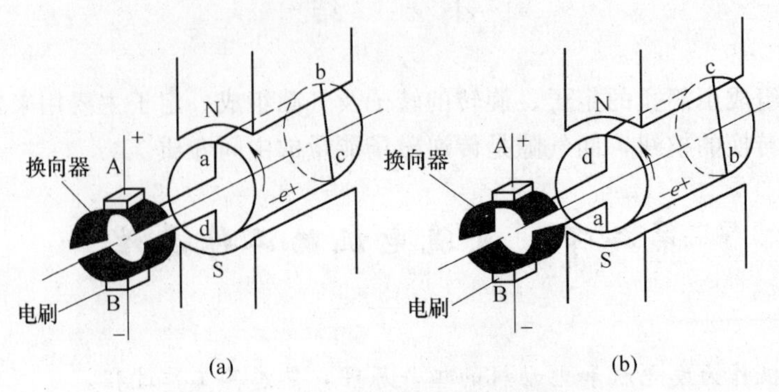

图 2-10 直流发电机的工作原理模型

线圈中感应电动势的方向可用右手定则确定。在逆时针旋转情况下，如图 2-10（a）所示，线圈的 ab 边在 N 极下方，产生的感应电动势从 b 指向 a；线圈的 cd 边在 S 极上方，产生的感应电动势从 d 指向 c。从整个线圈来看，电动势的方向为 d-c-b-a，在此状态下电刷 A 的极性为正，电刷 B 的极性为负。如图 2-10（b）所示。即线圈旋转了 180°，线圈的 ab 边在 S 极下，cd 边在 N 极下方，每个边的感应电动势方向都要随之改变，于是，整个线圈的感应电动势方向变为 a-b-c-d。可见线圈中的感应电动势是交变的，但从图 2-10（b）中可看出，与电刷 A 接触的线圈边总是位于 N 极下，与电刷 B 接触的线圈边总是在 S 极下，因此电刷 A 的极性总是正，而电刷 B 的极性总是负，故在电刷 A、B 之间可获得脉动的直流电动势。

从上述基本电磁情况来看，一台直流电机原则上既可以作为发电机运行，也可以作为电动机运行，只是外界的条件不同而已。如用原动机拖动直流电机的电枢，而电刷上不加直流电压，则电刷端可以引出直流电动势作为直流电源，可输送出电能，电机将机械能变换成电能而成为发电机；如果在直流电机的两电刷端加上直流电压，将电能输入电机即可拖动生产机械，将电能变换成机械能而成为电动机。一台电机，既可作为发电机运行，又可作为电动机运行。这就是直流电机的可逆原理。

小　结

直流电机的工作原理建立在电磁感应定律和电磁力定律的基础上。在不同的外部条件下，电机中能量转换的方向是可逆的。如果从轴上输入机械能，电枢绕组中感应电动势并产生电流，则电机运行于发电机状态；如果从电枢输入电能，从轴上输出机械能，则电机运行于电动机状态。

虽然绕组元件中的感应电动势和电流都是交变的，但由于换向器和电刷的作用，使电刷间的外电路上电动势、电压和电流都是直流的。

第三节　直流电动机的转矩及功率

【学习要求】

1. 熟悉各物理量的表示方法及单位，理解各量的含义。

2. 掌握关于转矩、电动势、效率的几个基本公式。

3. 理解功率损耗的意义，了解直流电机的功率损耗。

一、电磁转矩、电枢电动势及功率

1. 电磁转矩 T_{em}

在直流电机中，电磁转矩 T_{em} 是由电枢电流与合成磁场相互作用而产生的电磁力所形成的。按电磁力定律，电磁转矩的大小可用下式来表示：

$$T_{em}=C_T\Phi I_a \tag{2-5}$$

式中　C_T——转矩常数，取决于电机的结构；

Φ——每极磁通；

I_a——电枢总电流；

T_{em}——电磁转矩，N·m。

式（2-5）表明对已制成的电机，当每极磁通恒定时，电枢电流越大，电磁转矩也越大；当电枢电流一定时，每极磁通越大，电磁转矩也越大。

2. 电枢电动势 E_a

在直流电机中，感应电动势 E_a 是由于电枢绕组和磁场之间的相对运动，即导线切割磁力线而产生的。根据电磁感应定律，电枢绕组中每根导体的感应电动势为 $e=Blv$。对于给定的电机，电枢绕组的电动势即每一并联支路的电动势，等于并联支路每根导体电动势之总和。因此，电枢电动势可用下式表示：

$$E_a=C_e\Phi n \tag{2-6}$$

式中　C_e——电动势常数，取决于电机的结构；

n——电枢的转数，r/min。

3. 电磁功率 P_{em}

电机在能量变换过程中，机械功率变换为电功率或电功率变换为机械功率的这部分功率称为电磁功率 P_{em}，并有

$$P_{em}=E_aI_a=T_{em}\Omega \tag{2-7}$$

式中　Ω——转子旋转的角速度。

二、直流电动机的基本方程式

直流电动机的基本方程式是指直流电动机稳定运行时电路系统的电动势平衡方程式、机械系统的转矩平衡方程式以及能量转换过程中的功率平衡方程式。在列写直流电机的基本方程式之前，各有关物理量都应事先规定好它的正方向。图 2-11 是一台他励直流电动机原理示意图和电路图，将各物理量的正方向按惯例标注在图上。电枢电动势 E_a 是反电动势，与电枢电流方向相反，电磁转矩 T 是拖动转矩，T 与转速 n 的方向一致，负载转矩 T_L 与转速 n 方向相反。

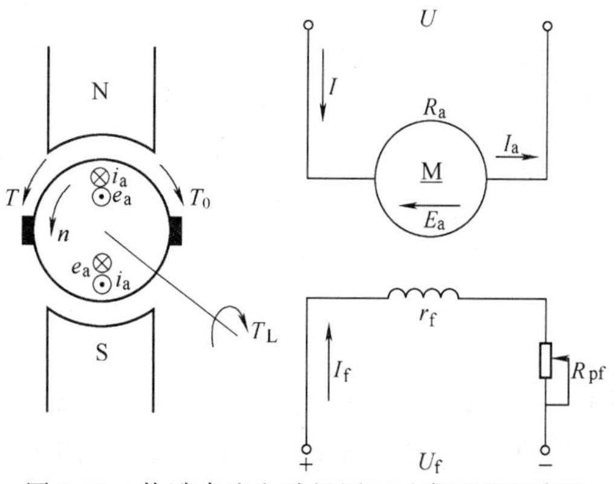

图 2-11　他励直流电动机原理示意图和电路图

1. 电动势平衡方程式

根据电路的基尔霍夫定律可以写出电枢回路的电动势平衡方程式

$$U=E_a+I_aR_a \tag{2-8}$$

式中 I_a——电枢电流，$I_a=I$（I 为负载电流或称为输入电流）；

R_a——电枢回路中总电阻，按照技术标准，在求额定运行的铜耗时这些电阻应折算至75℃时的值。

2. 功率平衡方程式

以他励直流电动机为例，接上电源时电枢绕组中流过电流 I_a，电网向电动机输入的电功率为

$$P_1=UI=UI_a$$

将式（2-8）代入得

$$P_1=(E_a+I_aR_a)I_a=E_aI_a+I_a^2R_a=P_{em}+p_{Cua}$$

式中 p_{Cua}——电枢回路绕组电阻及电刷与换向器表面接触电阻上的电损耗，称为铜耗。

电动机中的电磁功率 P_{em} 是将电功率 E_aI_a 变换为机械功率 $T\Omega$ 的功率。

可见，输入的电功率除一部分被电枢绕组消耗（铜耗）外，绝大部分作为电磁功率转换成了机械功率。

当电机转动后，还要克服机械损耗 p_m，电枢铁芯损耗 p_{Fe}，以及附加损耗 p_S，所以电动机的电磁功率，扣除了机械损耗、电枢铁芯损耗、附加损耗后，大部分从电机轴上输出。故电机输出的机械功率为

$$P_2=P_{em}-p_{Fe}-p_m-p_S$$

忽略 p_S，则

$$P_2=P_{em}-p_0 \tag{2-9}$$

其中，$p_0=p_{Fe}+p_m$ 称为空载损耗。

他励直流电动机的功率平衡关系可以用功率流程图形象地表示，如图 2-12 所示。

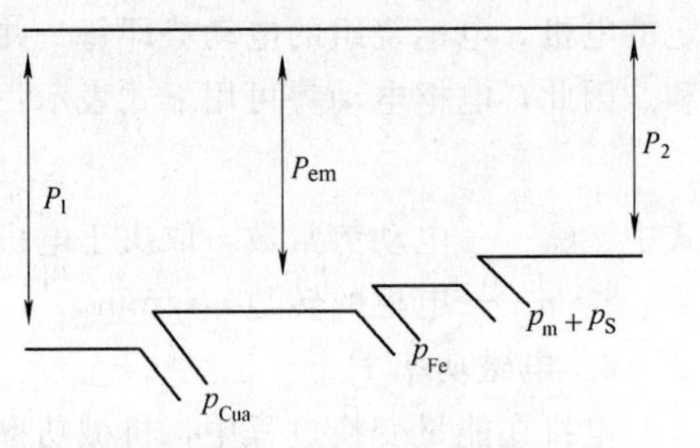

图 2-12 他励直流电动机的功率流程图

综合上述各式可得

$$P_1=P_{em}+p_{Cua}=P_2+P_{em}+p_{Fe}+p_m+p_S=P_2+\sum P \tag{2-10}$$

直流电动机的效率

$$\eta=P_2/P_1\times100\%=P_2/(P_2+\sum P)\times100\% \tag{2-11}$$

一般中小型直流电动机的效率在 75%～85%之间，大型直流电动机的效率在 85%～94%之间。

3. 转矩平衡方程式

将式（2-9）的等号两边同除以电动机的机械角速度 Ω，可得转矩平衡方程式

$$T_2=T-T_0 \tag{2-12}$$

式中 T_2——电动机轴上输出的机械转矩，$T_2=9.55P_2/n$；

T_0——电动机空载时的转矩，为额定转矩的 2%～5%。

小　　结

由于发电机与电动机的基本理论一致，所以它们的基本公式的形式完全相同，只是物理

意义有所差别。如表 2-1 所示。

表 2-1　直流发电机和直流电动机的基本公式

基本公式	发电机	电动机
电枢电动势 $E_a=C_e\Phi n$	电枢电动势与电枢电流的方向一致，为电源电动势	电枢电动势与电枢电流的方向相反，为反电动势
电磁转矩 $T_{em}=C_T\Phi I_a$	电磁转矩与电枢旋转的方向相反，为制动转矩	电磁转矩与电枢旋转的方向相同，为拖动转矩
电磁功率 $P_{em}=E_aI_a$	电磁功率为机械能转换为电能的功率	电磁功率为电能转换为机械能的功率

第四节　直流电动机的特性

【学习要求】

1. 掌握什么是直流电动机的特性，熟悉有哪些重要的特性。
2. 了解分析特性的方法，熟悉特性分析的结论。

不同励磁方式的直流电机，其特性也有所不同。下面以他励和串励电动机为例进行讨论。并励电动机的励磁绕组与电枢绕组并接在同一直流电源上，因为直流电源电压恒定不变，因此并励电动机与他励电动机的运行性能基本一致。

一、他励电动机的特性

1. 他励电动机的工作特性

直流电动机的工作特性是指 $U=U_N=$常数，电枢回路不串入附加电阻，励磁电流为额定值时，电动机的转速 n、电磁转矩 T 和效率 η 与输出功率 P_2 之间的关系。由于输出功率 P_2 随电枢电流 I_a 的增加而增加，所以，工作特性也可以表示成电动机的转速 n、电磁转矩 T 和效率 η 与电枢电流 I_a 的关系。

（1）转速特性 $n=f(I_a)$。

根据　$U=E_a+I_aR_a=C_e\Phi n+I_aR_a$

得
$$n=\frac{U}{C_e\Phi}-\frac{R_a}{C_e\Phi}I_a$$

由式（2-10）可知，当不计损耗功率时，P_2 与 P_{em}成比例，所以 I_a 随着 P_2 的增加而增大，两者增加的趋势差不多。如果忽略电枢反应的去磁效应，则转速特性是一条略微向下倾斜的曲线。如图 2-13 曲线 1 所示。

（2）转矩特性 $T=f(P_2)$。

根据转矩平衡方程式 $T=T_2+T_0=9.55P_2/n+T_0$，如果 n 不变，则输出转矩 T_2 与 P_2 成正比关系。$T_2=f(P_2)$ 特性曲线是一条过坐标原点的直线。考虑到 P_2 增大时，n 略有下降，故 $T_2=f(P_2)$ 曲线呈略为上翘趋势，如图 2-14 曲线 1 所示。

（3）效率特性 $\eta=f(P_2)$。

根据效率公式

$$\eta = P_2/P_1 \times 100\% = P_2/(P_2 + \sum P) \times 100\%$$

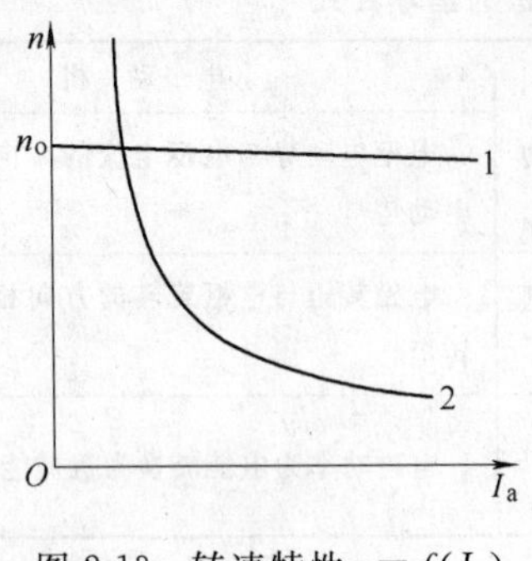

图 2-13　转速特性 $n=f(I_a)$

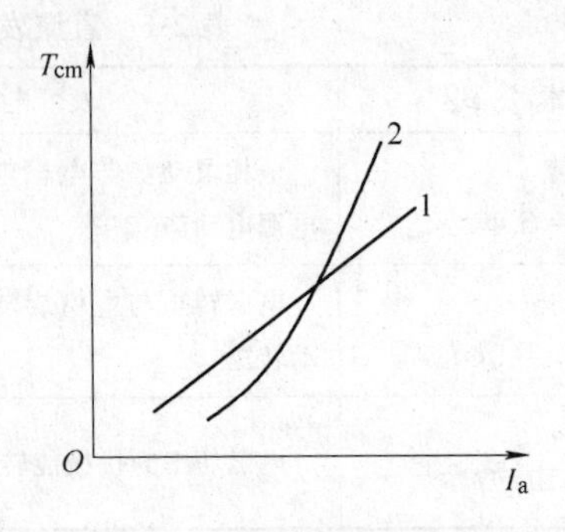

图 2-14　转矩特性 $T=f(I_a)$

空载时，输出功率 $P_2=0$，因此，$\eta=0$。随着输出功率 P_2 增大，电机损耗极微，效率 η 上升很快。随后因为可变损耗随电流按平方关系增大，使总损耗 $\sum P$ 的增加很快，效率下降。由此可知，效率曲线是一条先上升，后下降的曲线，如图 2-15 曲线所示。当电机的可变损耗等于不变损耗时其效率最高。效率特性还告诉我们，电机空载、轻载时效率低。满载时效率较高，过载时效率反而降低。在使用和选择电动机上应尽量使电动机工作在高效率的区域。

2. 他励电动机的机械特性

机械特性是指电动机转速和电磁转矩之间的关系曲线 $n=f(T_{em})$。因为电磁转矩 T_{em} 和电枢电流 I_a 有比例关系 $T_{em}=C_T\Phi I_a$，因此，他励的机械特性与转速特性有相似的形状。如图 2-16 中直线 1 所示。

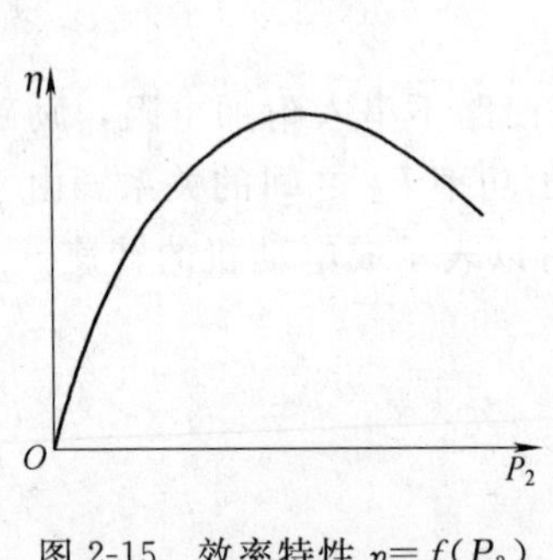

图 2-15　效率特性 $\eta=f(P_2)$

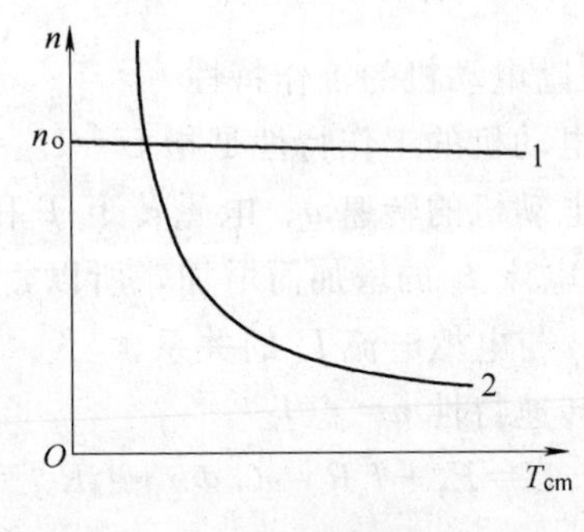

图 2-16　机械特性

他励电动机的速度变化范围较小，其机械特性称为硬特性，即转矩增大很多，转速下降小。

电动机和被它拖动的生产机械组成电力拖动机组。机组能否稳定运行，决定于电动机的机械特性和生产机械负载特性是否配合得当。只要电动机的机械特性是下降的，即随着电磁转矩的增大，转速减小，则机组稳定运行。若电动机的机械特性是上升的，则机组不能稳定运行。

二、直流串励电动机的特性

串励电动机的电路原理图如图 2-17 所示。

1. 直流串励电动机的工作特性

(1) 转速特性 $n=f(I_a)$。

由原理图知，串励电动机当电枢电流 I_a 增大时，一方面使电枢压降 I_aR_a 增大，另一方面由于励磁电流 $I_f=I_a$，使磁通 Φ 亦增大。

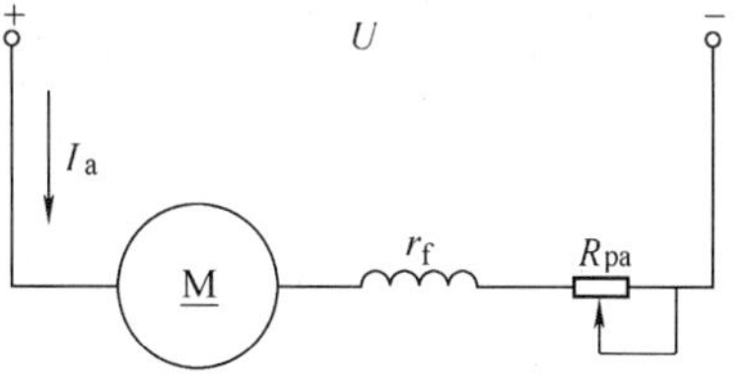

图 2-17 串励电动机的电路原理

从转速公式可见，随着电枢电流 I_a 增大，使转速降低，因此，串励电动机的转速随电枢电流的增加而迅速下降。图 2-13 中曲线 2 所示为串励电动机的转速特性$n=f(I_a)$。

如果负载很轻，I_a 和 Φ 都很小，电机转速将很高。空载时 $\Phi\approx0$，理论上电动机的转速将趋于无穷大，实际上可达（5～6）n_N，出现“飞车”现象。这样高的速度将造成电动机与传动机构损坏，所以串励电动机是绝对不允许空载启动和空载运行的。通常要求负载转矩不得小于 1/4 额定转矩。为了安全起见，串励电动机和拖动的生产机械之间不得用皮带或链条传动，以免皮带、链条断裂或皮带打滑致使电动机空载运行。

(2) 转矩特性 $T=f(P_2)$

当串励电动机的电枢电流 I_a 增大时，由于磁通 Φ 也增大，则电磁转矩 $T_{em}=C_T\Phi I_a$ 以较快的速度增大，如图 2-14 中曲线 2 代表了串励电动机的转矩特性。

2. 串励电动机的机械特性

串励电动机的机械特性也是指电动机转速和电磁转矩之间的关系曲线 $n=f(T_{em})$，串励电动机的电磁转矩 $T_{em}=C_T\Phi I_a$ 增大，则必然是电枢电流 I_a 增大，磁通 Φ 也增大，使串励电动机的转速变化趋势与转速特性相似。可见，串励电动机的速度变化范围大，其机械特性称为软特性，即转矩增大，转速大幅下降，如图 2-16 中的曲线 2 所示。

小 结

不同励磁方式的直流电机，其特性也有所不同。直流电动机的工作特性，分别从转速、转矩、效率三方面分析。机械特性，是指电动机转速和电磁转矩之间的关系曲线。他励电动机的速度变化范围较小，其机械特性称为硬特性，即转矩增大很多，转速下降小。串励电动机的速度变化范围大，其机械特性称为软特性，即转矩增大，转速大幅下降。

第五节 直流电动机的启动、调速、反转及制动

【学习要求】

1. 掌握直流电机启动、调速、反转、制动的基本思路及方法。
2. 了解采取方法的原理，熟悉直流电动机启动、调速的要求。

一、直流电动机的启动

电动机工作时，转子总是从静止状态开始工作，转速逐渐上升，最后达到稳定运行状态。转速从零逐渐上升到稳定值的过程称为启动。电动机在启动过程中，电枢电流、电磁转

矩、转速都随时间变化，是一个过渡过程。开始启动的一瞬间，转速等于零，这时的电枢电流称为启动电流，用 I_{st} 表示；对应的电磁转矩称为启动转矩，用 T_{st} 表示。启动时有下列要求：

(1) 电动机的电磁转矩要求足够大，要大于负载转矩，从而带动电机旋转。

(2) 启动的瞬间，电动机转速 $n=0$，反电势 $E_a=0$，根据直流电动机的电势方程，此时的电枢电流为 $I_a=U/R_a$，则电枢电流 I_a 将达到很大数值。这不但会使电动机的换向情况恶化，而且会产生过大的启动转矩，使电动机本身和它所驱动的生产机械遭受巨大的冲击而损坏。因此，要求启动电流不可太大。

(3) 启动设备操作方便，启动时间短，成本低廉。

根据上述要求，直流电动机的启动方法有下列 3 种。

1. 直接启动

直接启动就是将电动机直接投入到额定电压的电网上启动。启动瞬间，电动机转速 $n=0$，反电势 $E_a=0$，根据直流电动机的电势方程，此时的启动电流为 $I_{st}=U/R_a$。此时的转矩为启动转矩：$T_{st}=C_T\Phi I_{st}$。

当启动转矩 T_{st} 大于负载转矩时，电动机开始转动并加速，同时产生反电势 E_a。随着转速升高，反电势 E_a 增大，使电流逐渐下降，相应的电磁转矩也减小，到电磁转矩降到与负载转矩相等时，转速不变，电动机达到稳定恒速运行，启动过程结束，此时的电枢电流达到稳定运行电流。

直接启动的优点是不需要启动设备，操作简便，启动转矩大，但缺点是启动电流很大。因此直接启动只允许在小容量电动机（一般功率不大于 4 kW）中采用。

2. 电枢回路串电阻启动

电枢回路串电阻启动是指在启动时将启动电阻 R_{st}（启动变阻器）串入电枢回路，以限制启动电流，随着转速上升，再逐步将启动电阻 R_{st} 切除，电动机达到稳定运行。图 2-18 是他励直流电动机电枢回路串电阻自动启动的接线图。R_{st1}、R_{st2}、R_{st3}、R_{st4}…为各级串入的启动电阻，KM 以及 KM1～KM4 分别是各接触器的常开触点，可以通过时间继电器控制它们按要求依次闭合。

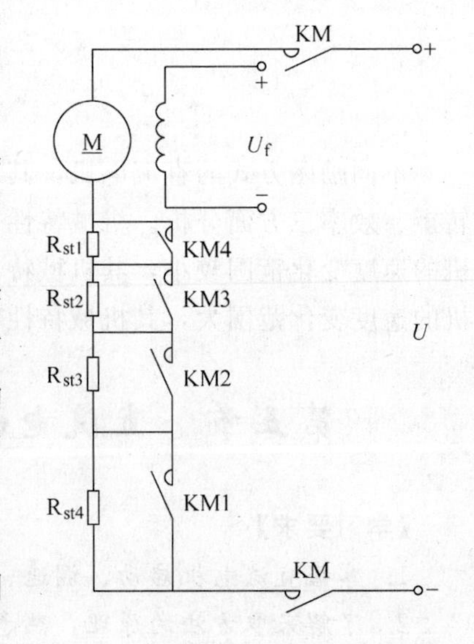

图 2-18 他励直流电动机电枢回路串电阻自动启动的接线图

电枢回路串电阻启动能有效的限制启动电流，所需启动设备简单、操作简便。但此种方法在启动电阻上有能量消耗，因此当电动机容量较大，或需要频繁对电动机实现启动的场合就显得不经济。对于经常启动的大中型直流电动机，可采用降压启动。

3. 降压启动

降压启动就是通过降低电动机端电压的方法来限制启动电流。

由于启动瞬间的启动电流 $I_{st}=U/R_a$，可见若端电压 U 降低，启动电流 I_{st} 将成比例地减小，随着电动机转速的升高（反电势不断增大，启动电流减小），再逐步升高电压至电压的额定值，电动机达到稳定运行，启动状态结束。

降压启动的优点是在启动过程中无电阻损耗，并可达到平稳升速，但需要专用的调压设备。

例 2-2　一台串励电动机额定功率 $P_N=40$ kW，额定电压 $U_N=220$ V，额定电流 $I_N=207.5$ A，电枢电阻 $R_a=0.067\ \Omega$。

（1）如果采用直接启动，则启动电流为额定电流的几倍？

（2）如果采用电枢回路串电阻启动，将启动电流限制为 $1.5 I_N$，求应串入电枢回路的电阻值。

（3）如采用降压启动使启动电流为 $1.5\ I_N$，电源电压应为多少？

解：（1）直接启动时 $E_a=0$

$$I_a=U_N/R_a=220/0.067=3\ 283.5\ (\text{A})$$

$$I_a/I_N=3\ 283.5/207.5=15.8$$

（2）限制启动电流为 $I_{st}=1.5\ I_N=1.5\times207.5=311.2$ (A)

$$R_{st}=U_N/1.5\ I_N-R_a=220/311.2-0.067=0.64\ (\Omega)$$

（3）降压启动时 $I_{st}=U/R_a=1.5\ I_N=311.2$ (A)

$$U=I_{st}R_a=311.2\times0.067=20.85\ (\text{V})$$

二、直流电动机的调速

直流电动机与交流电动机比较，虽然结构复杂，价格高，维修量大，但是其调速性能好，因此，对调速性能要求高的场合，还是采用直流电动机。

在电枢回路中串入电阻 R_{pa}，直流电动机的转速公式变为

$$n=\frac{U-I_a(R_a+R_{pa})}{C_e\Phi}$$

上式中，端电压 U、磁通 Φ（励磁电流）和电枢回路串接电阻 R_{pa} 都可以调节。因此，直流电动机有 3 种调速方法。

1. 调压调速

目前普遍采用晶闸管整流装置作为输出电压可调的直流电源给直流电动机供电。为保证电机安全运行，通常只是降压调速（$U<U_N$，$n<n_N$）。在一定负载下，电压越低，转速也越低，调压调速的机械特性曲线如图 2-19 所示。

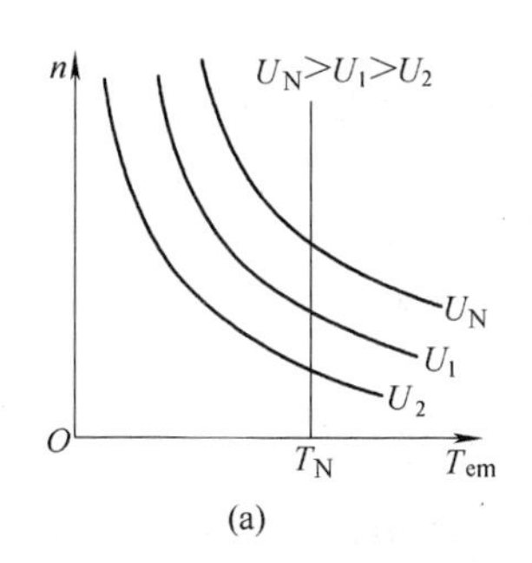

(a)

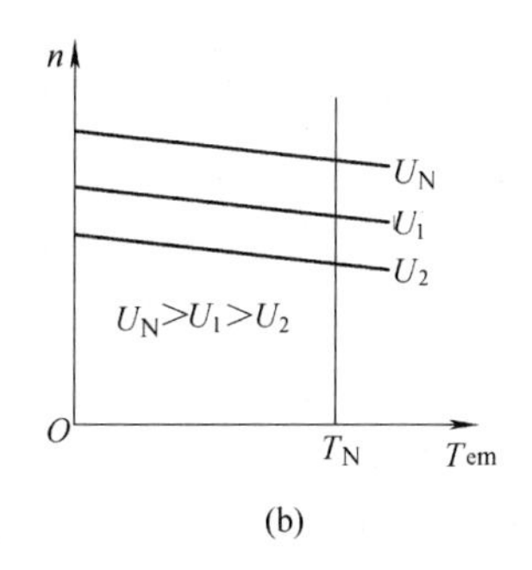

(b)

图 2-19　调压调速的机械特性曲线

（a）串励电动机；（b）并励电动机

调压调速的特点是：

①可均匀调节电压，调速范围宽，可以从低速一直调到额定转速且速度变化平滑，即无

级调速。

②调速中无电阻损耗，他（并）励电动机电压降低后机械特性硬度不变，稳定性较好。

③适用额定转速以下的调速，不能超过额定转速，因为端电压不能超过额定电压。

④需要专用的调压电源。

随着电子技术的发展，调压调速的应用越来越广。

2. 调磁调速

当直流电动机的电源电压和负载不变时，使磁通减小（减小励磁绕组中的电流：并励或它励电动机励磁回路串联磁场调节电阻，串励电动机励磁绕组两端并联磁场分路电阻），则转速升高。

在电机中，受磁路饱和的限制，磁通不可能过大，一般都是以额定磁通为上限将磁通减弱，因此又称弱磁调速，调磁调速的机械特性曲线如图 2-20 所示。

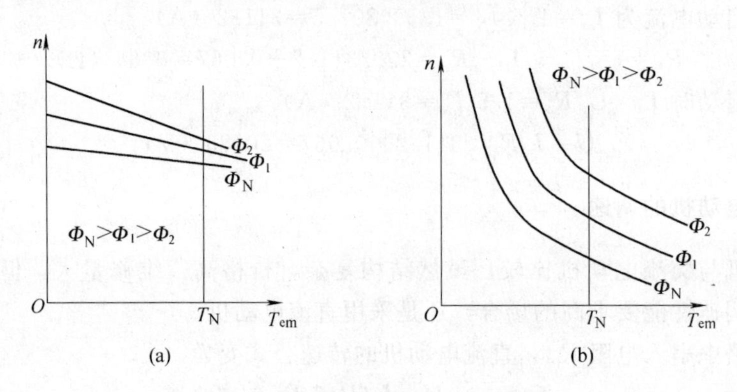

图 2-20　调磁调速的机械特性曲线

（a）并励电动机；（b）串励电动机

调磁调速的特点是：

①调速在励磁回路进行，设备简单，控制方便，功率损耗小，调速经济。

②调速平滑，可得到无级调速。

③机械特性较硬，稳定性较好。

④调速范围窄，适用额定转速以上的调速，不低于额定转速（因磁路饱和，不能超过额定磁通）。

当直流电动机的电源电压和负载不变时，磁通减小则电枢电流会增大。如果在调速前电动机已在额定电流下运行，则弱磁调速后的电流势必超过额定电流，这是不允许的。调速后的电流仍应保持额定值，也就是电动机在高速运转时其负载转矩必须减小。因此，弱磁调速这种方法适用于转矩与转速大约成反比而输出功率基本上不变（恒功率调速）的场合，例如电传动机车上的直流串励电动机等。

3. 电枢回路串接电阻调速

这种调速方法的优点是所需设备简单，操作简便，调速范围较广（电枢串接电阻越大，转速越低）。缺点是调速电阻上产生很大的铜耗，不经济。因此该方法只适用于小容量直流电动机的调速。电枢回路串接电阻调速的机械特性曲线如图 2-21 所示。为扩大调速范围，常把上述几种方法配合使用。如电传动机车上使用的串励电动机，调压调速和弱磁调速两种办法都用。

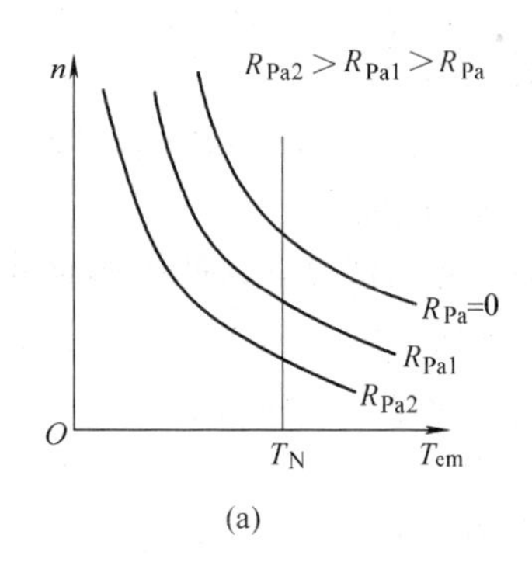

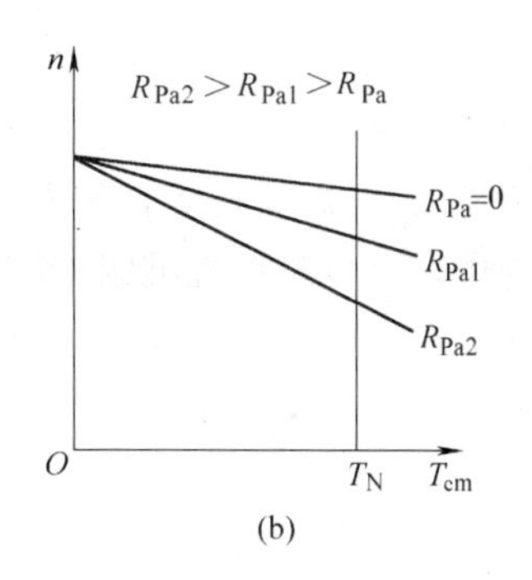

图 2-21　电枢回路串接电阻调速的机械特性曲线

（a）串励电动机；（b）并励电动机

三、直流电动机的反转

直流电动机是依靠电磁转矩的拖动而旋转起来的，因此，要使直流电动机反转（改变直流电动机的转动方向），必须改变电磁转矩的方向。

要改变电磁转矩的方向，有两种办法：

（1）在磁场 Φ 方向不变的情况下，改变电枢电流 I_a 的方向；

（2）在电枢电流 I_a 方向不变的情况下，改变磁场 Φ，也就是励磁电流的方向。

因此，使直流电动机反转的方法有两种：

①电枢绕组反接法：将电枢绕组的两个接线端与直流电源的接线对调。

②励磁绕组反接法：将励磁绕组的两个接线端与其电源的接线对调。

注意：如果电枢绕组和励磁绕组都反接（同时改变磁通方向和电枢电流方向），则电动机转向不变。

四、直流电动机的电气制动

电动机的制动是指在电动机的轴上加一个与转子转向相反的转矩（称为制动转矩）。若制动转矩是用机械制动闸产生的，称为机械制动；若制动转矩是电动机本身产生的电磁转矩，称为电气制动。

直流电动机的电磁转矩 $T_{em}=C_T\Phi I_a$，在保持磁通方向不变的情况下，若把电枢电流的方向改变，则电磁转矩的方向也改变，由原来的拖动转矩变为制动转矩，这是电气制动的基本原理。电气制动可分为以下两种。

1. 能耗制动

图 2-22 为串励电动机采用能耗制动的电路。制动时，将串励改为他励，励磁绕组由励磁电源供电，保持励磁电流方向不变，磁通方向不变，将电枢从电源上断开并立即接到一个制动电阻 R_L 上。这时电枢外加电压 $U=0$，电机转子在磁场中靠惯性继续旋转，因此感应电势仍存在且方向不变，产生的电枢电流为

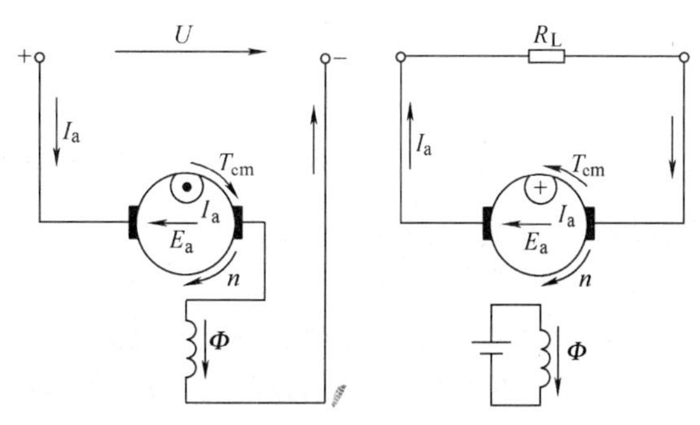

图 2-22　串励电动机能耗制动原理接线图

$$I_a=\frac{U-E_a}{R_a+R_L}=\frac{-E_a}{R_a+R_L}=\frac{-C_e\Phi n}{R_a+R_L}$$

电流为负值，表示它的方向与电动机运行时的方向相反。此时的电磁转矩亦为负值（表示与原来方向相反），为制动转矩，使电动机转速很快下降。

在制动过程中，电机靠惯性继续旋转，在磁场不变的情况下，产生感应电势方向不变并输出电流，变成一台它励发电机，把电机的动能转换成电能，消耗在电阻上。能耗制动设备简单，操作方便，广泛地应用于各类电传动机车上作为停车前的制动。

2. 回馈制动

直流电机作电动机运行时，电源电压 U 大于反电势 E_a，电枢电流方向与 U 同向，电磁转矩方向与转子转向相同。

若保持磁通方向不变，用外力让电机转速升高（例如，电传动机车下坡时，重力加速使车速增大），使感应电势 E_a 大于电源电压 U，则电枢电流方向将变为与感应电势 E_a 同向，电磁转矩也变为与转子转向相反而起制动作用，电动机变为发电机运行，产生的电能（机车下坡的势能通过电机转换成电能）回馈给电网，这就是回馈制动（或称为反馈制动）。

小　　结

1. 启动的问题主要是限制启动电流的大小。启动方法有 3 种：①直接启动；②电枢回路串电阻启动；③降压启动。

2. 调速问题实际上是用调节外加电压、调节励磁电流或调节电枢回路电阻的方法改变电动机的机械特性，使它与负载机械特性有不同的交点，从而获得不同的转速。直流电动机有 3 种调速方法：①调压调速；②调磁调速；③电枢回路串接电阻调速。

3. 使直流电动机反转的方法有两种：①电枢绕组反接法；②励磁绕组反接法。

4. 直流电动机的电气制动是使电机本身产生的电磁转矩的方向与转子转向相反，使电机停转或限速运行。电气制动可分为两种：①能耗制动；②回馈制动。

第六节　直流电机的维护保养与故障查排

【学习要求】

1. 熟悉直流电机的维护和保养常识。

2. 熟悉直流电机常见故障的查排及处理方法。

一、直流电机的维护保养

经常进行直流电机的维护与保养，可以大大减少故障，延长电机的使用寿命。直流电机需要经常维护保养的部件如下。

1. 换向器

(1) 观察换向器工作面的氧化膜色泽是否正常（正常的应为均匀的、光亮的、稳定的棕褐色）。如有不正常的状态和颜色，应分析原因，并进行处理。

(2) 经常用干燥的压缩空气吹扫换向器表面，如有油垢，可用浸有少量酒精的无毛抹布揩拭。

（3）检查换向器V形云母环伸出部分的表面状态，应经常保持该部分清洁。

2. 电刷装置

（1）清除油污和积灰。同时应检查刷杆表面，发现裂纹等应及时更换。

（2）检查电刷与刷盒孔的间隙和电刷高度是否合适。如电刷磨耗过限，应更换电刷。更换电刷时，同一台电机的电刷牌号应一致。电刷与换向器的接触面应不小于电刷全面积的85%。

（3）检查和校正刷握的安装位置。

3. 电枢轴承

（1）经常检查电枢轴承的温升。轴承温升的检查，可用水银（或酒精）温度计测量。

（2）检查电枢轴承的密封情况是否良好。

4. 其他方面

（1）检查各绕组可见部分的绝缘有无变色或损伤现象。

（2）检查主极和换向极的气隙是否均匀。

（3）检查各绕组间连接线的固定情况。

（4）经常清扫机座上的灰尘和油垢，以保证电机有良好的散热性能。

二、直流电机的常见故障及处理方法

一般说来，电机出现故障后总会出现某些异常现象，例如：电枢绕组或磁圈的绝缘漆膜变色；运动部分过热或有不正常的音响等。若能及时发现这些异常现象，查明故障的原因和位置并采取相应措施，对防止事故发生有十分重要的意义。

1. 换向器

换向器的主要故障有：换向器工作表面不同程度的磨损、拉伤和烧损；换向器接地；换向片间短路；换向器机械变形或凸片等。

（1）换向器片发黑。对于因较小火花产生的很轻微的发黑，可用干净的无毛抹布蘸酒精擦拭；对于严重的黑，则表明电机处于某种较严重的故障状态，应及时检查更换。

（2）换向器片间放电。对于因积存的碳粉而引起的轻微的片间放电，只需进行适当的清扫打磨处理即可；对于较严重的片间放电，如因电枢绕组匝间短路而引起的片间放电，则要更换电机。

换向器边缘出现铜毛刺过长会引起片间短路，严重时可能引起环火。出现铜毛刺，应认真检查电刷压力及电刷接触面，清理毛刺。

（3）环火。引起环火的原因是多种多样的。如大电流启动、空转、强烈振动等，都有可能引起环火。偶然原因引起环火，时间短且不重复，对换向器的破坏不大，只需打磨处理即可继续使用。

电机结构故障，如电枢匝间短路，定子磁极连线折断等，也可能引起环火。这些原因引起环火，持续时间较长，会造成电机严重破损，需要更换电机。

2. 电刷装置

电刷装置在运行中的主要故障有：电刷烧损或破碎、连接线接地等。按规定更换所有不能继续使用的电刷。

3. 电枢绕组

直流电机电枢绕组发生的主要故障有：对地绝缘电阻降低，接地、匝间短路等。接地和匝间短路故障，大多数是由于电机制造质量不高所引起的，因此必须提高部件的质量。

检查电机是否存在接地故障，可使用相应电压等级的兆欧表（电机额定电压为500 V及以下的用500 V兆欧表；额定电压为500 V以上的用1 000 V兆欧表）进行检查。

电枢绕组的故障处理应视其故障情况，进行电枢绕组的局部修理或电枢绕组的大修。

4. 磁极线圈

磁极线圈的主要故障有：主极、换向极线圈接地；磁极线圈的引出线和极间连接线断线；磁极线圈匝间短路。

检查磁极线圈绝缘有无老化、破损和接地；各连接线的接头有无断裂和松脱；线圈在铁芯上组装是否牢固。

经检查，发现有接地、断线或匝间短路的线圈后，应拆下故障线圈，进行修理。

5. 电枢轴、机座和端盖

电枢轴的故障主要有：轴颈拉伤、轴的弯曲、裂纹和断轴等。电枢轴经超声波探伤发现有裂纹或轴已弯曲时，应更换新轴。

机座和端盖的常见故障是裂纹和变形，这类故障大多出现在承受动力作用较大的电机上。机座和端盖有裂纹时，允许用铸钢、铸铁焊条热焊。

小　结

直流电机要做好定期的检查与维护，这样可以减少电机故障，延长电机的使用寿命，对防止事故发生有十分重要的意义。

1. 直流电机的结构部件主要有哪些？各部件的主要作用是什么？
2. 用什么方法可改变直流发电机输出电压的方向？
3. 直流电机的换向器在发电机和电动机中各起什么作用？用什么方法可改变直流电动机的转向？
4. 为什么电枢铁芯用硅钢片？
5. 一台直流电动机的额定转速为3 000 r/min，如果电枢电压和励磁电流均为额定值，试问该电机可否在转速2 500 r/min下长期运行？为什么？
6. 分别画出并励和串励电动机的电路原理图。
7. 分别画出并励和串励电动机的转速特性曲线和转矩特性曲线。
8. 何谓电动机的机械特性？画出并励和串励电动机的机械特性曲线。
9. 直流电动机的启动电流由什么决定？直流电动机有几种启动方法？
10. 启动直流电动机时，为什么一定要保证励磁回路可靠接通？
11. 一台串励电动机额定电压$U_N=220$ V，额定电流$I_N=40$ A，电枢电阻$R_a=0.5\ \Omega$，

额定功率 $P_N=20$ kW。求：

①如果直接起动，则起动电流为额定电流的多少倍？

②如果采用电枢回路串电阻起动，将起动电流限制为 $1.5I_N$，求应串入电枢电路的电阻值为多少？

12. 直流电机维护保养的部件有哪些？主要部件上出现的常见故障现象有哪些？

第三章

三相异步电动机

三相异步电动机是交流电机中使用最为广泛的一种电动机，它是将交流电能转换成机械能的动力设备。对于普通的三相异步电动机，由于它具有结构简单、制造容易、价格低廉、坚固耐用、运行可靠、运行效率高并适用于多种机械负载的特点，而被广泛地应用于电力拖动中，特别是机床设备上。当然，它也存在着一些缺点，如调速性能差，功率因数低等。本章将着重介绍三相异步电动机的结构、工作原理、运行性能、应用选择、日常维护及常见故障处理。

第一节　三相异步电动机的分类、结构和铭牌

【学习要求】

1. 了解三相异步电动机的分类情况。
2. 掌握三相异步电动机的基本结构组成。
3. 能正确认读铭牌数据。

一、异步电动机的分类

异步电动机的种类很多。最常见的分类方法，一是按照异步电动机定子绕组的相数，分为单相与三相异步电动机两种；二是按照异步电动机的转子结构，分为鼠笼式与绕线式异步电动机两种。

三相异步电动机使用三相交流电源，在工农业生产用应用最为普遍。单相异步电动机使用单相交流电源，在小型机械及家用电器中得到了广泛的使用。

绕线式三相异步电动机，在启动频繁、需要较大启动转矩、调速范围的生产机械（如起重机）中常被采用。它的结构相对复杂，在运行的可靠性、经济性方面不如鼠笼式异步电动机。

二、三相异步电动机的基本结构

三相异步电动机由两个基本部分组成：固定部分称定子，旋转部分称转子。转子装在定子腔内，为了保证转子能在定子内自由转动，定子与转子之间必须有一间隙，称为空气隙。异步电动机的空气隙很小，一般为 0.2～2 mm。此外，在定子的两端还装有端盖。图 3-1 所示为一台三相异步电动机解体后的零部件图。

1. 定子

由定子铁芯、定子绕组和机座等三部分组成。它的作用是输入电功率带动转子转动。

(1) 定子铁芯：是电动机磁路的一部分，用0.5 mm厚的硅钢片叠压制成。在硅钢片的内圆上冲有均匀分布的槽口用来嵌放三相定子绕组。通常把定子铁芯压入机座内与机座成为一个整体。图3-2 (a)、(b) 分别为未装定子绕组的定子铁芯与定子铁芯冲片。

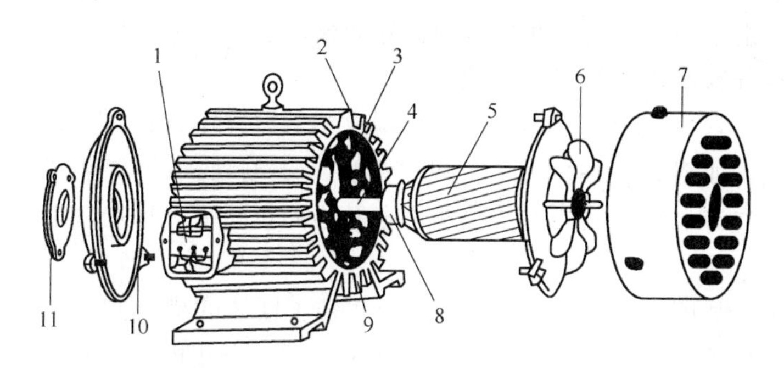

图3-1　鼠笼式三相异步电动机的结构

1—接线盒；2—定子铁芯；3—定子绕组；4—转轴；5—转子；6—风扇；7—罩壳；8—轴承；9—机座；10—端盖；11—轴承盖

(2) 定子绕组：是电动机的电路部分，由带绝缘的铜或铝导线绕制成的许多线圈连接组成三相对称绕组，各相绕组彼此独立，空间互成120°排列嵌放在定子铁芯的槽内，并与铁芯绝缘。以U1、V1、W1分别代表三个绕组的首端，以U2、V2、W2分别代表三个绕组的末端。

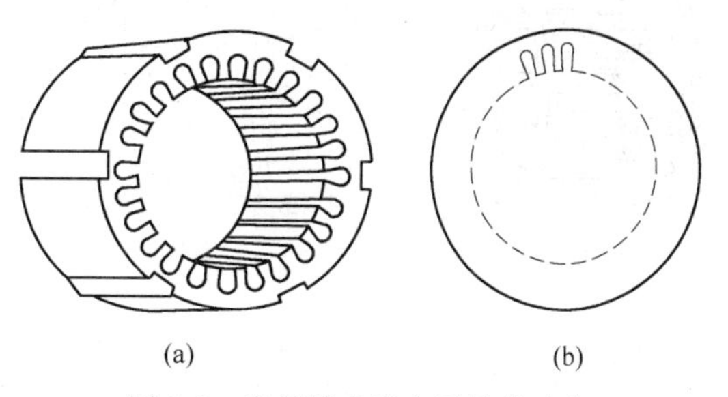

图3-2　定子铁芯及定子铁芯冲片

(a) 定子铁芯；(b) 定子铁芯冲片

(3) 机座：一般用铸铁或铸钢制成，其作用是固定定子铁芯，并通过前后两个端盖支撑转子的转轴。此外，机座表面铸有散热筋，以增加散热面积，提高散热效率。机座上还有一个接线盒，盒内的接线柱上分别接有三相定子绕组的六个出线端。根据电动机的铭牌，可把定子绕组接成星形或三角形，如图3-3所示。

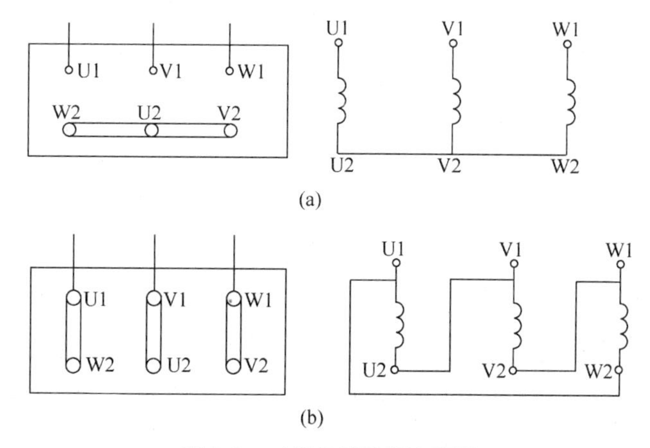

图3-3　三相定子绕组连接图

(a) 星形连接；(b) 三角形连接

2. 转子

由转子铁芯、转子绕组和转轴等三部分组成。它的作用是输出机械转矩。

(1) 转子铁芯：是把硅钢片压装在转子轴上的圆柱体。在硅钢片的外圆上冲有均匀的槽口，供嵌放转子绕组用，通常把这些槽口叫做导线槽。

(2) 转子绕组分鼠笼式和绕线式两种。

①鼠笼式转子。它是在转子铁芯导线槽内嵌放铜条，并用铜环（也称短路环）将全部铜条焊接成鼠笼形式，如图 3-4（a）所示。现中小型异步电动机的鼠笼式转子多采用铸铝转子，即把熔化的铝浇铸在转子铁芯的导线槽内，并连同短路环、风扇一起铸成一个整体，如图 3-4（b）所示。

②绕线式转子。如图 3-5 所示，它是在绕线式转子铁芯的槽内嵌放绝缘导线组成的三相绕组，一般采用星形连接，三根引出线分别接转轴上的三个集电环，转子绕组可以通过集电环和电刷在转子绕组回路中接入变阻器，用以改善电动机的启动性能或调节电动机的转速。

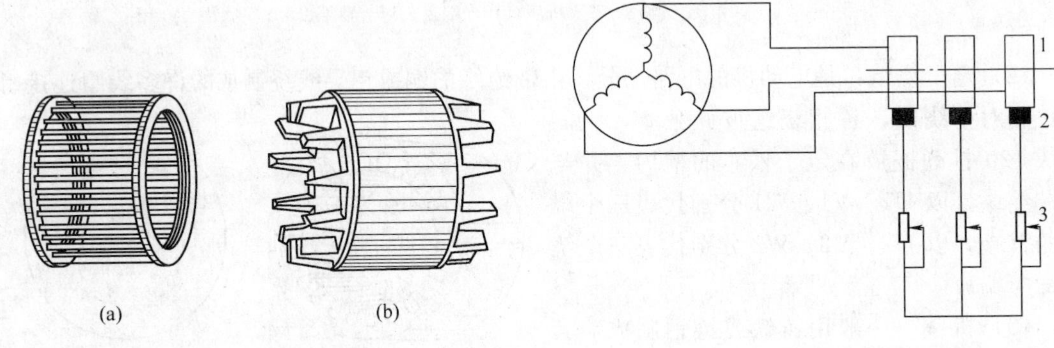

图 3-4　鼠笼式转子

（a）鼠笼绕组；（b）转子外形

图 3-5　绕线式转子绕组与外加变阻器的连接

1—集电环；2—电刷；3—变阻器

(3) 转轴：它的作用是支撑转子铁芯和绕组，并传递电动机输出的机械转矩，同时又保证定子与转子间有一定的均匀气隙。

三、三相异步电动机的铭牌

在三相异步电动机的机座上，钉有一块牌子，叫铭牌。铭牌上注明这台电动机的型号、额定数据、使用条件等项目，是选择、安装、使用和修理三相电动机的重要依据。现以 Y315S-6 型电动机为例，逐项说明它们的意义。

鼠笼式三相异步电动机					
型　号	Y315S-6	定　额	连续	接　法	△
额定功率	110 千瓦	额定电压	380 伏	额定电流	205 安
额定频率	50 赫兹	额定转速	984 转/分	绝缘等级	B 级
	外壳防护等级	IP23	重量	905 公斤	

1. 型号

国产中小型三相异步电动机型号的系列为 Y 系列，它由四部分组成。第一部分汉语拼音字母 Y 表示异步电动机；第二部分数字表示机座中心高；第三部分英文字母为机座长度代号（S—短机座，M—中机座，L—长机座），字母后的数字为铁芯长度代号；第四部分为横线后的数字，表示电动机的磁极数。例如：

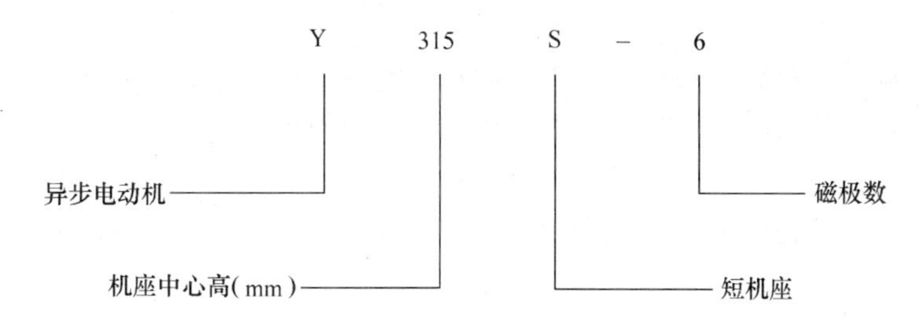

2．额定值

（1）额定功率：指电动机在满载运行时轴端上所输出的机械功率，用 P_N 表示，以千瓦或瓦为单位。

（2）额定电压：指电动机定子绕组规定使用的电源线电压，用 U_N 表示，以伏为单位。电压的波动要求不超过额定电压的±5%。电压过高，电动机容易烧毁；电压过低，电动机难以启动，即使启动后电动机也可能带不动负载，容易烧坏。

（3）额定电流：指电动机在额定电压下，输出额定功率时，流入定子绕组中的线电流，用 I_N 表示，以安为单位。电动机若超过额定电流过载运行就会过热乃至烧毁。

（4）额定频率：指电动机使用的交流电源频率，用 f_N 表示。我国规定标准电源频率为 50 赫兹。

（5）额定转速：指三相异步电动机在额定功率时转子每分钟的转速，用 n_N 表示，单位转/分。

3．绝缘等级

绝缘等级是指电动机所采用的绝缘材料的耐热能力，它表明电动机允许的最高工作温度。电动机的绝缘等级和最高允许温度见表 3-1。

表 3-1　绝 缘 等 级

绝 缘 等 级	Y	A	E	B	F	H	C
允许长期使用的最高温度/°C	90	105	120	130	155	180	>180

4．接线方式

三相异步电动机定子绕组的连接方法有星形（Y）和三角形（△）两种。为了便于接线，将三相定子绕组的六个出线头引至接线盒中，三相绕组的始端标为 U1、V1、W1，末端标为 U2、V2、W2，在接线盒中的位置排列如图 3-3 所示。定子绕组的连接只能按规定方法连接，不能任意改变接法，否则会损坏三相电动机。

5．防护等级

防护等级表示三相异步电动机外壳的防护等级，其中 IP 是防护等级标志符号，其后面的两位数字分别表示电机防固体和防水能力。数字越大，防护能力越强，如 IP23 中第一位数字“2”表示电机能防止直径大于 12 mm 的固体进入电机内；第二位数字“3”表示能 15°防滴，即与铅垂线成 15°角范围内的滴水，应不能进入电动机的内部。

6．定额

定额是指电动机的运转状态，即允许连续使用的时间，分为连续、短时、周期断续三种。

(1) 连续：连续工作状态是指电动机带额定负载运行时，运行时间很长，电动机的温升可以达到稳态温升的工作方式。

(2) 短时：短时工作状态是指电动机带额定负载运行时，运行时间很短，使电动机的温升达不到稳态温升；停机时间很长，使电动机的温升可以降到零的工作方式。

(3) 周期断续：周期断续工作状态是指电动机带额定负载运行时，运行时间很短，使电动机的温升达不到稳态温升；停止时间也很短，使电动机的温升降不到零，工作周期小于 10 min 的工作方式。

小　结

1. 按照转子绕组的结构，三相异步电动机可分为鼠笼式与绕线式三相异步电动机。应熟悉这两种电动机的转子结构特点。

2. 三相异步电动机由定子和转子两个基本部分组成。定子由定子铁芯、定子绕组和机座等三部分组成，它的作用是输入电功率带动转子转动；转子由转子铁芯、转子绕组和转轴等三部分组成，它的作用是输出机械转矩。

3. 应掌握三相异步电动机各额定值的定义、符号、单位。

第二节　三相异步电动机的工作原理与运行特性

【学习要求】

1. 理解三相异步电动机的工作原理，掌握同步转速、转差率的计算公式。

2. 掌握电磁转矩定义、机械特性定义、三相异步电动机的机械特性曲线特点、额定转矩的计算公式。

一、工作原理

为了说明三相异步电动机的工作原理，我们先看一个实验演示。

图 3-6 (a) 是鼠笼式异步电动机工作原理的演示图。在装有手柄的马蹄形磁铁中间放置一个能够自由转动，由铜条组成的鼠笼型转子。虽然磁极与转子间没有任何机械联系，但当我们转动马蹄形磁铁时，发现鼠笼也会跟着磁铁旋转；若改变磁铁的转向，则鼠笼的转向也

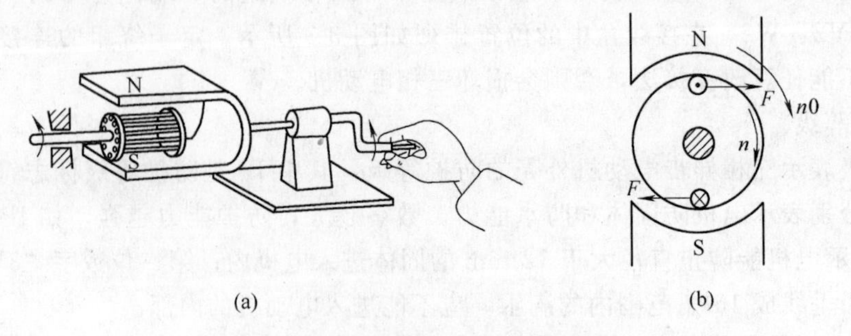

图 3-6　旋转磁场带动鼠笼转子旋转
(a) 转子转动的演示；(b) 转子转动原理图

跟随改变。此现象可用图 3-6（b）来解释：当磁铁旋转时，磁铁与鼠笼间发生相对运动，鼠笼导体切割磁感应线而在其内部产生感生电动势和感生电流。一旦鼠笼导体中出现感生电流，它就受到电磁力矩的作用。由图可以看出，电磁力矩的方向与磁铁的旋转方向相同，所以鼠笼就会沿着磁铁的旋转方向跟随磁铁旋转。这就是鼠笼式异步电动机的工作原理。

1. 旋转磁场的产生

由上述实验可知。转于转动的先决条件是要有一个旋转磁场。实际的鼠笼式异步电动机，旋转磁场由定子绕组中的三相交流电产生。

图 3-7（a）表示作星形连接的对称定子绕组，三个绕组在空间互成 120°排列。当把它们的首端 U1、V1、W1 接到三相对称的正弦交流电源上时，便有三相对称的电流流过这三个绕组，如图 3-7（b）所示。设三相电流的相序为 $i_1 \rightarrow i_2 \rightarrow i_3$ 且电流 i_1 的初相为零，各相电流的相位差都是 120°，如图 3-8 所示。

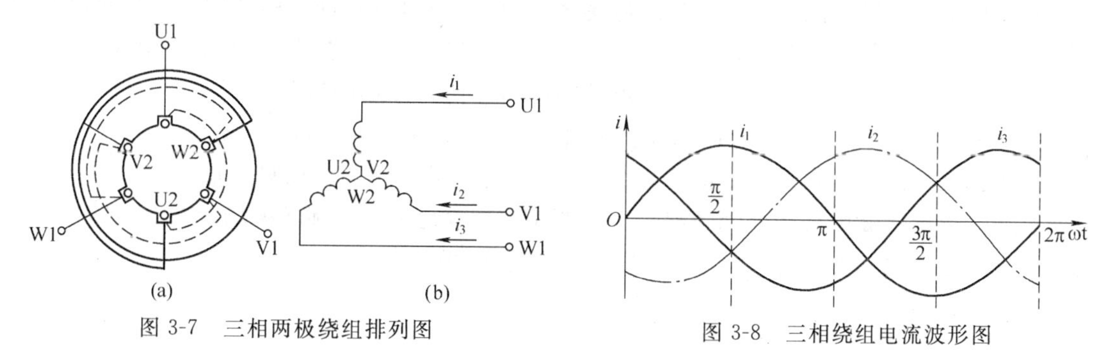

图 3-7　三相两极绕组排列图　　图 3-8　三相绕组电流波形图

由于三相绕组中流过正弦电流，则每个绕组都会产生一个按正弦规律变化的磁场。下面讨论在几个不同瞬时这三个磁场的合成磁场。为讨论问题方便，现规定：三相交流电为正半周时，电流由绕组的首端流入，从末端流出；反之电流从绕组的末端流入，从首端流出。

（1）当 $\omega t=0$ 时：$i_1=0$，第一相绕组内没有电流，不产生磁场，i_2 是负值，第二相绕组的电流是由 V2 端流入，V1 端流出，第三相绕组的电流是由 W1 端流入，W2 端流出。用安培定则可以确定此瞬时的合成磁场为一对磁极，如图 3-9（a）所示。

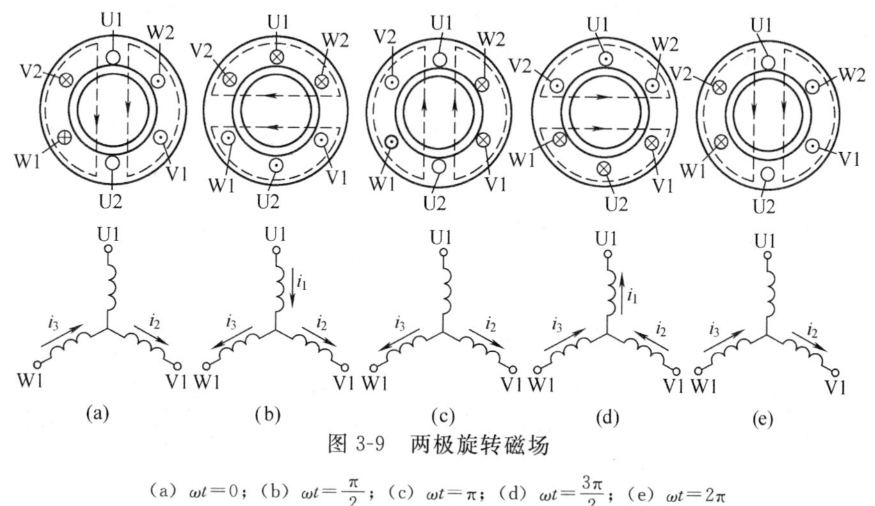

图 3-9　两极旋转磁场

（a）$\omega t=0$；（b）$\omega t=\frac{\pi}{2}$；（c）$\omega t=\pi$；（d）$\omega t=\frac{3\pi}{2}$；（e）$\omega t=2\pi$

（2）当 $\omega t=\frac{\pi}{2}$ 时，即经过 $\frac{1}{4}$ 周期后：i_1 由零值变到正最大值，第一相绕组的电流是由

U1 端流入，U2 端流出；i_2 仍为负值，电流仍由 V2 端流入，V1 端流出，i_3 已变为负值，电流由 W2 端流入，W1 端流出。此时电流产生的合成磁场如图 3-9（b）所示。可以看出，此时的合成磁场方向已从 $\omega t=0$ 时的位置沿顺时针方向转过了 90°。

（3）当 $\omega t=\pi$ 时，用上述方法可知：此时的三相电流产生的合成磁场方向已从 $\omega t=0$ 时的位置沿顺时针方向转过了 180°；当 $\omega t=\frac{3\pi}{2}$ 时，合成磁场转过 270°；当 $\omega t=2\pi$ 时，合成磁场已从 $\omega t=0$ 时的位置沿顺时针方向旋转了 360°，即一周。以上各磁场方向分别如图 3-9（c）、（d）、（e）所示。

由此可见，对称三相电流 i_1、i_2、i_3 分别通入三相绕组后，能产生一个随时间旋转的磁场（称为旋转磁场）。上面所讨论的旋转磁场只有一对磁极，即只有两个磁极（一个 N 极和一个 S 极）。所以叫做两极旋转磁场。

对两极旋转磁场来说，当三相交流电变化一周时，磁场在空间旋转一周。则当交流电的频率为 2 Hz 时，磁场的转速 $n_1=2\times1=2$ r/s；当交流电的频率为 3 Hz 时，磁场的转速 $n_1=3\times1=3$ r/s……以此类推，当交流电的频率为 f 时，磁场的转速 $n_1=f$ r/s。通常旋转磁场的转速都折合成 r/min，这样两极旋转磁场的转速就为：$n_1=60f$ r/min。

对于四极（即两对磁极）旋转磁场来说，交流电变化一周，磁场只转过 180°（1/2 周）。以此类推，当旋转磁场具有 P 对磁极时，每当交流电变化一周，旋转磁场就在空间转过 $1/P$ 周。当交流电的频率为 f 时，具有 P 对磁极的旋转磁场转速为

$$n_1=\frac{60f}{P} \tag{3-1}$$

式中　n_1——旋转磁场的转速，也叫同步转速，r/min；

f——三相交流电源的频率，Hz；

P——旋转磁场的磁极对数。

通常国产交流电动机使用的电源频率为 50 Hz，因此由公式（3-1）可知，两极旋转磁场的转速是 3 000 r/min，四极旋转磁场的转速是 1 500 r/min 等。

另外，由图 3-8 和图 3-9 还可看出，旋转磁场的旋转方向和电源的相序一致。因此要使旋转磁场反转，只要改变通入电动机定子绕组的电源相序，即只要把接到定子绕组上的任意两根相线对调就可实现。异步电动机的转向控制也正是根据这一原理来实现的。

2. 旋转磁场对转子的作用

如图 3-10 所示，当定子绕组通以三相对称交流电时，在定子和转子之间便产生旋转磁场（设作顺时针方向旋转），则旋转磁场将切割转子导体。此时也可把磁场看成不动，而是转子相对磁场作逆时针旋转切割磁感应线，于是转子导体中就产生了感生电动势和感生电流。用右手定则可判断出转子上半部导体中的感生电流方向是流出纸面的，下半部导体中的感生电流方向是流入纸面的。一旦转子中产生感生电流，立即就受到旋转磁场的作用，根据左手定则，可判断出转子导体的受力方向与旋转磁场的旋转方向相同。于是转子就跟随旋转磁场以 $n<n_1$ 转速旋转起来。

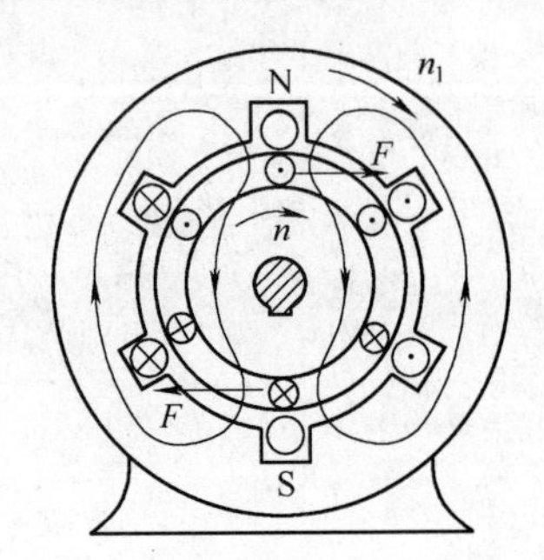

图 3-10　旋转磁场对转子的作用

3. 转差和转差率

如前所述，电动机的转子产生感生电流并受到电磁转矩

的作用而旋转，是由于转子与旋转磁场间存在着相对运动，也就是说二者保持着一定的转速差（转速差简称转差，即 n_1-n）。这是异步电动机能正常运行的必要条件。在负载不变时，当转子转速偏高而接近同步转速，转子受到的电磁转矩变小，迫使转子减慢转速；当转子转速偏低时，转子受到的电磁转矩变大，又会迫使转子加快转速。这对矛盾的结果，使转子转速最后基本稳定在某一转速上。由于这类电动机的转子转速 n 总是低于同步转速 n_1，所以常把这类电动机叫做异步电动机。又由于这类电动机的转子电流是由电磁感应产生的，所以又把它们叫做感应电动机。

为表示三相异步电动机的转速和同步转速的差值，特引入转差率的概念。转差率就是转速差与同步转速的比值，以 s 表示，其数学式为：$s=(n_1-n)/n_1$，转差率通常以百分数表示。即：

$$s=\frac{n_1-n}{n_1}\times 100\% \tag{3-2}$$

通常异步电动机正常运行时的转速 n 比较接近同步转速 n_1，所以转差率 s 较小。一般电动机额定工作状态下的额定转差率约为 2%～5%，即常用异步电动机的转速约为同步转速的 95%～98%。

为计算转子转速的方便，可将式（3-2）改写为

$$n=(1-s)n_1 \tag{3-3}$$

例 3-1　已知某异步电动机的磁极对数 $P=3$，转差率 $s=5\%$，电源频率 $f=50$ Hz，试求该电动机的转速 n。

解： 因 $n=(1-s)n_1$，而 $n_1=\frac{60f}{P}$

则
$$n=(1-5\%)\times\frac{60\times 50}{3}=0.95\times 1\,000=950(\text{r/min})$$

二、运行特性

正如一个车手要开好车，就必须对汽车的性能非常熟悉一样，对从事电动机设备的管理、安装、调试的技术人员来说，也必须熟悉电动机的特性。只有这样，才能使其效能充分发挥，有效地利用电动机的输出功率，并且减少故障发生率。

1. 电磁转矩

所谓电磁转矩指电动机由于电磁感应作用，从转轴上输出的作用力矩。它是衡量三相异步电动机带负载能力的一个重要指标。在电源频率、电动机的结构和转速一定时，可推证出电磁转矩的大小与加在定子绕组上的电压的平方成正比，即 $T\propto U_1^2$。可见，外加电压的波动对三相异步电动机的工作有很大影响。

2. 机械特性

在电源电压 U_1 和转子电阻 R_2 为定值时，三相异步电动机转子转速 n 随电磁转矩 T 变化的关系曲线 $n=f(T)$ 称为异步电动机的机械特性，如图 3-11 所示。下面我们通过特性曲线来对电动机的运行性能进行分析。

（1）启动转矩 T_{st} 及启动过程。

电动机接通电源后，转轴尚未转动（$n=0$，$s=1$）时的电磁转矩称为启动转矩。从图 3-11上可以看出，当启动转矩 T_{st} 大于转轴上的阻转矩时，转子就在电磁转矩作用下逐渐加速旋转。此时电磁转矩也逐渐增大（沿 cb 段上升）到最大转矩 T_{max}。随着转速的继续上升，

曲线进入到 ba 段，电磁转矩反而减小。最后，当电磁转矩等于转轴上的阻转矩时，电动机就以某一转速作等速旋转。

如果改变电源电压 U_1 或改变转子电阻 R_2 则可以得到图 3-12 所示一组特性曲线。从图 3-12（a）中可知，当电源电压 U_1 降低时，启动转矩 T_{st} 会减小。而在图 3-12（b）中当转子电阻 R_2 适当增大时，启动转矩也会随着增大。

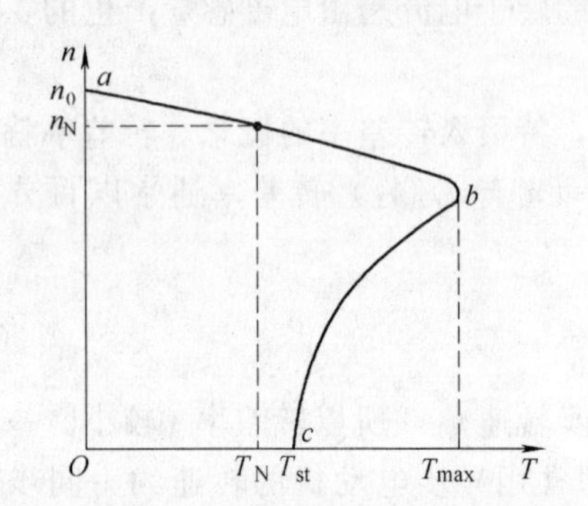

图 3-11　三相异步电动机的机械特性曲线

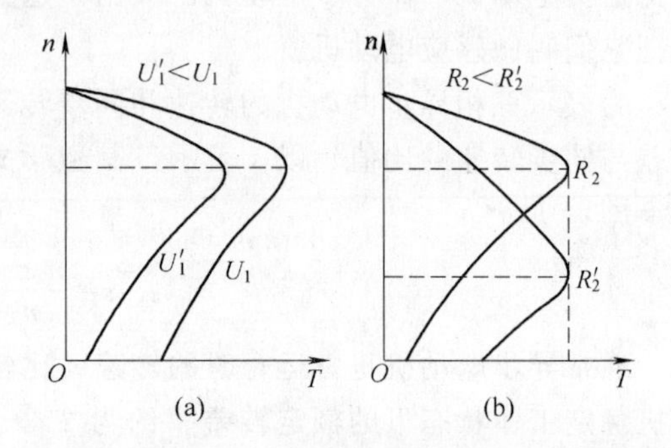

图 3-12　对应不同电源电压和转子电阻时的特性

（2）额定转矩 T_N。

异步电动机长期连续运行时，转轴上所能输出的最大转矩，或者说是电动机在额定负载时的电磁转矩，叫做电动机的额定转矩，用 T_N 表示。电动机的额定转矩可以根据额定功率和额定转速来计算。由力学知识知道，$P=Fv=FR\omega=T\omega=T2\pi n$，则：$T_N=P_N/2\pi n_N$。通常 P_N 用 kW、n_N 用 r/min 做单位，则上式可改写成：

$$T_N=\frac{1\,000P_N}{\frac{2\pi n_N}{60}}\approx 9\ 550\,\frac{P_N}{n_N}$$

即：
$$T_N\approx 9\ 550\,\frac{P_N}{n_N} \tag{3-4}$$

式中　T_N——电动机的额定转矩（N·m）；

P_N——电动机的额定功率（kW）；

n_N——电动机的额定转速（r/min）

于是从电动机铭牌上的额定功率和额定转速，我们可用式（3-4）求得电动机的额定转矩 T_N。

例 3-2　已知某两台三相异步电动机的额定功率均为 55 kW，电源频率为 50 Hz。其中第一台电动机的磁极数为 2，额定转速为 2 960 r/min；第二台电动机的磁极数为 6，额定转速为 980 r/min。试求它们的转差率及额定转矩各为多少？

解：（1）因为
$$s=\frac{n_1-n}{n_1}\times 100\%\qquad n_1=\frac{60f}{P}$$

则
$$s(二极)=\frac{60\times 50-2\ 960}{60\times 50}\times 100\%\approx 1.3\%$$

$$s(六极)=\frac{60\times 50/3-980}{60\times 50/3}\times 100\%=2\%$$

（2）因为
$$T_N\approx 9\ 500\,\frac{P_N}{n_N}$$

则
$$T_N(\text{二极})=9\ 550\times\frac{55}{2\ 960}\approx177.5(\text{N}\cdot\text{m})$$
$$T_N(\text{六极})=9\ 550\times\frac{55}{980}\approx536.0(\text{N}\cdot\text{m})$$

由此可见，输出功率相同的电动机，磁极数越多转速越低，但转矩越大；反之磁极数少的转速高，转矩小。

通常，三相异步电动机一旦启动，很快就进入机械特性曲线 ab 段稳定运行（见图 3-11）。电动机在 ab 段工作时，若负载增大，则因为阻转矩大于电磁转矩，电动机转速开始下降；随着转速的下降，转子与旋转磁场之间的转差增大，于是转子中的感应电动势和感应电流增大，使得电动机的电磁转矩增大。当电磁转矩增大到与阻转矩相等时，电动机达到新的平衡状态。这时，电动机以低于前一平衡状态的转速稳定运行。所以曲线 ab 段称做异步电动机的稳定运行区。

从特性曲线图 3-11 上还可以看出，ab 段较为平坦，也就是说电动机从空载到满载时其转速下降很少，这种特性称为电动机的硬机械特性。具有硬机械特性的三相异步电动机适用于一般的金属切削机床。

(3) 最大转矩 T_{max}。

从机械特性曲线上看，电磁转矩有一个最大值，它被称为最大转矩或临界转矩 T_{max}。一旦负载转矩大于电动机的最大转矩，电动机就带不动负载，转速沿特性曲线 bc 段迅速下降到 0，发生闷车现象。此时，三相异步电动机的电流会升高 6～7 倍，电动机严重过热，时间一长就会烧毁电动机。显然，电动机的额定转矩应该小于最大转矩，而且不能太接近最大转矩，否则电动机稍微一过载就立即闷车。

三相异步电动机的过载能力用电动机的最大转矩 T_{max} 与额定转矩 T_N 之比来表示，我们称之为过载系数 λ，即：

$$\lambda=T_{max}/T_N \tag{3-5}$$

一般三相异步电动机的过载系数 $\lambda=1.8\sim2.5$，特殊用途（如起重、冶金）的三相异步电动机的过载系数 λ 可以达到 3.3～3.4 或更大。

最后，从图 3-12 还能看出，三相异步电动机的最大转矩还与定子绕组的外加电压 U_1 有关，实际上它与 U_1^2 成正比，也就是说当外加电压 U_1 由于波动变低时，最大转矩 T_{max} 将减小。

小　　结

1. 三相异步电动机的工作原理：定子通入三相交流电→旋转磁场→旋转磁场切割转子绕组并在其中产生感应电流→与旋转磁场相互作用→电磁转矩→带动转子旋转，转向与旋转磁场方向一致。

2. 在电源电压和转子电阻为定值时，电动机转子转速 n 随电磁转矩 T 变化的关系曲线 $n=f(T)$ 称为电动机的机械特性。

第三节　三相异步电动机的启动、调速、反转及制动

【学习要求】

掌握三相异步电动机的启动、调速、反转及制动的方法。

一、启　　动

电动机接通电源后转速从零增至稳定转速的过程，称为启动。衡量异步电动机启动性能的主要指标是启动电流与启动转矩。异步电动机在额定电压下直接启动时，它的启动电流是额定电流的5～7倍，启动转矩是额定转矩的1.1～1.8倍。

启动电流过大，会使供电线路产生很大的电压降，这会使电动机本身的启动转矩减小甚至不能启动（启动转矩与电源电压的平方成正比），而且影响同一供电线路上其他电气设备的正常工作。

为了消除启动电流过大的不利影响，必须采用适当的启动方法，在生产实际中，鼠笼式异步电动机多采用降压的启动方式，绕线式异步电动机多采用转子回路串接启动电阻的启动方式。

（一）笼型电动机的启动方法

1. 直接启动

直接启动，就是将电动机的定子绕组直接接到额定工作电压上的启动方式，它又叫全压启动，如图3-13所示。这是异步电动机最简单最常用的启动方式。

电动机能否采用直接启动，主要看电网容量的大小，通常规定：用电单位如有专用的变压器供电，则电动机的额定功率不大于供电变压器容量的20％时允许直接启动；若无专用变压器供电（与照明共用），允许直接启动的电动机额定功率，应以保证电动机启动时电网电压下降不超过5％为原则。

2. 降压启动

当电源容量不够大时，就应该采用降压启动。所谓降压启动，就是利用启动设备将加到电动机定子绕组上的电压适当降低后进行启动，当转速升高到接近额定转速时再使电动机的电压恢复到额定值。

降压启动是用降低电动机端电压的方法来减小启动电流，由于异步电动机的启动转矩与电压的平方成正比，所以采用此法时，电动机的启动转矩将同时减小，因此一般适用于对启动转矩要求不高的场合，如空载或轻载启动。下面介绍两种常用的降压启动方式。

（1）星形—三角形换接启动：若电动机在正常工作时其定子绕组是连接成三角形的，那么在启动时可以将定子绕组连接成星形，从而将加到定子绕组上的电源线电压降低到$U_N/\sqrt{3}$，通电后当转速升高到接近额定转速时再换接成三角形连接。这种启动方式称星形—三角形换接启动（又称Y-△启动），显然它只适用于正常运行时定子绕组采用三角形连接的电动机，图3-14所示为星形—三角形降压启动的原理图。启动时先合上QS，再将SA推到“启动”位置，此时电动机定子绕组被接成星形，待电动机转速上升到一定值后，将SA推到“运行”位置，使定子绕组接成三角形，电动机正常运转。

根据三相交流电路的理论，在同一电源线电压下，用星形—三角形换接启动可以使电动机的启动电流与启动转矩均降低到全电压直接启动时的1/3。此法只适用于定子绕组是△接法的电动机，它的启动设备简单，在轻载或空载启动的场合，应优先采用。

（2）自耦变压器降压启动：启动时电源接自耦变压器的原边，副边接电动机定子绕组，启动结束后，再将电源直接加到电动机的定子绕组上，如图3-15所示。自耦变压器的变比k等于其副边与原边绕组匝数之比，它备有40％、60％、80％等多种抽头，即其副边电压分别为原边电压的40％、60％、80％，变比k分别等于0.4、0.6、0.8。

采用自耦变压器降压启动，启动电流和启动转矩均可降为全压启动时的 k^2 倍。这种方法对定子绕组采用星形或三角形接法的电动机都适用，缺点是启动设备体积大，投资较贵。

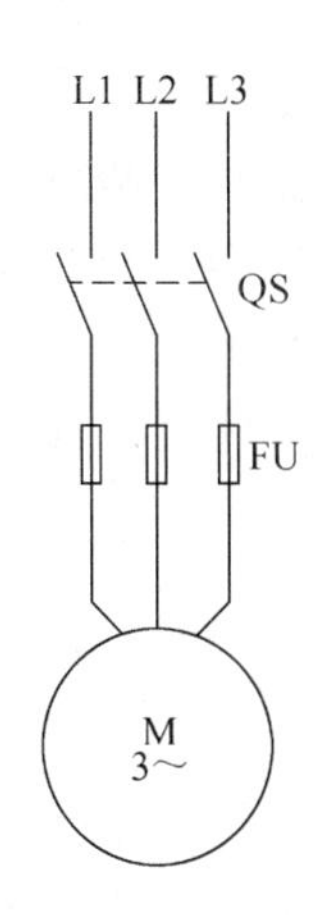

图 3-13　全压启动

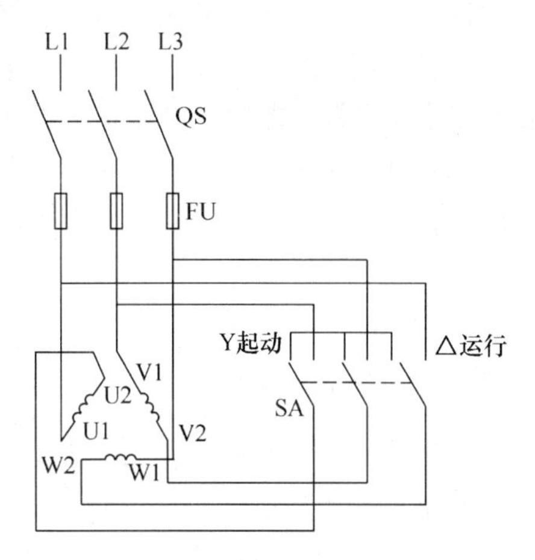

图 3-14　手动星形—三角形降压启动原理图

（二）绕线转子异步电动机的启动方法

对于既要求限制启动电流又要求有较高启动转矩的生产场合，可采用绕线式转子异步电动机拖动。在它的转子绕组串入附加电阻后，既可以降低启动电流，又可以增大启动转矩，电路图如图 3-16 所示。绕线式异步电动机多用于启动较频繁而又要求有较高启动转矩的机械设备上（如起重机、锻压机等）。

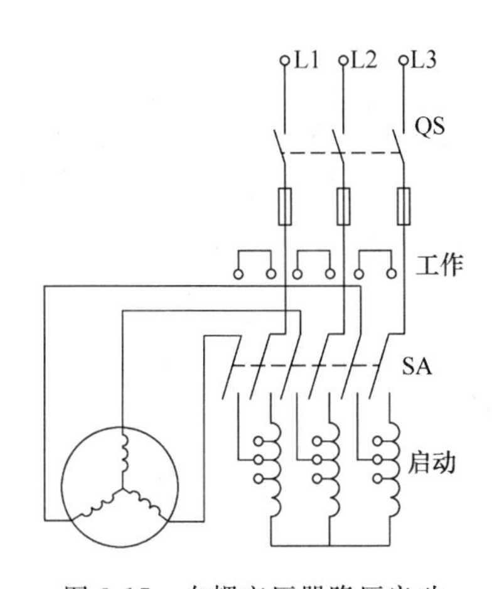

图 3-15　自耦变压器降压启动

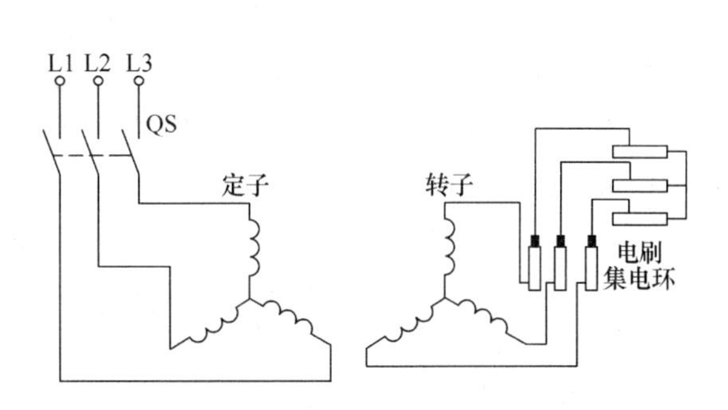

图 3-16　绕线式异步电动机启动

二、调　　速

电动机的调速是在保持电动机负载转矩一定的前提下，改变电动机的转动速度，以满足生产过程的需要。从转差率式（3-2）我们不难得出下式：

$$n=(1-s)n_1=\frac{60f(1-s)}{P} \tag{3-6}$$

此式表明：三相异步电动机的调速可以从改变电源频率 f、改变磁极对数 P 以及改变转差率 s 三个方面进行。

1. 变极调速

若电源频率 f 一定，则改变电动机定子绕组所形成的磁极对数 P，可以达到调速的目的。但用这种方法调速，电动机的转速不能连续、平滑地进行调节，因为磁极对数只能是按1，2，3…的规律变化。

能够改变磁极对数的电动机称为多速电动机。这种电动机的定子有多套绕组或绕组有多个抽头引至电动机的接线盒，通过在外部改变绕组接线的方法来改变电动机的磁极对数。多速电机可以做到二速、三速、四速等，它普遍应用在机床上。采用变极调速，所需设备简单、体积小、重量轻，但电动机绕组引出头较多，调速级数少，级差大，不能实现无级调速。

2. 变频调速

三相异步电动机的同步转速为：$n_1=\dfrac{60f}{P}\propto f$。因此，改变三相异步电动机的电源频率 f，可以改变旋转磁场的同步转速，从而达到调速的目的。

变频调速是目前生产过程中使用最广泛的一种调速方式。主要是通过由晶闸管整流器和晶闸管逆变器组成的变频器，把频率为50 Hz的工频三相交流电源变换成为频率和电压均可调节的三相交流电源，然后供给笼型三相异步电动机，从而使电动机的速度得到调节。异步电动机的变频调速属于无级调速，它具有良好的调速性能，可与直流电动机媲美。

3. 改变转差率调速

这种方法只适用于绕线式转子异步电动机。当在转子绕组中串入附加电阻后，电动机的机械特性发生了变化如图3-12（b）所示，在一定的负载转矩下，改变转子电阻的阻值大小，电动机的转速也随之发生变化，从而达到调速的目的。

三、反　　转

由于电动机的旋转方向与旋转磁场的转向一致，所以要使电动机反转，只需改变旋转磁场的转向即可。旋转磁场的转向取决于定子绕组中通入三相电流的相序，因此要改变三相异步电动机的转向非常容易，只要将通入电动机的三根电源线中的任意两根对调，这时接到电动机定子绕组中的电流相序被改变，旋转磁场的方向也被改变，电动机就实现了反转。

图3-17是利用一个转换开关SA实现三相异步电动机正反转的接线图。当SA处于正转位时，通入电动机的三相电流相序为A→B→C，电动机正转；若将开关SA置于反转位时，通入电动机电流的相序变为B→A→C，电动机反转。

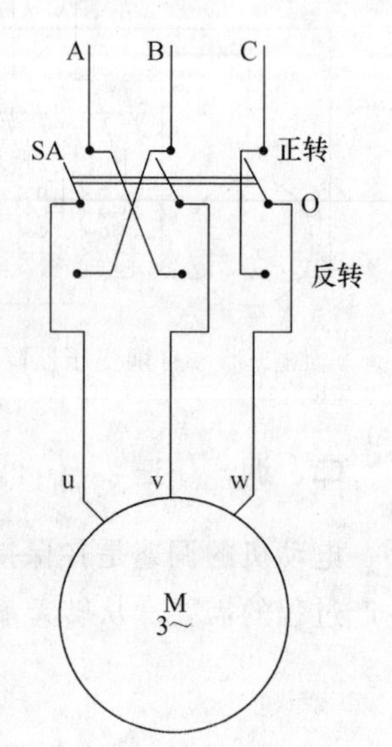

图3-17　三相异步电动机正、反转控制原理

四、制　　动

电动机断开电源后，由于转子及所带动机件的惯性，不会马上停止转动，还要继续转动一段时间。这种情况对于有些工作机械是不适宜的，如起重机的吊钩需要立即减速定位，万能铣床要求主轴迅速停转等，这就需要制动。

制动就是给电动机一个与转动方向相反的转矩，促使它很快地减速停转。制动的方法一般有两类：机械制动与电气制动。

1. 机械制动

机械制动是利用机械装置使电动机在切断电源后能迅速停转的方法。应用较普遍的有电磁抱闸，图 3-18 是电磁抱闸的结构图，图 3-19 是电磁抱闸的控制原理图，它的工作原理如下：当接通电源后，电磁抱闸的线圈得电而吸引衔铁，克服了弹簧的拉力，迫使杠杆向上移动，使闸瓦与闸轮分开，这时电动机作正常运转；一旦电动机的电源被切断，电磁抱闸的线圈也同时失电，于是衔铁被释放，在弹簧拉力的作用下，闸瓦紧紧地抱住闸轮，这样电动机被迅速制动而停转。电磁抱闸制动装置在起重机械中被广泛采用，这种制动方法不但可以准确定位，而且在电动机突然断电时，可以避免重物自行坠落而发生事故。

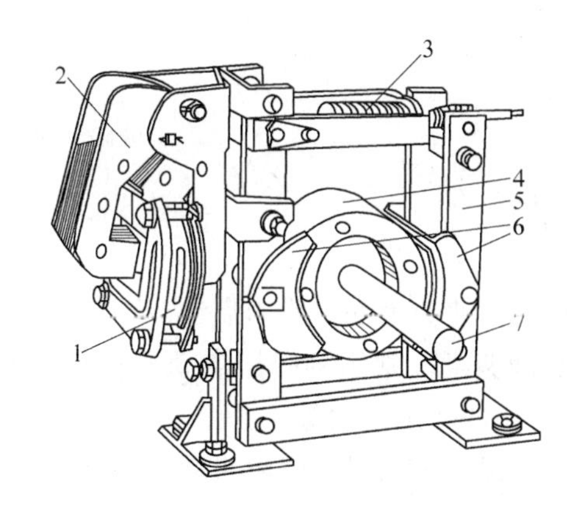

图 3-18　电磁抱闸结构图

1—线圈；2—衔铁；3—弹簧；
4—闸轮；5—杠杆；6—闸瓦；7—轴

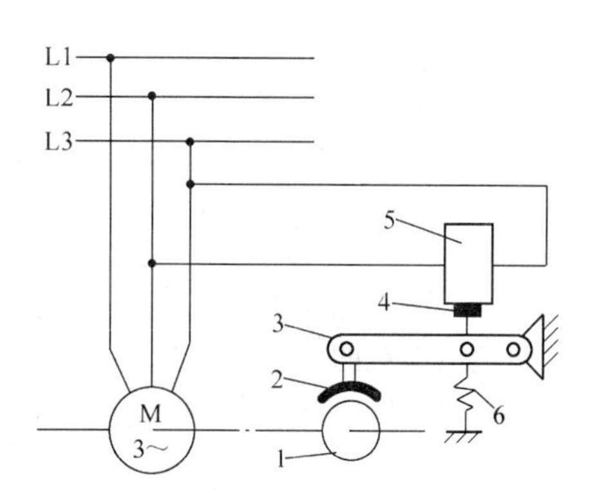

图 3-19　电磁抱闸的控制原理图

1—闸轮；2—闸瓦；3—杠杆；
4—衔铁；5—线圈；6—弹簧

2. 电气制动

电气制动是使电动机产生一个与转子转向相反的电磁转矩，这时的电磁转矩称制动转矩。常用的方法有两种：能耗制动与反接制动。

(1) 能耗制动。当电动机切断电源后，立即向它的定子绕组中通入直流电流，就能实现电动机的制动，其原理如图 3-20 所示。在通入直流电流后，定子绕组便产生了一个恒定的磁场 Φ，于是在作惯性转动的转子绕组中，就产生了感应电流，其方向可用右手定则判定；感应电流与恒定磁场相互作用，产生的电磁转矩方向可用左手定则判定：其方向与电动机转子转向相反，因而起到制动作用。

制动转矩的大小与直流电流的大小有关，直流电流一般为电动机额定电流的 0.5～1 倍。由于这种制动方法是将转子的动能转换成电能并消耗在转子绕组的电阻上，所以称能耗制动。能耗制动的特点是制动准确、平稳，但需要额外的直流电源。

(2) 反接制动。反接制动是依靠改变电动机的电源相序使旋转磁场反向，从而使转子受到与原来转动方向相反的电磁转矩作用而迅速停转。其原理如图 3-21 所示。采用反接制动必须注意，当制动到转子转速接近零值时，应及时切断电源，否则电动机将反向启动运转。

反接制动比较简单，制动效果好，但由于反接时旋转磁场与转子间相对运动加快，因而电流较大，对于功率较大的电动机，制动时必须在定子电路（笼型）或转子电路（绕线型）中接入电阻，用以限制电流。反接制动时电动机还必须有电器自动控制，以便在转速接近为零时将电动机与电源断开。

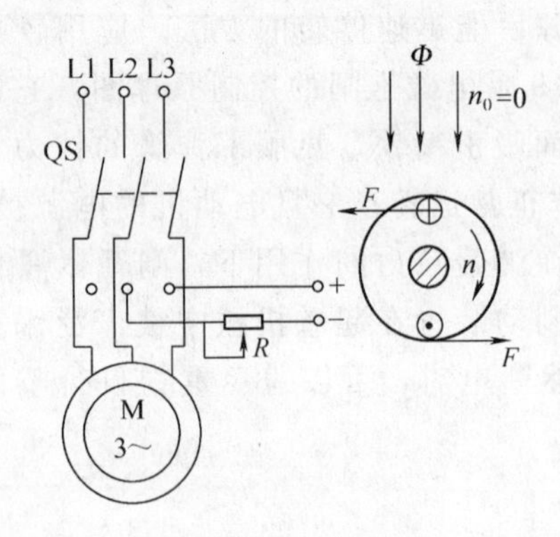

图 3-20　能耗制动

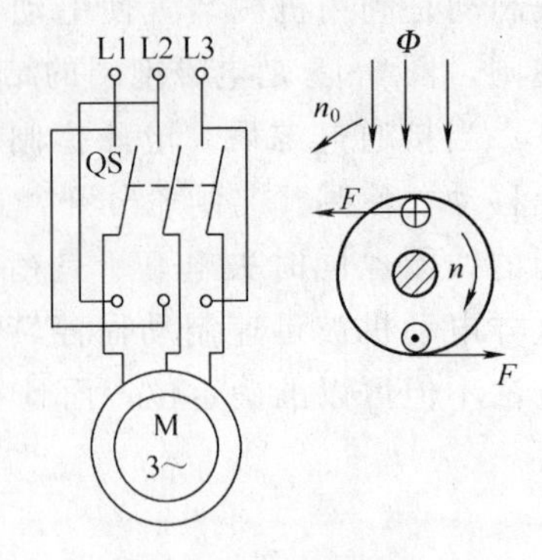

图 3-21　反接制动

小　　结

1. 启动：电动机接通电源后转速从零增加到稳定转速的过程，称为启动。

2. 笼型电动机的启动方法有直接启动和降压启动两类。常用的降压启动方式有定子绕组串电阻降压启动、星形—三角形换接启动、自耦变压器降压启动等。

3. 绕线转子异步电动机的常用启动方法是在转子回路串入附加电阻启动。

4. 调速方法有变极调速、变频调速、改变转差率调速。

5. 只要将通入电动机的三根电源线中的任意两根对调即可让电动机反转反转。

6. 制动方法有机械制动和电气制动两类。常用的电气制动措施有反接制动与能耗制动。

第四节　三相异步电动机的选用

【学习要求】

了解选用三相异步电动机的基本方法。

在电力拖动系统中，选择电动机一般包括确定电动机的种类、防护型式、额定电压、额定转速、额定功率、工作方式等。而最重要的是选择电动机的额定功率。在决定电动机功率时，要考虑电动机的发热、允许过载能力和启动能力等因素，以发热问题最重要。

一、电动机种类的选择

选择电动机的原则是在电动机性能满足生产机械要求的前提下，优先选用结构简单、价格便宜、工作可靠、维护方便的电动机。在这方面交流电动机优于直流电动机，异步电动机优于同步电动机，笼型异步电动机优于绕线型异步电动机。

（1）负载平稳，对启动、制动无特殊要求的连续运行的生产机械，宜优先选用普通笼型异步电动机。普通的笼型异步电动机广泛用于水泵、风机等生产机械；深槽式和双鼠笼式异步电动机用于大中功率、要求启动转矩较大的生产机械，如空压机、皮带运输机等。

（2）启动、制动比较频繁，要求有较大的启动、制动转矩的生产机械，如桥式起重机、矿井提升机、空气压缩机等，应采用绕线式异步电动机。

（3）只要求有几种转速的小功率机械，可采用变极多速（双速、三速、四速）鼠笼式异步电动机，例如电梯、锅炉引风机和机床等。

二、电动机防护型式的选择

为防止电动机受周围环境影响而不能正常运行，或因电动机本身故障引起灾害，必须根据不同的环境选择不同的防护型式。电动机常见的防护型式有开启式、防护式、封闭式和防爆式 4 种。

1. 开启式

这种电动机价格便宜，散热条件好，但容易进入水汽、水滴、灰尘、油垢等杂物，影响电动机的寿命及正常运转，故只能用于干燥、清洁的环境中。

2. 防护式

这种电动机一般能防止水滴、杂物等落入机内，但不能防止潮气及灰尘的侵入，故只能用于干燥、灰尘不多又无腐蚀和爆炸性气体的环境。

3. 封闭式

这类电动机又分为自冷式、强迫通风式和密封式 3 种，前两种电动机，潮气和灰尘不易进入机内，能防止任何方向飞溅的水滴和杂物侵入，适用于潮湿、多尘土、易受风雨侵袭，有腐蚀性蒸汽或气体的各种场合。密封式电动机，一般用于液体（水或油）中的生产机械，例如潜水泵等。

4. 防爆式

在封闭结构的基础上制成隔爆型、增安型和正压型 3 类，都适用于有易燃易爆气体的危险环境，例如油库、煤气站或矿井等场所。

三、额定电压的选择

在三相异步电动机中，中小功率电动机大多采用三相 380 V 电压，但也有使用三相 220 V电压的。在电源频率方面，我国电动机采用 50 Hz 的频率，而有些国家采用 60 Hz 的交流电源。虽然频率不同不至于烧毁电动机，但其工作性能将大不一样。因此，在选择电动机时应根据电源的情况和电动机的铭牌正确选用。

四、额定转速的选择

应该根据生产机械的要求来选择电动机的额定转速，转速不宜选择过低（一般不低于 500 r/min），否则会增加设备成本。如果电动机转速和机械转速不一样，可以用皮带轮或齿轮等变速装置变速。在负载转速要求不严格的情况下，尽量选用四极电动机。因为在相同容量下，二极电动机启动电流大、启动转矩小且机械磨损大；而多极电动机又体积大、造价高、空载损耗大，所以都不尽相宜。

五、电动机的发热与冷却

1. 电动机的发热

电动机运行过程中，各种能量损耗最终变成热能，使得电动机的各个部分温度上升，因而会超过周围环境温度。温度升高的热过渡过程，称之为电动机的发热过程，电动机温度高出环境温度的值称为温升。一旦有了温升，电动机就要向周围散热。当电动机单位时间产生的热量等于散出的热量时，温度不再增加，而保持一个稳定不变的温升，称为动态热平衡。

2. 电动机的冷却

负载运行的电动机，在温升稳定以后，如果减少或去掉负载，那么电动机内耗及单位时间发热量都会随之减少。这样，原来的热平衡状态被破坏，变为发热少于散热，电动机温度就要下降，温升降低。降温过程中，随着温升减小，单位时间散热量也减少，当重新达到平衡时，电动机不再继续降温，而稳定在一个新的温升上。这个温升下降的过程称为电动机的冷却过程。

3. 电动机的绝缘等级

从发热方面来看，决定电动机容量的一个主要因素是它的绕组绝缘材料的耐热能力，也就是绕组绝缘材料所能容许的温度。电动机在运行中最高温度不能超过绕组绝缘的最高温度，超过这一极限时，电动机使用年限将大大缩短，甚至因绝缘很快烧坏而不能使用。根据国际电工委员会规定，电工用的绝缘材料可分为 7 个等级，而电动机中常用的有 A、E、B、F、H 五个等级，各等级的最高容许温升分别为 105℃、120℃、130℃、155℃、180℃。我国规定 40℃为标准环境温度，绝缘材料或电动机的温度减去 40℃即为允许温升。

六、电动机的工作方式

电动机工作时，负载持续时间的长短对电动机的发热情况影响很大，因而对电动机功率影响也很大。按电动机工作的不同情况，可分为以下 3 种工作方式：

1. 连续工作方式

电动机运转时间长，可使其温升达到相应于负载的稳定值。如通风机、泵等机械的拖动运转即属连续工作方式。

2. 短时工作方式

电动机的工作时间较短，在运转期间温度来不及升到稳定值，而在停止期间，温度则可以降到周围环境温度值。例如吊桥、水闸、机床的夹紧装置等的拖动运转即属于短时工作方式。短时工作方式下电动机的额定功率是与规定的工作时间相对应的，这一点需要注意，与连续工作方式的情况不完全一样。电动机铭牌上给定的额定功率是按 15 min、30 min、60 min、90 min 4 种标准时间规定的。

3. 周期性断续工作方式

电动机的启动与制动成周期交替进行，在任何一个周期的工作时间内，温度均来不及升到稳定值，而在停止期间也来不及冷却到周围环境的温度值，很多起重运输设备以及某些金属切削机床的拖动运转即属于周期性断续工作方式。

七、额定功率的选择

正确选择电动机容量的原则，应在电动机能够胜任生产机械负载要求的前提下，最经济、最合理地决定电动机的功率。若功率选得过大，设备投资增大，造成浪费，且电动机经常欠载运行，效率及功率因数均很低；反之，若功率选得过小，电动机将过载运行，造成电动机过早损坏。决定电动机功率的主要因素有 3 个：

(1) 电动机的发热与温升，这是决定电动机功率的最主要因素。

(2) 允许短时过载能力。

(3) 对交流笼型异步电动机还要考虑启动能力。

在此介绍恒值负载时电动机额定功率的选择。恒值负载是指在工作时间内负载大小不变，包括连续和短时两种工作方式。电动机额定功率的选择是在假设环境温度为40℃及标准散热条件下，且在电动机不调速的前提下进行的。

1. 连续工作方式

在连续工作方式情况下，选择电动机的额定功率 P_N 等于或略大于负载功率 P_L，即 $P_N \geqslant P_L$。P_L 是根据具体生产机械的负载及效率进行计算的，可查阅相关机械设计手册。由于这个条件本身是从发热温升角度考虑的，故不必再校核电动机的发热问题，只需校核过载能力，必要时还要校核启动能力。

2. 短时工作方式

(1) 选择短时工作方式的电动机。对短时工作方式下的负载，若其工作时间与电动机的标准时间一致，例如也是15 min、30 min、60 min和90 min，则选择电动机的额定功率只需满足 $P_N \geqslant P_L$。若负载的工作时间与标准工作时间不一致，则预选电动机功率时，应先按发热和温升等效的原则把负载功率由非标准工作时间折算成标准工作时间，然后再按标准工作时间预选额定功率。

设短时工作方式负载工作时间为 t_r，其最近的标准工作时间为 t_{rb}，则预选电动机额定功率应满足：$P_N \geqslant P_L \sqrt{t_r/t_{rb}}$

上式是从发热和温升等效原则得出的，故经过向标准工作时间折算后，预选电动机肯定能满足温升条件，不必再校核。

(2) 选择连续工作方式的电动机。由于短时工作方式的电动机较少，故可选择连续工作方式的电动机，从发热和温升的角度考虑，电动机在短时工作方式下应该输出比连续工作方式时额定功率要大的功率才能充分发挥电动机的能力，或者说，预选电动机时也要把短时工作的负载功率等效折算到连续工作方式上去才合理。预选的电动机额定功率应满足：$P_N \geqslant P_L \sqrt{(1-e^{-t/T})/(1+\partial e^{-t/T})}$

式中 t 为短时工作时间（s）、T 为发热时间常数（S）、∂ 为电动机不变损耗与额定负载时损耗的比值。T 和 ∂ 可从技术数据中找出或估算。短时工作方式折算到连续工作方式下再预选电动机额定功率，也不必再进行温升校核。

小　　结

选用电动机一般包括确定电动机的种类、防护型式、额定电压、额定转速和额定功率、工作方式等。

第五节　三相异步电动机的维护保养与故障查排

【学习要求】

初步掌握三相异步电动机的日常维护及常见故障处理的方式。

一、日常检查

1. 查温升

常用的方法有：①凭手的感觉，触摸电动机，看是否烫得马上缩手。②在外壳上滴几滴水，观察是否有急剧汽化的“咝咝”声。③用铝箔包住酒精温度计下端，插入拧开的吊环螺孔内，所测温度加 15℃为绕组温度。④在轴承上滴几滴水，如冒出热气，说明温度已超过 80℃；如听到“咝咝”声，说明温度已超过 95℃。

2. 测电流

大容量电动机用电流表进行监视，容量较小的电动机应经常用钳形电流表测量。正常情况下，环境温度为 40℃时，其线电流不得超过额定值。环境温度每升高或降低 1℃，工作电流可相应地减小或增大 1%。三相不平衡电流误差不得超过 10%。

3. 测电压

电压波动不得超过±5%，三相电压不对称度不得超过 5%。

4. 判故障

电动机正常运行时，应平稳、轻快，无异常气味、异常声响。电动机在运行中发生下列情况时，应立即停车，仔细检查、找出故障并予以排除。①发生人身触电事故。②冒烟、起火。③剧烈振动。④机械损坏。⑤轴承剧烈发热。⑥串轴冲击、扫膛、转速突降、温度迅速上升等。

二、定期维修

异步电动机定期维修是消除故障隐患、防止故障发生的重要措施。电动机维修分月维修和年维修，俗称小修和大修。前者不拆开电动机，后者需把电动机全部拆开进行维修。

1. 定期小修

定期小修是对电动机的一般清理和检查，应经常进行。小修内容包括：

(1) 清擦电动机外壳，除掉运行中积累的污垢。

(2) 测量电动机绝缘电阻，测后注意重新接好线，拧紧接线头螺钉。

(3) 检查电动机端盖、地脚螺钉是否紧固。

(4) 检查电动机接地线是否可靠。

(5) 检查电动机与负载机械间的传动装置是否良好。

(6) 拆下轴承盖，检查润滑介质，及时加油或换油。

(7) 检查电动机附属启动和保护设备是否完好。

2. 定期大修

异步电动机的定期大修应结合负载机械的大修进行。大修时，拆开电动机进行以下项目的检查修理：

(1) 检查电动机各部件有无机械损伤，若有则应进行相应修复。

(2) 对拆开的电动机和启动设备，进行清理，清除所有油泥、污垢。清理中注意观察绕组绝缘状况。若绝缘为暗褐色，说明绝缘已经老化，对这种绝缘要特别注意不要碰撞使它脱落，若发现有脱落要进行局部绝缘修复和刷漆。

(3) 拆下轴承，浸在柴油或汽油中彻底清洗。把轴承架与钢珠间残留的油脂及脏物洗掉后，用干净柴（汽）油清洗一遍。清洗后的轴承应转动灵活，不松动。若发现轴承表面粗糙，说明油脂不合格；若轴承表面变色（发蓝），则表明它已经退火。根据检查结果，对油脂或轴承进行更换，并消除故障原因（如清除油脂中砂、铁屑等杂物）。轴承新安装时，加油应从一侧加入。油脂占轴承内容积 1/3～2/3 即可，润滑油可采用钙基润滑脂或钠基润滑脂。

(4) 检查定子绕组是否存在故障。使用兆欧表测绕组绝缘电阻，可判断绕组绝缘性能是否因受潮而下降，是否有短路。若有，应进行相应处理。

(5) 检查定子、转子铁芯有无磨损和变形。若观察到有磨损处或发亮点，说明可能存在定子、转子铁芯相擦，应使用锉刀或刮刀把亮点刮低，若有变形应做修复。

(6) 在进行以上各项修理、检查后，对电动机进行装配、安装。

(7) 安装完毕的电动机，应进行修理后检查，符合要求后，方可带负载运行。

三、故障查排

三相异步电动机运行故障的判断与排除见表 3-2。

表 3-2　三相异步电动机运行故障的判断与排除

故障现象	可能原因	简单处理方法	检查顺序或要点
电动机不能启动且没有任何声响	1. 三相电源断电 2. 因上次缺相运行造成熔丝熔断两相以上 3. 开关或启动设备有两相以上接触不良 4. Y接电动机绕组有二、三相断路；△接有三相断路	1. 等三相电源恢复后再工作 2. 更换熔丝 3. 检查接触不良处予以修复 4. 找出故障点修好	先检查三相电源是否有电，再检查熔丝是否熔断，最后检查开关、启动设备以及电机绕组是否有接触不良或断路
电动机不能启动且有嗡嗡声	1. 电源电压过低 2. 熔丝熔断一相 3. 开关或启动设备一相断线或接触不良 4. Y接电动机绕组有一相断路；△接电动机绕组有一、二相断路	1. 找出电压低的原因，调整或恢复电压后再工作 2. 更换熔丝 3. 检查接触不良处予以修复 4. 找出故障点修好	先检查电源电压是否正常，再检查熔丝是否熔断，然后检查开关、启动设备是否接触不良，最后检查电动机绕组是否断路
电动机不能启动，推上开关，熔丝即爆断	1. 熔丝过小 2. 接线错误，将Y接电动机接成△接 3. 启动设备操作不当 4. 定子绕组一相反接 5. 定子绕组有接地、短路故障 6. 负载过大 7. 负载机械卡死或传动机械有故障 8. 定子、转子相擦	1. 合理选择熔丝 2. 改接过来 3. 检查启动设备 4. 分清三相首尾，接好 5. 检查绕组短路、接地处，重新修好 6. 检查负载 7. 检查负载机械传动装置 8. 找出相擦原因，修复	开关推上，熔丝即爆断，大多是一相首尾接反或Y接误接成△接以及绕组有短路、接地故障 检查时应首先考虑熔丝是否过小，接法、操作是否正确，然后检查传动装置、负载机械有无卡死，以及负载大小（检查时将电机和负载机械分开，如电动机能正常起动，应检查被拖动机械消除故障）。如上述检查均正常，则表明是电动机本身的故障
电动机启动困难且转速较低	1. 电源电压过低 2. 电动机接法错误，将△接电动机接成Y接 3. △接电动机有一相绕组断路 4. 笼型转子导条或端环断裂 5. 电动机过载	1. 调整电压或等电压正常时再启动 2. 按正确接法改过来 3. 检查断路处重新修好 4. 换新转子 5. 减轻负载	首先查看接法是否和铭牌相符，然后检查负载和电源电压是否正常，最后检查定子绕组和转子的故障
电动机三相电流不平衡且温度升高甚至冒烟	1. 电源电压不平衡 2. 电机绕组中有短路或接地故障 3. 电动机绕组断路	1. 查出线路电压不平衡的原因排除 2. 检查短路接地处并予以修复 3. 找出断路点重新接好	首先检查线路电压是否平衡，然后检查绕组是否断路、短路或接地

续上表

故障现象	可 能 原 因	简单处理方法	检查顺序或要点
电动机三相电流同时增大，温度过高甚至冒烟	1. 电源电压过高、过低 2. 电动机过载 3. 被拖动机械故障 4. 定子绕组接法错误	1. 调整线路电压或等电压正常时再工作 2. 减轻负载 3. 检查负载机械和传动装置 4. 改接过来	首先检查定子绕组的接线是否与铭牌相符，然后检查线路电压是否正常，最后调整负载，检查被拖动的机械
电流没有超过额定值但温度过高	1. 环境温度过高 2. 通风不畅 3. 电动机灰尘油泥过多，影响散热	1. 降低电动机的使用容量 2. 清理风道或搬开影响通风的东西 3. 清除灰尘油泥	分别进行检查
电动机有不正常的振动	1. 风扇叶片损坏造成转子不平衡 2. 传动皮带接头不好 3. 电动机基础不稳或校正不好 4. 轴弯或有裂纹 5. 电动机单相运转 6. 绕组有短路和接地故障 7. 并联绕组有支路断路 8. 转子导条或端环断裂	1. 更换风扇 2. 重新接好 3. 加固基础或重新校正 4. 更换转轴 5. 查找线路或绕组的断线和接触不良处并予以修复 6. 查找短路和接地处并予以修复 7. 查出断线处予以修复 8. 另换新转子	首先判断振动是机械方面引起的还是电气方面引起的。方法是：接通电源，电动机发生振动，切断电源电动机仍有振动，为机械故障；若接通电源有振动，切断电源振动消失，为电气故障。机械方面按前4项检查，电气方面按后4项检查

小　　结

1. 日常检查包括查温升、测电流、测电压、判断有无故障。

2. 定期维修分月维修和年维修，俗称小修和大修。前者不拆开电动机，后者需把电动机全部拆开进行维修。

第六节　单相异步电动机（选学）

【学习要求】

了解单相异步电动机的转动原理与类型。

用单相交流电源供电的电动机叫单相电动机。它被广泛用于日常生活、医疗器械和某些工业设备上，例如家用电扇、洗衣机、电冰箱、某些医疗器械和电钻中都用单相异步电动机作动力。单相异步电动机的功率都较小，一般为几瓦至几百瓦。

一、旋转转矩的产生

单相异步电动机的结构与鼠笼式三相异步电动机相似，由转子和定子组成。转子也是鼠笼式，但定子绕组只有一相（或两相），当定子绕组接通单相交流电源时，在定子中就产生一个交变的脉动磁场。这个脉动磁场在空间位置上并不移动，只是磁场的强弱和方向随时间做周期性的变化。脉动磁场可以认为是由两个转速相等、转向相反的旋转磁场合成的。图3-22将这两个旋转磁场在交流电一个周期内的旋转情况均分成八个时刻图示出来，与电动机旋转方向相同的称为正向旋转磁场，图中用 B_1 表示，与电动机旋转方向相反的称为逆向旋转磁场，图中用 B_2 表示。电动机的电磁转矩可以认为是分别由这两个旋转磁场所产生电磁转矩合成的结果，正向旋转磁场产生的电磁转矩用 T^+ 表示，反向旋转磁场产生的电磁转矩用 T^- 表示。电动机转子静止时，两个旋转磁场对转子绕组感应同样大小的电动势和电流，因此两个电磁转矩大小相等、方向相反、互相抵消，电动机的启动转矩为零而无法转动。这是单相异步电动机的特点，也是它的缺点之一。

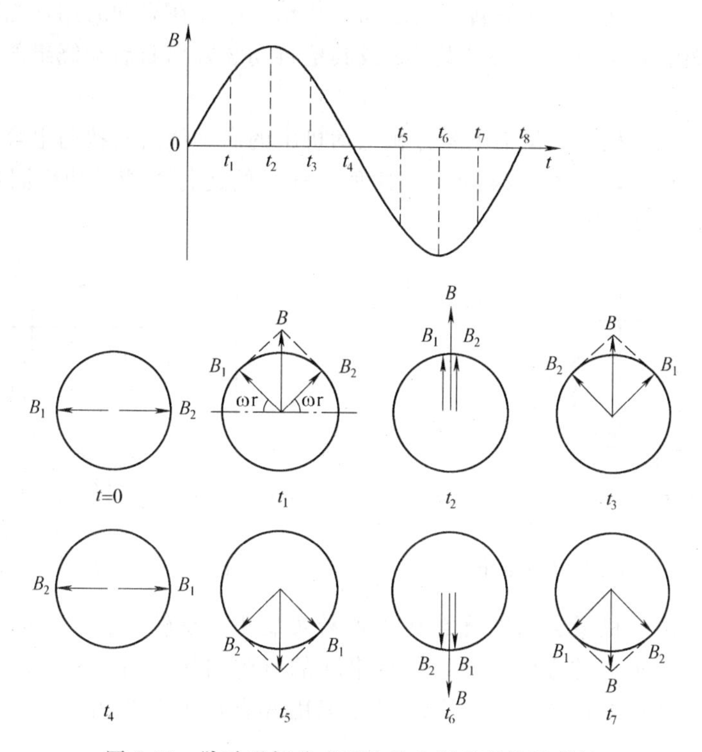

图 3-22　脉动磁场分成两个转向相反的旋转磁场

如果用外力将转子向任意方向转动一下，则电动机就会继续转动起来，假如外力使转子顺着正向旋转磁场方向转动一下，其结果是转子和正向旋转磁场的转速差减小，逆向旋转磁场的转速差加大。这样使得两个旋转磁场所产生的电磁转矩不再相等，可推证出：$T^+ > T^-$，在合成转矩 $T=T^+-T^-$ 的作用下，使转子顺着正向旋转磁场方向转动起来，这就是单相感应电动机的工作原理。

综上所述，可得如下结论：

1. 启动时 $n=0$，$T^+=T^-$，$T=0$，所以启动转矩为零，单相电动机不能自行启动。

2. 如施一外力使转子具有一定的转速，则正向转矩 T^+ 增大，反向转矩 T^- 减小，合成转矩 T 不为零。如 T 大于负载阻力矩，则转子旋转并加速至相应的稳定工作点。

3. 合成转矩 T 的方向决定于所施外力使转子开始旋转时所取的方向。

二、单相异步电动机的类型

单相异步电动机转动的关键在于产生一个启动转矩，启动后，转子就能在单相交流电流产生的脉动磁场所形成的转矩作用下旋转下去。不同类型的单相异步电动机产生启动转矩的方法是不相同的，一般分为分相电动机和罩极式电动机两种，它们的转子都是鼠笼式结构。

1. 分相电动机

分相电动机有电容分相和电阻分相两种，以电容分相较为常用。分相电动机的定子内有主绕组和启动绕组，两个绕组的位置在空间相差90°并接到同一个单相电源上，如图 3-23 所示。

(1) 电容分相电动机：在启动绕组中串有一个电容器，选择恰当的电容量使两个绕组中的电流相位相差 90°，这就是分相。这两个电流通入定子中相差 90°电角度的两个绕组，就能产生一个旋转磁场，使转子获得转矩而启动。启动绕组只在启动时用，当转子转速达到额定转速的 70%～80%时，通过离心开关 QS 或其他自动装置切断启动绕组的电源，电动机就进入正常运转。

(2) 电容运转电动机：就是把电容分相电动机中的启动绕组直接与电容器串联，使其变成一台两相异步电动机，如图 3-24 所示，这种电动机的运行性能、功率因数、过载能力和效率都比电容分相电动机好。

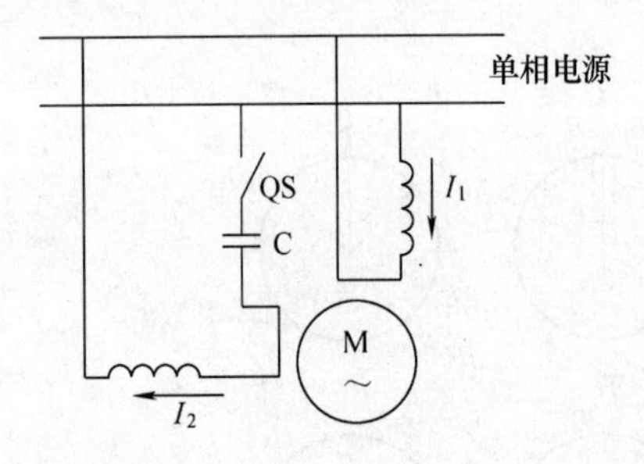

图 3-23　电容分相电动机电路

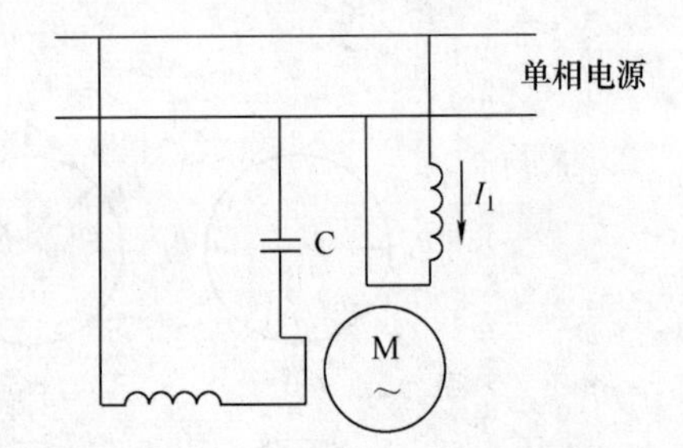

图 3-24　电容运转电动机电路

单相电容运转电动机最突出的优点在于容易实现正、反转运行。它的两个绕组完全一样，当需要改变电动机运转方向时，只需将串联的电容器接到另一绕组电路中即可，如图 3-25 所示。因此单相电容运转式异步电动机在家用洗衣机等需要频繁正、反转的电器上得到了广泛的使用。

2. 单相罩极式电动机

单相罩极式电动机也是应用非常广泛的一种小型电动机。电动机主要由定子、转子组成，如图3-26所示。转子一般还是铸铝鼠笼转子，它的定子铁芯的每个磁极上有一个集中

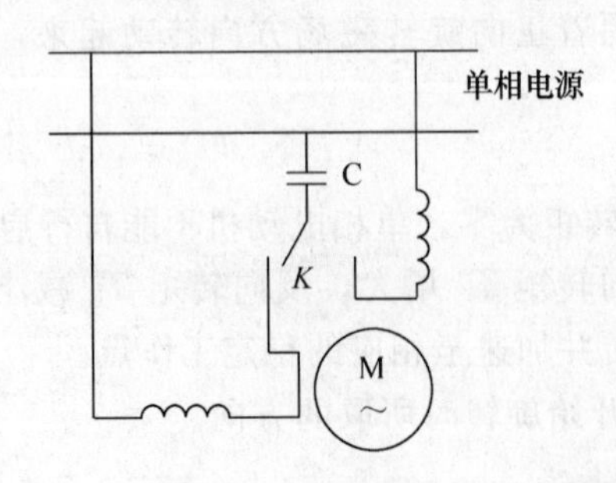

图 3-25　单相电容运转电动机正、反转电路

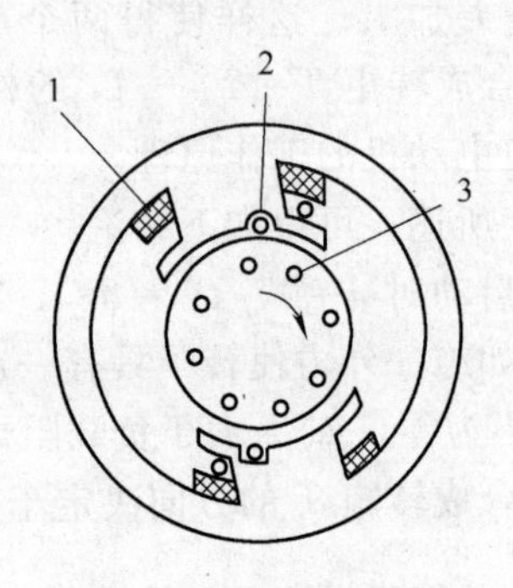

图 3-26　单相罩极式电动机

1—主绕组；2—罩极绕组；3—转子

绕组，称主绕组；在各磁极的同一方向端头开有一个小槽，槽内嵌入铜环罩住磁极的1/3部分，此铜环为短路环即"罩极绕组"。磁极上的主绕组相互串联，相邻两极的极性相异，由于这种电动机的主绕组都绕在凸起的磁极上，所以又称凸极式罩极电动机。

另外还有一种隐极式罩极电动机，它没有凸起的磁极，主绕组和罩极绕组都嵌在定子铁芯的槽内，两套绕组空间分布相差45°电角度。主绕组线细、匝数多，罩极绕组线粗、匝数少，并且自成闭合回路。

单相罩极式电动机罩极绕组相当于变压器的副边，当主绕组通入交流电时，罩极绕组中产生感应电势和感应电流，感应电流自成短路阻止罩极部分的磁通变化，使这部分的磁通在相位上滞后于主绕组磁通一个角度，这样建立起二相旋转磁场，从而使鼠笼转子转动起来。

罩极式电动机结构简单，造价低廉。但是它的启动转矩小、过载能力差、效率低、噪声大，适合于不需要反转的空载启动场合。

小　　结

1. 单相异步电动机最大特点是产生一个交变的脉动磁场，脉动磁场可以认为是由两个转速相等，转向相反的旋转磁场合成的。

2. 单相异步电动机的类型主要有：电容分相电动机、电容运转电动机、罩极式电动机。

3. 分相启动和罩极启动的共同点：在气隙中建立一个旋转磁场。

1. 根据三相异步电动机转子结构的不同可将其分为哪两类转子铸铝制造是指哪类的异步电动机?

2. 三相异步电动机的定子和转子由哪些部分组成？各部分作用是什么?

3. 什么是三相异步电动机的额定功率、额定电压、额定电流?

4. 三相异步电动机的旋转磁场的方向与转速由什么决定？如何改变三相异步电动机的旋转磁场方向?

5. 设交流电源的频率为50 Hz，分别求出2极、4极、6极三相异步电动机的同步转速。

6. 若交流电源的频率为50 Hz，电动机的额定转差率均为2%，分别求出2极、4极、6极三相异步电动机的额定转速。

7. 什么是异步电动机的电磁转矩、额定转矩、机械特性?

8. 异步电动机的电磁转矩与什么成正比?

9. 已知某台三相异步电动机的额定功率$P_N=30$ kW，电源频率$f=50$ Hz，磁极对数$P=3$，额定转速$n_N=955$ r/min。求它的转差率s和额定转矩T_N各为多少?

10. 什么是鼠笼式三相异步电动机的降压启动？常用的降压启动方法有哪两种？各有何特点?

11. 什么是三相异步电动机的调速？对鼠笼式三相异步电动机，有哪两种调速方式？它们各有什么特点？绕线式三相异步电动机通常用什么方法调速?

12. 怎样使三相异步电动机实现反转？

13. 三相异步电动机常见的防护型式有哪几种？工作方式有哪几种？

14. 决定三相异步电动机功率的主要因素有哪些？

15. 怎样选用三相异步电动机？

16. 三相异步电动机的日常检查包括哪些内容？

17. 如果发现三相异步电动机通电后不转动且没有任何声响应当怎么办？可能的原因有哪些？

18. 三相异步电动机在运行中发出焦臭味或冒烟应当怎么办？可能的原因有哪些？

19. 单相异步电动机主要有哪些类型？

20. 一台装有单相电容运转异步电动机的风扇，通电后不转动，用手拨动风扇叶，则它转动。这是什么故障？

21. 怎样使单相电容运转异步电动机反转？

第四章

常用低压电器

按国家标准规定，低压电器是用于交、直流电压为1 200 V及以下的电路内起通断、保护、控制或调节作用的电器。无论是低压供电系统还是控制生产过程的电力拖动自动控制系统中，都使用了各种类型的低压电器。由这类电器组成的控制电路，称为电器控制系统。电器按其控制对象可分为电器控制系统用电器和电力系统用电器。按电压等级可分为高压电器和低压电器。按用途可分为低压配电电器和低压控制电器两类，前者主要用于配电电路，是对电路及设备进行保护以及通断、转换电源和负载的电器；后者则主要用于控制受电设备，使其达到预期要求的工作状态。低压配电电器主要包括刀开关、转换开关、熔断器和低压断路器等。低压控制电器主要有接触器、控制继电器、启动器、控制器、主令电器、电阻器、变阻器及电磁铁等。本章将分节介绍一些常用低压电器。

第一节　低压开关

【学习要求】

1. 了解常见低压开关（刀开关、负荷开关、组合开关和空气开关）的基本结构、型号、使用场合及选用与维护方法。

2. 掌握常用低压开关的工作原理、用途和操作方法。

一、刀开关

刀开关又称低压隔离开关，常用于不经常操作的电路中。普通的刀开关不能带负荷操作，只能在负荷开关切断电路后起隔离电压的作用，以保证检修人员和操作人员的安全。但装有灭弧罩的或者在动触头上装有辅助速断刀刃的刀开关可以用来切断小负荷电流，以控制小容量的用电设备或线路。其结构如图4-1所示。

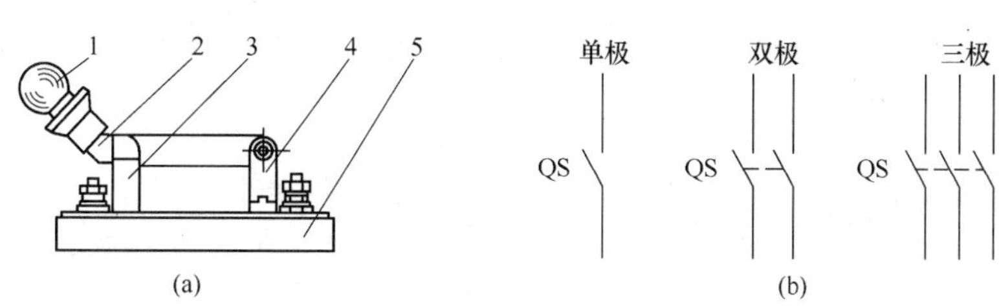

图4-1　刀开关

(a) 刀开关的典型结构；(b) 符号

1—手柄；2—触刀；3—静触座；4—触刀支座；5—底板

刀开关的分类方式很多，按结构可分单极、双极和三极三种；按操作方式可分直接手柄式和连杆式两种；按用途分有单投和双投两种。其中双投刀开关每极有两个静插座，铰链支座在中间，触刀只能插入其中一组静插座中，另一组静插座与触刀分开，可用作转换电路，故又称刀形转换开关；按灭弧结构分，又有不带灭弧罩和带灭弧罩的两种。

HD 和 HS 系列刀开关的型号含义如下：

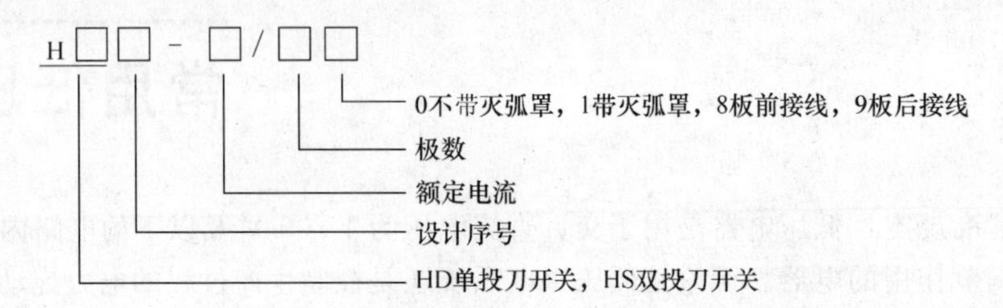

在刀开关中还有一种组合式的开关电器——刀熔开关。它是利用 RTO 型熔断器两端的触刀作刀刃组合而成的开关电器，用来代替低压配电装置中的刀开关和熔断器。它具有熔断器和刀开关的基本性能（操作正常工作电路和切断故障电路）。故具有节省材料、降低成本和缩小安装面积等优点。刀熔开关产品有 HR3、HR5 及 HR20 等系列。

刀开关和刀形转换开关的选用：

首先应根据它们在线路中的作用和它们的安装位置来确定其结构形式。如果线路中的负载电流由低压断路器、接触器或其他电器通断，则刀开关和刀形转换开关仅用来隔离电源，应选用无灭弧罩的产品；反之，如果必须由它们分断负载电流，则应选用有灭弧罩而且是用杠杆手动操作机构或电动操作机构操作的产品。此外，还应按操作位置选择正面操作或侧面操作，按接线位置选用板前接线或板后接线等。

二、负荷开关

负荷开关有开启式（俗称闸刀开关）和半封闭式（俗称铁壳开关）两种，其结构和在电路图中的表示符号如图 4-2、图 4-3 所示。

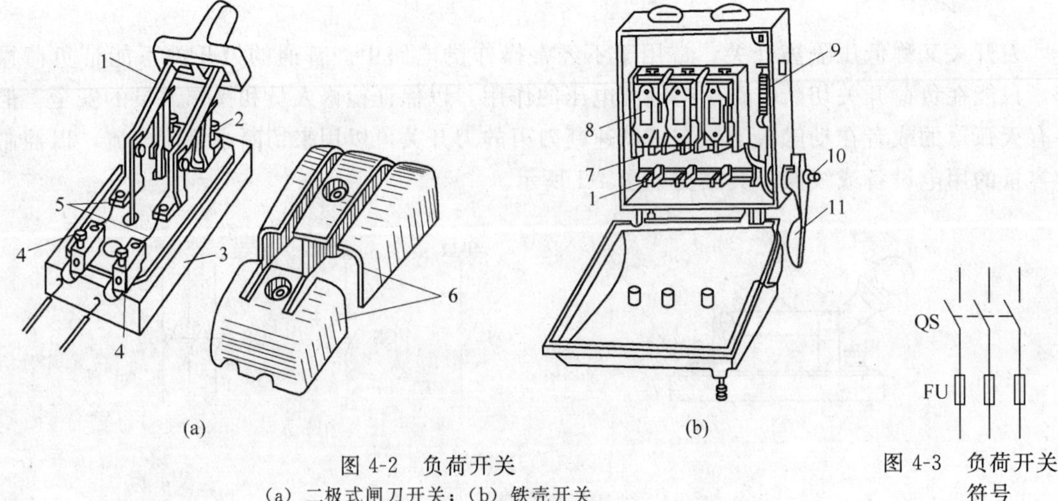

图 4-2 负荷开关

（a）二极式闸刀开关；（b）铁壳开关

1—闸刀；2—静插座；3—瓷底座；4—出线端；5—熔丝；6—胶盖；7—夹座；8—熔断器；9—速断弹簧；10—转轴；11—手柄

图 4-3 负荷开关符号

常用负荷开关的型号有 HK 和 HH 系列，其型号含义如下：

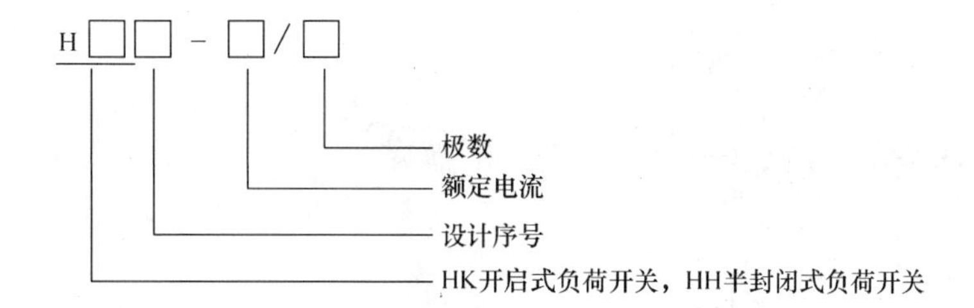

选用负荷开关时，额定电流一般等于负载额定电流之和。若用于电动机电路，根据经验，开启式负荷开关的额定电流一般取电动机额定电流的 3 倍；半封闭式负荷开关的额定电流取电动机额定电流的 1.5 倍。

负荷开关熔丝的选择，一般分以下三种情况考虑：

(1) 对于变压器、电热器和照明电路，熔丝的额定电流宜等于或略大于实际负荷电流。

(2) 对于配电线路，熔丝的额定电流等于或略微小于线路的安全电流。

(3) 对于电动机，熔丝的额定电流，一般为电动机额定电流的 1.5～2.5 倍。

负荷开关的使用及维护要注意以下几点：

(1) 负荷开关不准横装或倒装，必须垂直地安装在控制屏或开关扳上，更不允许将开关放在地上使用。

(2) 负荷开关安装接线时，电源进线和出线不能接反，开启式负荷开关的电源进线应接在上端进线座，负载应接在下端出线端，以便更换熔丝；60 A 以上的半封闭式负荷开关的电源进线应接在上端进线座，60 A 以下的应接在下端进线座。

(3) 半封闭式负荷开关的外壳应可靠接地，防止意外的漏电使操作者发生触电事故。

(4) 更换熔丝必须在闸刀断开的情况下进行，且应换上与原用熔丝规格相同的新熔丝。

(5) 应经常检查开关的触头，清理灰尘和油污等。操作机构的摩擦处应定期加润滑油，使其动作灵活，延长使用寿命。

(6) 在修理铁壳开关时，要注意保持手柄与门的联锁，不可轻易拆除。

三、组合开关

在机床电气控制线路中，组合开关常用于作为电源引入隔离开关，也可以用它来直接启动和停止小容量鼠笼式电动机或使电动机正反转，局部照明电路也常用它来控制。

组合开关的种类很多，常用的有 HZ 等系列。组合开关有单极、双极、三极和四极等几种，额定持续电流有 10 A、25 A、60 A 和 100 A 等多种。

HZ10 系列组合开关是一种层叠式手柄旋转的开关，如图 4-4 所示。它的每组动、静触头均装于一个胶木触头座内，一般有三对静触片，每个触片的一端固定在绝缘垫板上，另一端伸出盒外，连在触头座的接线柱上。动触片由磷铜片制成并被铆接在绝缘钢纸上。绝缘钢纸上开有方形孔，套在装有手柄的方截面绝缘转动轴上。由于转轴穿过各层绝缘钢纸，手柄可左右旋转至不同位置，可以将三个（或更多个）触片（彼此相差一定角度）同时接通或断开，在每个位置上都对应着各对静、动触点不同的通断状态。触头座上的接线柱分别与电源、用电设备相接。触头座可以堆叠起来，最多可以叠六层，这样，整个结构就向立体空间发展，缩小了安装面积。

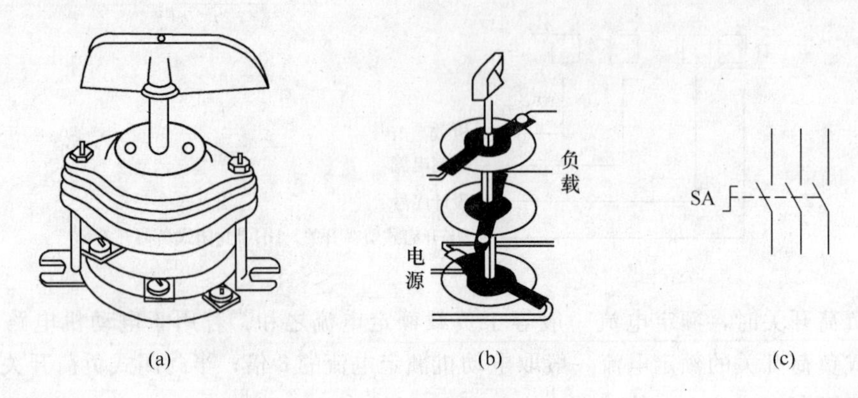

图 4-4　组合开关

(a) 外形图；(b) 内部结构图；(c) 符号

HZ 系列组合开关的型号含义如下：

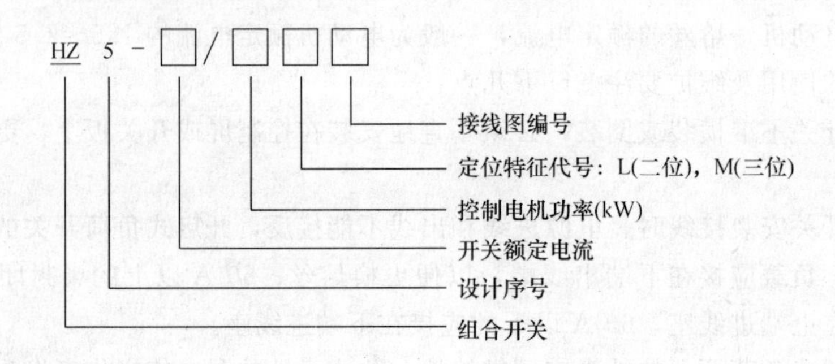

组合开关的选择：

组合开关的选择主要是额定电流应等于或大于被控电路中各负载电流的总和。若用于电动机电路，额定电流一般取电动机额定电流的 1.5～2.5 倍。

组合开关的使用与维护：

(1) 由于组合开关的通断能力较低，故不能用来分断故障电流。当用于控制电动机作可逆运转时，必须在电动机完全停止转动后，才允许反向接通。

(2) 当操作频率过高或负载功率因数较低时，组合开关要降低容量使用，否则会影响开关寿命。

四、低压断路器

低压断路器也称自动空气开关，是配电电路中常用的一种低压保护电器，主要由触头系统、操作机构和保护元件三部分组成。主触头用耐弧合金制成，采用灭弧栅片灭弧，故障时自动脱扣，触头通断时瞬时动作，与手柄的操作速度无关。由于它具有灭弧装置，因此可以安全地带负荷通断电路，还可实现短路、过载、欠压和失压分断保护，自动切除故障。它相当于刀闸开关、熔断器、热继电器和欠压继电器等的组合，低压断路器除可对导线和配电负载实施保护外，也可对电动机实施保护。现在在配电电路中还广泛使用另一种低压保护断路器——漏电断路器，漏电断路器能在线路或电动机等负载发生对地漏电时起安全保护作用。

低压断路器的主要参数是额定电压、额定电流和允许切断的极限电流，选择低压断路器时其允许切断极限电流应略大于线路最大短路电流。

由于低压断路器的操作传动机构比较复杂，因此不能频繁操作。低压断路器按结构形式分，有塑料外壳式（DZ 系列）和框架式低压断路器（DW 系列）两类。如图 4-5 所示的是几种塑料外壳式［图 4-5（a）、(b)］和框架式低压断路器［图 4-5（c）、(d)］的外形图。

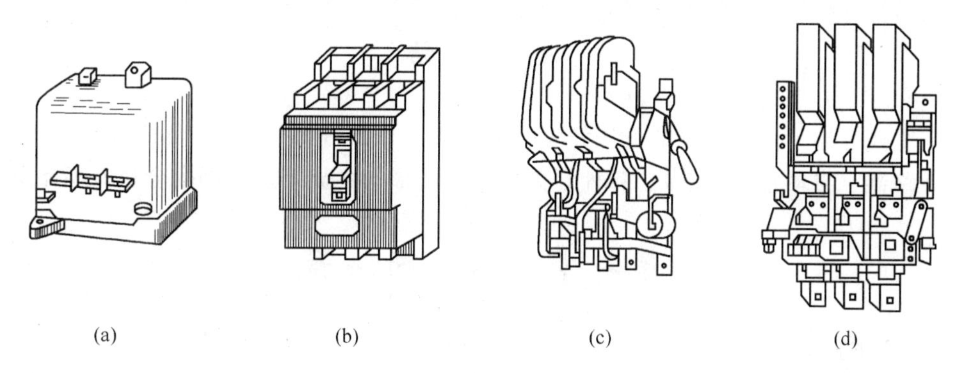

图 4-5　低压断路器

低压断路器的型号含义如下：

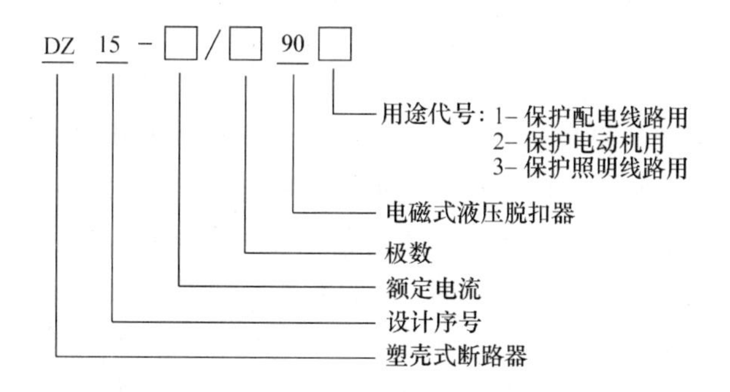

（一）塑料外壳式低压断路器

塑料外壳式低压断路器具有封闭的塑料外壳，除中央操作手柄和板前接线端头外，其余部分均安装在壳内，结构紧凑，体积小，使用和操作都较安全。其操作机构采用四连杆机构，可自由脱扣，分手动和电动两种操作方式。手动操作是利用中央操作手柄直接操作，电动操作是利用专门的控制电机操作，但一般只限于 250 A 以上才装有电动操作机构。

塑料外壳式低压断路器的中央操作手柄共有三个位置：合闸位置、自由脱扣位置、分闸和脱扣位置。

塑料外壳式低压断路器的保护方式有过电流保护、欠电压保护、漏电保护等。

（二）框架式低压断路器

框架式低压断路器为敞开式结构，一般安装在固定的框架上。它的保护方案和操作方式也较多，有直接手柄式操作、电磁分合闸操作、电动机操作等；保护有瞬时式、多段延时式，过电流保护、欠电压保护等。

框架式低压断路器的主触点通常是由手柄带动操作机构来闭合的。开关的脱扣机构是一套连杆装置。当主触点闭合后就被锁扣锁住。如果电路中发生故障，脱扣机构就在相关脱扣器的作用下将锁扣脱开，于是主触点在释放弹簧的作用下迅速分断。脱扣器有过流脱扣器和欠压脱扣器等，它们都是电磁控制机构。在正常情况下，过流脱扣器的衔铁是释放着的，一旦发生过载或短路故障时，与主电路串联的线圈就将产生较强的电磁吸力把衔铁往下吸而顶开锁扣，使主触点断开。欠压脱扣器的工作恰恰相反，在电压正常时，吸住衔铁，主触点才得以闭合；一旦电压严重下降或断电时，衔铁就被释放而使主触点断开。当电源电压恢复正常时，必须重新合闸后才能工作，从而实现了欠压保护。

小　结

本节主要介绍了四种常见的低压开关：刀开关（低压隔离开关）、负荷开关、组合开关和低压断路器（自动空气开关）。各种开关由于结构形态各异，适用的场合也有所不同。

第二节　熔　断　器

【学习要求】

1. 掌握熔断器的分类、主要参数和参数选择方法。
2. 掌握常见熔断器的工作原理、用途和操作方法。
3. 了解对熔断器的上、下级间配合的要求。

一、熔断器简介

熔断器是最简便有效的保护电器，俗称“保险”，是一种用于短路与过载保护的电器。熔断器是利用本身过电流时熔体的熔化作用来切断电路，熔断器中的熔体是用电阻率较高的易熔合金或用截面积很小的良导体制成，线路在正常工作时，熔断器内的熔体不会熔断。一旦发生短路或严重过载时，熔体立即熔断。熔断器熔体按热惯性可分为大热惯性、小热惯性和无热惯性三种；按形状可分为丝状、片状、笼状（栅状）三种。熔断器按支架结构分有瓷插式、螺旋式、封闭管式三种，其中封闭管式又分为有填料和无填料两类，如图 4-6 所示。

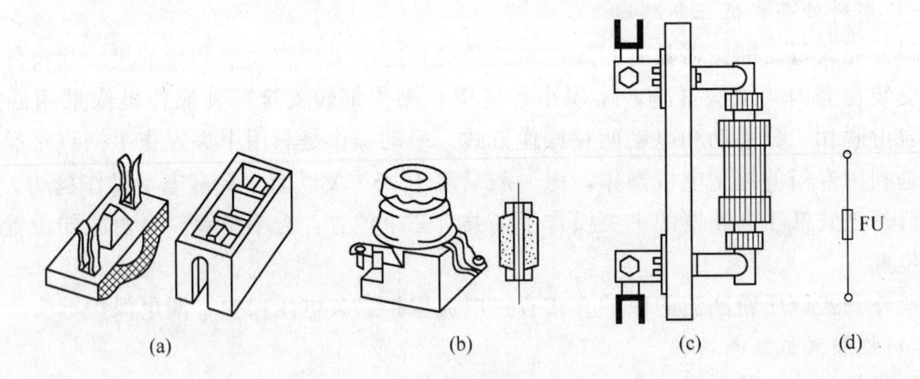

图 4-6　熔断器外形结构和图形符号

(a) RC 型；(b) RL 型；(c) RM 型；(d) 图形符号

熔断器主要由熔体、熔断管（座）及导电部件等部件组成。熔体是熔断器的核心部分，它既是感测元件又是执行元件。熔体常做成丝状或片状，其材料有两类：一类为低熔点材料，如铅锡合金、锌等；另一类为高熔点材料，如银、铜、铝等。熔断器接入电路时，熔体串接在电路中，负载电流流经熔体，由于电流的热效应使温度上升，当电路发生过载或短路时，电流超过熔体允许的正常发热电流，使熔体温度急剧上升，超过其熔点而熔断，将电路切断，有效地保护了电路和设备。

二、熔断器的主要技术参数

1. 额定电压

这是从灭弧的角度出发，熔断器长期工作时和分断后能正常工作的电压。如果熔断器所接电路电压超过熔断器额定电压，熔断器长期工作可能使绝缘击穿，或熔体熔断后，可能使电弧不能熄灭。为此，熔断器的额定电压应大于或等于所接电路的额定电压。

2. 额定电流

熔断器长期工作，各部件温升不超过允许值时所允许通过的最大电流。厂家为了减少熔管额定电流的规格，熔管额定电流等级比较少，而熔体额定电流的等级比较多。这样，在一个额定电流等级的熔管内可选用若干个额定电流等级的熔体，但熔体的额定电流不可超过熔管的额定电流。

3. 极限分断能力

熔断器在规定的额定电压下能分断的最大电流值。它取决于熔断器的灭弧能力，与熔体的额定电流无关。

三、熔断器的型号含义

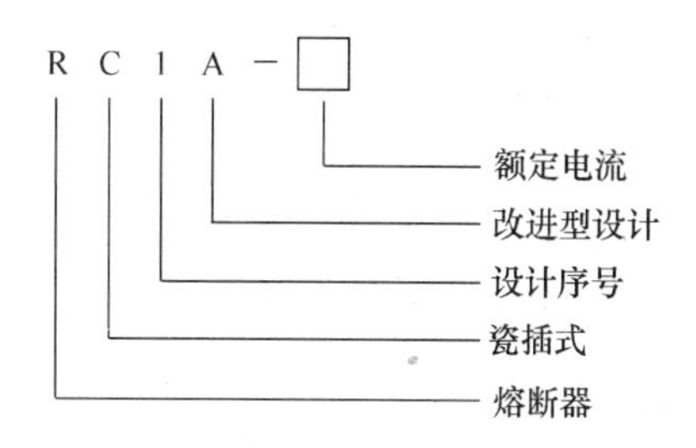

四、熔断器的选择

（一）熔断器类型的选择

熔断器类型应根据负载的保护特性和短路电流大小来选择。对于保护照明和电动机的熔断器，一般只考虑它们的过载保护，这时，熔体的熔化系数适当小些。对于大容量的照明线路和电动机，除过载保护外，还应考虑短路时分断短路电流的能力。当短路电流较大时，还应采用具有高分断能力的熔断器甚至选用具有限流作用的熔断器。

（二）熔体与熔断器额定电流的确定

熔断器要根据负载的具体情况进行选择，不可一概而论。否则，不但起不到保护作用，还会导致事故发生。选择熔丝的原则如下：

（1）电灯支线的熔丝：

熔丝额定电流≥支线上所有电灯的工作电流之和

（2）一台电动机的熔丝：

为了防止电动机启动时将熔丝烧断，因此熔丝不能按电动机的额定电流来选择，应按下式计算：

熔丝额定电流≥电动机的启动电流/2.5

或　　熔丝额定电流≥(1.5～2.5)×电动机的额定电流

如果电动机启动频繁，则为

熔丝额定电流≥电动机的启动电流/(1.6～2)

或　　熔丝额定电流≥(3～3.5)×电动机的额定电流

(3) 几台电动机合用的总熔丝一般按下式计算：

熔丝额定电流＝(1.5～2.5)×容量最大的电动机的额定电流＋其余电动机的额定电流之和

常用的熔断器有管式熔断器 R1 系列，螺旋式熔断器 RL1 系列，有填料封闭式熔断器 RT 以及快速熔断器 RS 系列等多种产品。

(三) 熔断器上、下级的配合

为满足选择性保护的要求，应注意熔断器上下级之间的配合。一般要求上一级熔断器的熔断时间至少是下一级的 3 倍，不然将会发生越级动作，扩大停电范围。为此，当上下级选用同一型号的熔断器时，其电流等级以相差 2 级为宜；若上下级所用的熔断器型号不同，则应根据保护特性上给出的熔断时间来选取。

五、熔断器的使用与维护

应正确选用熔断器的熔体。有分支电路时，分支电路的熔体额定电流应比前一级小 2～3 级：对不同性质的负载，如照明电路、电动机电路的主电路和控制电路等，应尽量分别保护，装设单独的熔断器。

安装螺旋式熔断器时，必须注意将电源线的相线（俗称火线）接到瓷底座的下接线端，以保证安全。

瓷插式熔断器安装熔丝时，熔丝应顺着螺钉旋紧方向绕过去，同时应注意不要划伤熔丝，也不要把熔丝绷紧，以免减小熔丝截面尺寸或折断熔丝。

小　结

熔断器主要由熔体、熔断管（座）及导电部件等部件组成。熔断器串联在被保护电路中，当电路中发生短路或过载故障时，通过熔体的电流随之增大，熔体发热增加，温度升高到熔体，便自行熔断，从而分断故障电路，起到保护作用。

第三节　主　令　电　器

【学习要求】

1. 掌握控制按钮的分类、基本结构、型号。
2. 掌握行程开关工作原理、用途和使用维护方法。
3. 了解高频振荡型接近开关的工作原理与功能。

主令电器是用于闭合、断开控制电路，以发布命令或信号，达到对电力传动系统的控制的一类低压电器。主令电器主要包括控制按钮、行程开关、微动开关和接近开关等。

一、控制按钮

控制按钮是一种结构简单、应用广泛的主令电器，用以远距离操纵接触器、继电器等电磁装置或用于信号电路和电气联锁电路中。常见按钮外形如图 4-7 所示。

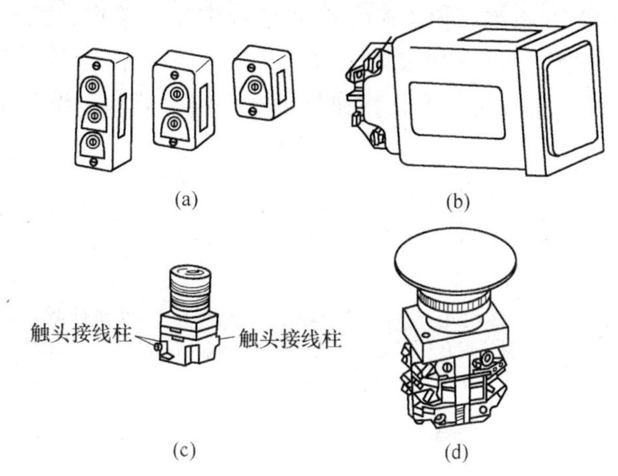

图 4-7　常用按钮类型

（a）按钮盒；（b）带灯按钮；（c）平钮；（d）蘑菇钮

按钮开关的符号如图 4-8 所示。

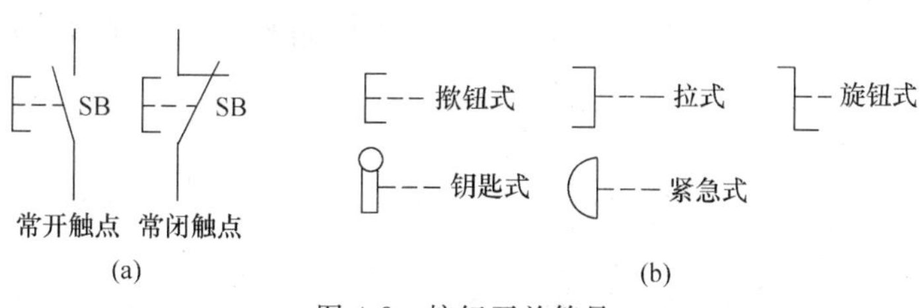

图 4-8　按钮开关符号

（a）一般符号；（b）特征要素符号

控制按钮一般由按钮、复位弹簧、触头和外壳等部分组成，其结构示意图如图 4-9 所示。按钮中触头的形式和数量根据需要可装配成一常开一常闭到六常开六常闭等形式。按下按钮时，先断开常闭触头，而后接通常开触头。而当松开按钮时，在复位弹簧作用下，常开触头先断开，常闭触头后闭合。

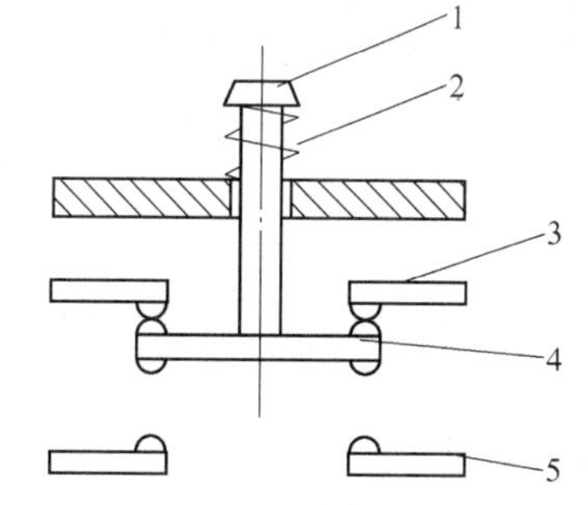

图 4-9　控制按钮结构示意图

1—按钮；2—复位弹簧；3—常闭静触头；4—动触头；5—常开静触头

控制按钮按结构形式可分为嵌压式、紧急式、钥匙式、旋钮式、带信号灯、带灯揿钮式、带灯紧急式等。按保护形式分有开启式、保护式、防水式和防腐式等。

常用的控制按钮有 LA18、LA19、LA20 及 LA25 等系列，另外还有具有防尘、防溅作用的 LA30 系列以及性能更全的 LA101 系列。

控制按钮的主要技术参数有规格、结构型式、触头数及按钮颜色等。

1．LA19 系列控制按钮

本系列控制按钮适用于交流 50 Hz 或 60 Hz、电压380 V或直流 220 V 及以下、额定电流不大于 5 A 的控制电路，作为启动器、接触器、继电器的远距离控制之用。带信号灯的按钮，其信号灯可用于交、直流 6 V 的信号电路。该系列控制按钮由按钮元件和信号灯组合而成，按钮有一对常开触头、一对常闭触头和一副接触桥，信号灯装在按钮颈部，钮头兼作信号灯罩。

2. LA20 系列控制按钮

LA20 系列作用同 LA19 系列，但 LA20 系列控制按钮有单钮、双钮和三钮三种。单钮带有信号灯，装在按钮颈部，钮头兼作灯罩，有红、黄、绿和白等各种颜色；双钮和三钮型的分开启式和保护式两种，钮头为方形，按钮组件有一组常开和一组常闭触头，常闭触头靠复位弹簧闭合。

LA20 系列控制按钮型号含义如下：

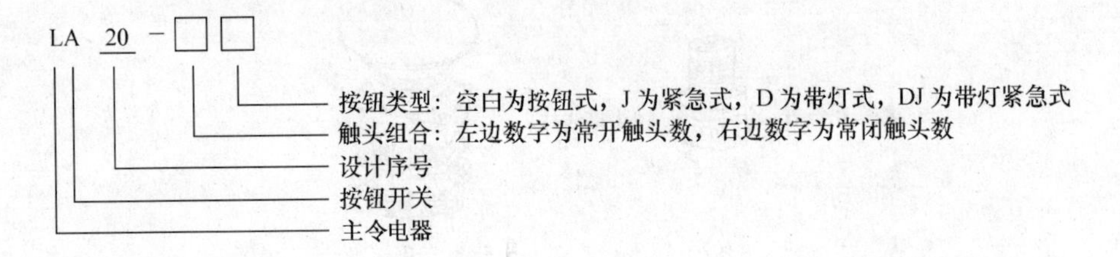

二、行程开关

行程开关是根据生产机械的行程，发出命令以控制其运动方向和行程长短的主令电器。若将行程开关安装于生产机械行程的终点处，用以限制其行程，则称为限位开关或终端开关，其外形如图 4-10 所示。

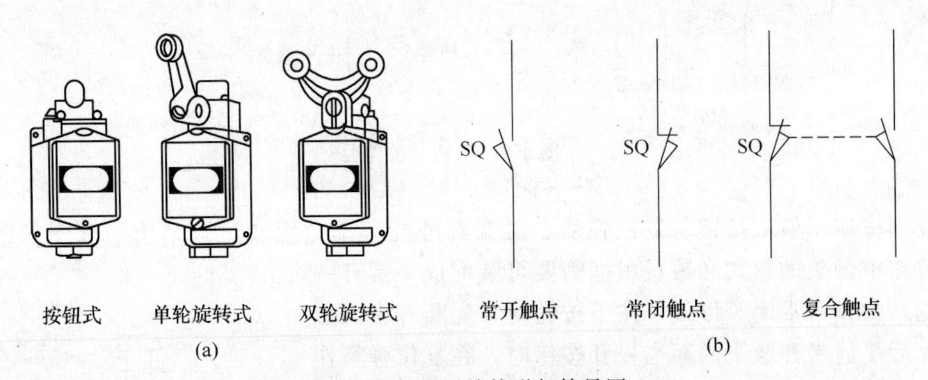

图 4-10　行程开关外形与符号图

(a) 行程开关外形图；(b) 行程开关符号

1. 行程开关的组成

行程开关由操作头、触头系统和外壳三部分组成，操作头是开关的感测部分，用以接受生产机械发出的动作信号，并将此信号传递到触头系统。触头系统是行程开关的执行部分，它将操作头传来的机械信号通过机械可动部分的动作，变换为电信号，输出到有关控制电路，实现其相应的电气控制。

2. 行程开关的分类

行程开关种类很多，按结构可分为直动式、滚轮式和微动式三种。

直动式行程开关结构原理如图 4-11 所示。其动作原理与按钮相同，但它的特点是触头分合速度取决于生产机械的移动速度，当生产机械移动速度低于 0.4 m/min 时，触头分断太慢，易受电弧烧蚀，采用滚轮式行程开关可解决上述不足，如图 4-12 所示。

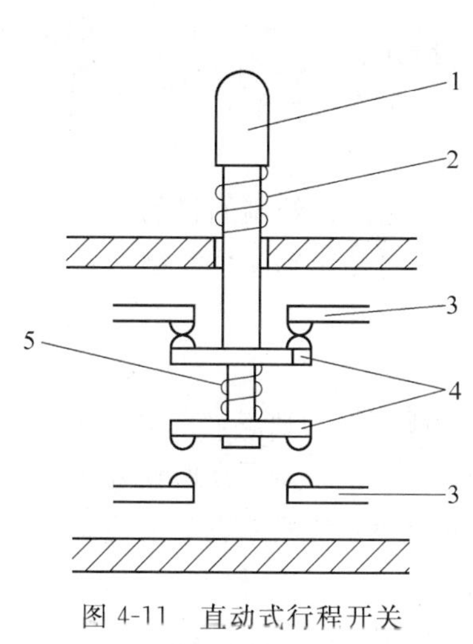

图 4-11　直动式行程开关

1—顶杆；2—复位弹簧；
3—静触头；4—动触头；5—触头弹簧

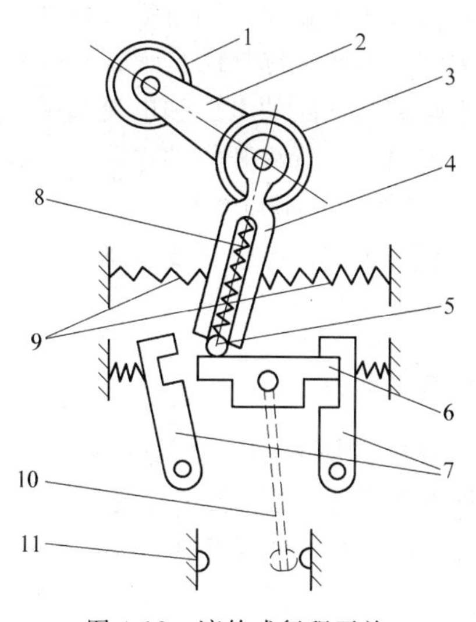

图 4-12　滚轮式行程开关

1—滚轮；2—上转臂；3—盘形弹簧；4—推杆；5—小滚轮；
6—擒纵件；7—压杆；8，9—弹簧；10—动触头；11—静触头

当滚轮 1 受到向左的外力作用时，上转臂 2 向左下方转动，推杆 4 向右转动，并压缩右边弹簧 9，同时下面的滚轮 5 也很快沿着擒纵件 6 向右滚动，小滚轮滚动又压缩弹簧 8。当滚轮 5 滚动越过擒纵件 6 的中点时，盘形弹簧 3 和弹簧 8 都使擒纵件 6 迅速转动，从而使动触头迅速地与右边静触头分开，并与左边的静触头闭合，减少了电弧对触头的烧蚀，适用于低速运动的机械。

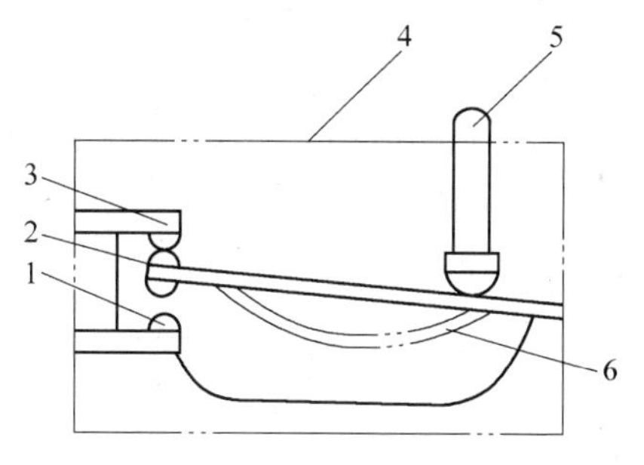

图 4-13　微动开关结构示意图

1—常开静触头；2—动触头；3—常闭静触头；
4—壳体；5—推杆；6—弓簧片

微动开关是具有瞬时动作和微小行程的灵敏开关。图 4-13 为微动开关结构示意图，其采用了弯片状弹簧的瞬动机构，当开关推行在机械作用压下时，弓簧片产生变形，储存能量并产生位移，当达到预定的临界点时，弹簧片连同桥式动触头瞬时动作。当外力失去后，推杆在弹簧片作用下迅速复位，触头恢复原状。由于采用瞬动机构，触头换接速度不受推杆压下速度的影响。

3. 行程开关的型号意义

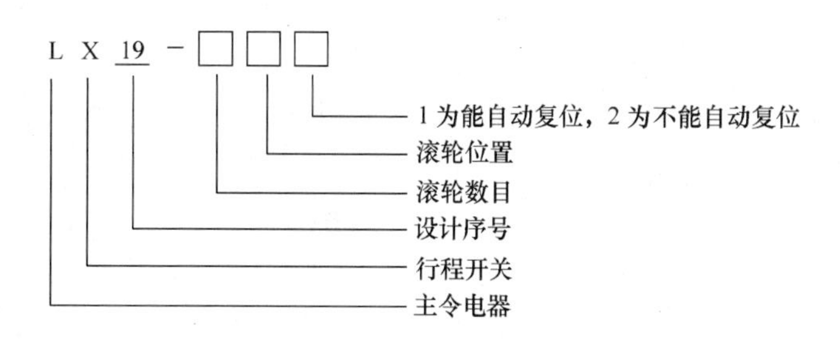

4. 行程开关的选择

(1) 根据应用场合及控制对象选择是一般用途开关还是起重设备用行程开关。

(2) 根据安装环境选择防护形式，是开启式还是防护式。

(3) 根据控制回路的电压和电流选择采用何种系列的行程开关。

(4) 根据机械对行程开关的作用力与位移关系选择合适的头部结构形式。

5. 行程开关的使用和维护

(1) 行程开关安装时位置要准确，否则不能达到行程控制和限位控制的目的。

(2) 应定期清扫行程开关，以免触头接触不良而达不到行程控制和限位控制的目的。

三、接近开关

为了克服有触头行程开关可靠性较差、使用寿命短和操作频率低的缺点，采用了无触头式行程开关即电子接近开关。接近开关是当运动的金属物体与之接近到一定距离时便发出接近信号，它不需施以机械力。由于电子接近开关具有电压范围宽、重复定位精度高、响应频率高及抗干扰能力强、安装方便、使用寿命长等特点，它的用途已远超出一般行程控制和限位保护，在检测、计数、液面控制以及作为计算机或可编程控制器的传感器上获得了广泛应用。

按工作原理分类，电子接近开关有高频振荡型、电容型、电磁感应型、永磁型与磁敏元件型等。其中以高频振荡型最常用，它主要由感应头、振荡器、开关器、输出器和稳压器等部分组成。图 4-14 为高频振荡型接近开关电路图。图中 L2、L3、谐振电容 C2 和 VTl 组成变压器耦合的 LC 振荡器。耦合线圈 L1 的高频电压经 VD1 整流及 C4 滤波后供给放大管 VT2，因而提高了 VT3 基极的正电位，从而使 VT3 饱和，并输出低电位，VT4 截止，此时继电器 KA 不吸合。当移动的金属片接近感应面时，由于感应作用，使处于高频振荡器线圈磁场中的金属片内产生涡流损耗，造成能量损失，振荡减弱，直至停止振荡。于是 L1 无高频电压输出，VT3 基极上的正电位消失，VT3 截止，VT4 导通，继电器 KA 通电吸合，发出接近信号。

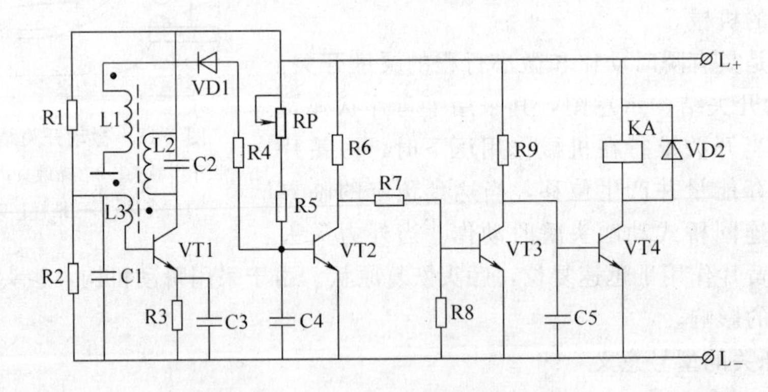

图 4-14 高频振荡型接近开关电路图

接近开关特有的技术参数有：动作距离、重复精度、操作频率和复位行程等。

小 结

主令电器主要用于闭合、断开控制电路，以发布命令和信号，达到对电力传动系统的控制或实现程序控制。

第四节　接　触　器

【学习要求】

1. 了解接触器的分类及基本结构。
2. 熟练掌握交、直流接触器的工作原理、用途和参数的选择方法。
3. 掌握接触器的型号意义和维护方法。

接触器是在正常工作条件下，主要用作频繁地接通或分断电动机等主电路，且可以远距离控制的开关电器。它具有操作频率高、使用寿命长、工作可靠、性能稳定、结构简单、维护方便等优点。因此，在电力拖动控制系统中获得广泛的应用。

接触器按驱动触头系统的动力不同可分为电磁式接触器、气动接触器、液压接触器等，其中尤以电磁式接触器应用最为普遍。

电磁式接触器由电磁机构、触头系统、弹簧、灭弧装置及支架底座等部分组成。接触器按主触头接通或分断电流性质的不同分为直流接触器与交流接触器（图 4-15）；按接触器电磁线圈励磁方式不同可分为直流励磁方式与交流励磁方式；按接触器主触头的极数来分，直流接触器有单极与双极两种，交流接触器有三极、四极和五极三种。

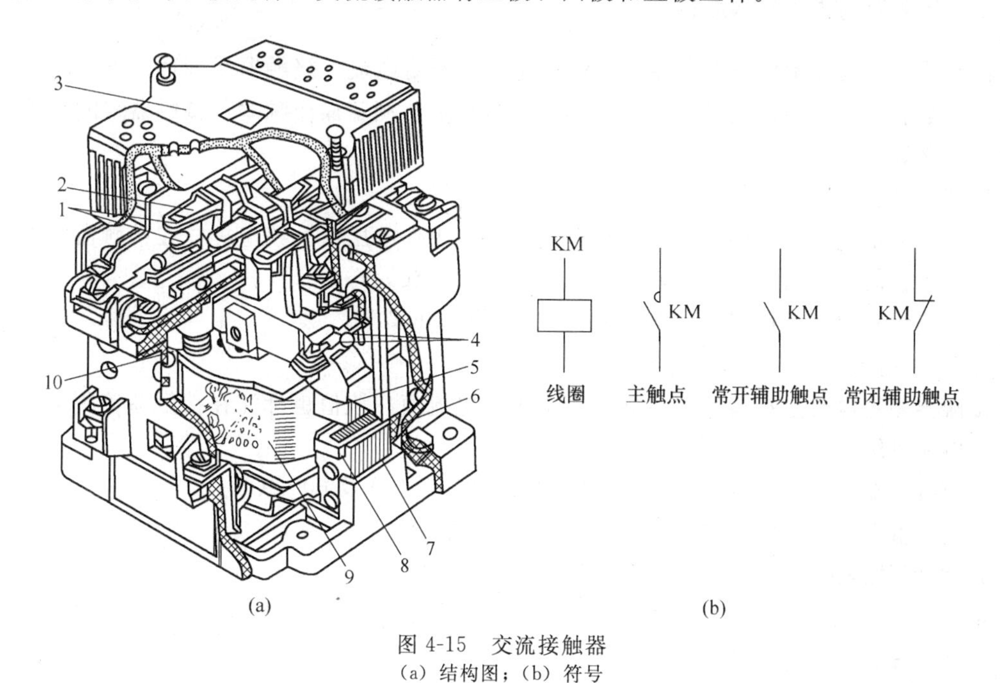

图 4-15　交流接触器

(a) 结构图；(b) 符号

1—常开主触头；2—触头压力弹簧片；3—灭弧罩；4—辅助触头；5—动铁芯；6—缓冲弹簧；7—静铁芯；8—短路环；9—铁圈；10—反作用弹簧

一、接触器的结构及工作原理

1. 电磁式接触器的结构

(1) 电磁机构由铁芯、衔铁和电磁线圈组成。

(2) 主触头和灭弧装置主触头按其容量大小有桥式触头和指形触头两种形式。对于直流接触器和电流在 20 A 以上的交流接触器均装有灭弧罩，有的还具有栅片或磁吹灭弧装置。

(3) 辅助触头用在控制电路中起联锁控制作用。触头容量较小，皆为桥式双断点结构且不用装设灭弧罩。辅助触头有常开与常闭触头之分。

(4) 反力装置由释放弹簧和触头弹簧组成，但均不能进行弹簧松紧的调节。

(5) 支架和底座用于接触器的固定和安装。

2. 接触器的工作原理

电磁线圈通电后，在铁芯中产生磁通，于是在衔铁气隙处产生电磁吸力，使衔铁吸合。经传动机构带动主触头与辅助触头动作，主触头接通了主电路，并使常开辅助触头闭合，常闭辅助触头打开，在控制电路中起联锁作用。而当电磁线圈断电或电压显著降低时，电磁吸力消失或减弱，衔铁在释放弹簧作用下释放，使主触头与辅助触头均恢复到原来状态，如图 4-16 所示。

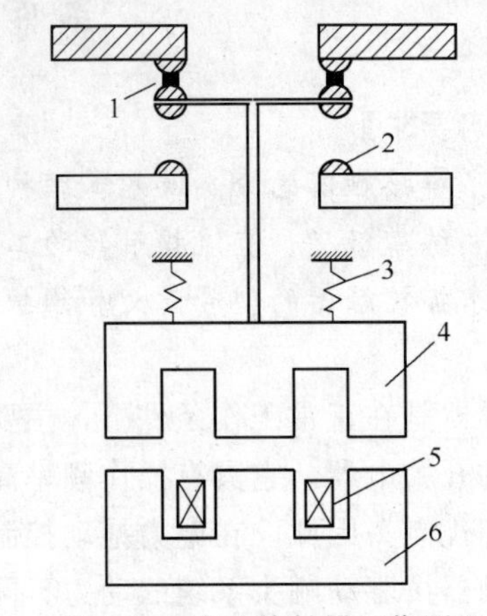

图 4-16　交流接触器工作原理图

1—动触点；2—静触点；3—弹簧；4—动铁芯（衔铁）；5—电磁线圈；6—静铁芯

二、接触器的主要技术数据

接触器的主要技术数据有：接触器额定电压、额定电流，接触器线圈额定电压，主触头接通与分断能力，接触器机械寿命与电气寿命，接触器额定操作频率，接触器线圈启动功率与吸持功率等。

1. 额定电压

接触器额定电压是指接触器主触头之间的正常工作电压值。该值标注在接触器铭牌上。

交流接触器常用的额定电压等级为：220、380、660 V。

直流接触器常用的额定电压等级为：220、440、660 V。

2. 额定电流

接触器额定电流是指接触器主触头正常工作电流值。该值也标注在接触器铭牌上。常用的额定电流等级为：

交流接触器：10、20、40、60、100、150、250、400 及 600 A。

直流接触器：40、80、100、150、250、400 及 600 A。

3. 线圈的额定电压

指接触器电磁线圈正常工作电压值。常用的接触器线圈额定电压等级为：

交流线圈：127、220 及 380 V。

直流线圈：110、220 及 440 V。

4. 主触头接通与分断能力

指接触器主触头在规定条件下能可靠地接通和分断的电流值。在此电流值下，接通电路时主触头不会发生熔焊；断开电路时，主触头不会产生长时间的燃弧。在电路中，若电流大于此值时，应是电路中的熔断器、自动开关等保护电器起作用。

主触头的接通与分断能力与接触器的使用类别息息相关，常见的接触器使用类别和典型用途见表 4-1。接触器的使用类别代号通常在产品手册中给出或在产品铭牌中标注。它用额定电流的倍数来表示，其具体含义是：AC-1 和 DC-l 类要求接触器主触头允许和分断额定电流；AC-2、DC-3 和 DC-5 类要求接触器主触头允许接通和分断 4 倍的额定电流；AC-3 要求接触器主触头允许接通 6 倍额定电流和分断额定电流；AC-4 允许接触器主触头接通和分断 6 倍的额定电流。

表 4-1　常见接触器使用类别和典型用途

触点	电流种类	使用类别代号	允许接通和分断额定电流倍数	典　型　用　途
主触点	AC（交流）	AC-1	1	无感或微感负载，电阻炉
		AC-2	4	绕线转子感应电机启动/制动
		AC-3	6	笼型感应电机启动，运转中分断
		AC-4	6	笼型感应电机启动，点动，反接制动，反向
	DC（直流）	DC-1	1	无感或微感负载，电阻炉
		DC-3	4	并励电动机启动，点动，反接制动
		DC-5	4	串励电动机启动，点动，反接制动

5. 机械寿命和电气寿命

机械寿命是指接触器在需要修理或更换机械零件前所能承受的无载操作循环次数。

电气寿命是在规定的正常工作条件下，接触器不需修理或更换零件的负载操作循环次数。

6. 操作频率

指接触器在每小时内可能实现的最高操作循环次数。交流接触器额定操作频率为1 200 次/h 或 600 次/h；直流接触器额定操作频率也为 1 200 次/h 或 600 次/h。操作频率不仅直接影响接触器的电寿命和灭弧罩的工作条件，而对交流接触器还影响到电磁线圈的温升。

7. 接触器线圈的启动功率和吸持功率

对于直流接触器这两种功率相等。但对于交流接触器，线圈通电后在衔铁尚未吸合时，由于磁路气隙大，线圈电抗小，线圈电流大，启动视在功率较大。而当衔铁吸合后，气隙甚小，线圈感抗增大，线圈电流减小，线圈视在功率小。一般启动视在功率约为吸持视在功率的 5～8 倍。而线圈的工作功率为吸持有功功率。

三、接触器的型号意义

交流接触器和直流接触器的型号代号分别为 CJ 和 CZ。

交流接触器型号的意义如下：

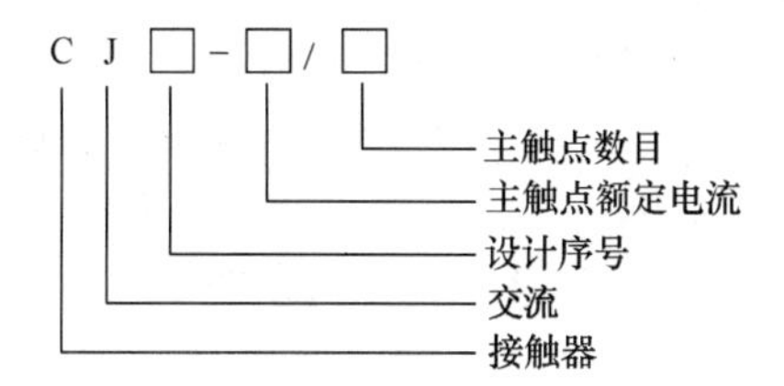

直流接触器型号的意义如下：

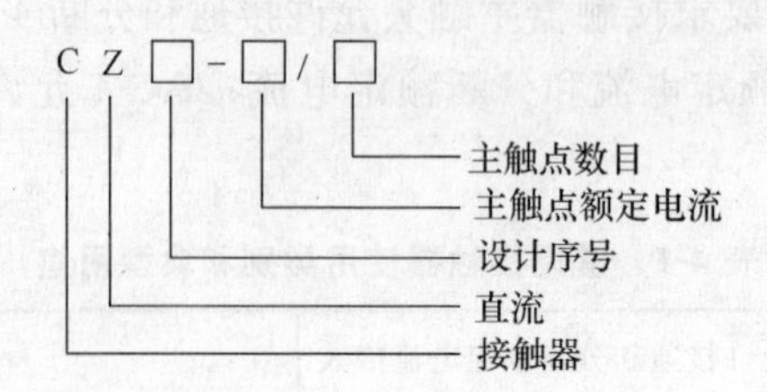

四、接触器的选用

接触器使用广泛，但随使用场合及控制对象不同，接触器的操作条件与工作繁重程度也不同。因此，必须对控制对象的工作情况以及接触器性能有一较全面的了解，才能作出正确的选择，保证接触器可靠运行并充分发挥其技术经济效果。为此，应根据以下原则选用接触器。

（1）根据主触头接通或分断电路的电流性质来选择直流还是交流接触器。

（2）根据接触器所控制负载的工作任务来选择相应使用类别的接触器。如负载为一般任务则选用 AC-3 使用类别；负载为重任务时选用 AC-4 使用类别。

（3）根据负载的功率和操作情况来确定接触器主触头的电流等级。当接触器的使用类别与所控制负载的工作任务相对应时，一般应使接触器主触头的电流额定值与所控制负载的电流值相当，或稍大一些。若不对应，如用 AC-3 类的接触器控制 AC-3 与 AC-4 混合类负载时，则应降低电流等级使用。

（4）根据被控电路电压等级来选择接触器的额定电压。

（5）根据控制电路的电压等级来选择接触器线圈的额定电压等级。

五、接触器的维护

（1）定期检查接触器的零件，要求可动部分灵活，紧固件无松动。对损坏的零部件应及时修理或更换。

（2）保持触头表面的清洁，不允许粘有油污。当触头表面因电弧烧蚀而附有金属小珠粒时，应及时去掉。触头若已磨损，应及时调整消除过大的超程；若触头厚度只剩下 1/3 时，应及时更换。当银和银合金触头表面因电弧作用而生成黑色氧化膜时，不必锉去，因为这种氧化膜的接触电阻很小，不会造成接触不良，锉掉反而缩短了触头寿命。

（3）接触器不允许在去掉灭弧罩的情况下使用，因为这样很可能发生相间短路。用陶土制成的灭弧罩易碎，拆装时要小心，避免碰撞造成损坏。

（4）若接触器一旦不能修复，应及时更换。更换前应检查接触器的铭牌和线圈标牌上标出的参数。换上去的接触器的有关数据应符合技术要求；接触器的可动部分，看其是否活动灵活，并将铁芯柱表面上的防锈油擦净，以免油污粘滞造成接触器不能释放。有的接触器还需检查和调整触头的开距、超程、压力等，并使各个触头的动作同步。

小　结

接触器主要用作频繁地接通或分断电动机等主电路，且可以远距离控制的开关电器。它具有操作频率高、使用寿命长、工作可靠、性能稳定、结构简单、维护方便等优点。

第五节　继　电　器

【学习要求】

1. 了解常见继电器的功能、分类和使用场合。
2. 掌握时间继电器的分类、触点类型及使用与维护注意事项。
3. 掌握热继电器的结构、工作原理、参数选择及使用方法。

继电器是一种当激励输入量的变化达到规定要求时，在电气输出电路中，使被控量发生预定的阶跃变化的开关电器。继电器的输入量可以是电压、电流等电量，也可以是温度、速度等非电量，输出量是触头的动作。

一、电磁式继电器的基本结构和分类

电磁式继电器是输入电压、电流等电量，利用电磁原理使衔铁闭合动作，进而带动触头动作，从而使控制电路接通与断开，实现控制电路状态的改变。值得注意的是，继电器的触头用来接通和分断控制电路，接触器中的主触头用来接通和分断主电路，其辅助触头用来接通与分断控制电路，起联锁作用。所以，继电器触头的容量较小，不能用来接通与分断主电路。

电磁式继电器的结构和工作原理与电磁式接触器相似，也是由电磁机构和触头系统两大部分构成。

1. 电磁机构

直流继电器的电磁机构形式为U形拍合式，铁芯和衔铁均由电工软铁制成。为了加大闭合后的气隙，在衔铁的内侧面装有非磁性垫片，铁芯铸在铝基座上。

交流继电器的电磁机构形式有U形拍合式、E形直动式、空心或装甲螺管式等结构形式。U形拍合式和E形直动式的铁芯及衔铁均由硅钢片叠成，且在铁芯柱端面上装有短路环。

2. 触头系统

由于继电器的触头均接在控制电路中，电流小，故不装设灭弧装置。触头一般为桥式结构，有常开和常闭两种形式。

3. 调节装置

为了改变继电器的动作参数，继电器一般还具有改变释放弹簧松紧和改变衔铁打开后磁路气隙大小的调节装置。

电磁式继电器种类很多，按用途分有控制继电器、保护继电器和通信继电器等。按输入量分有电压继电器、电流继电器和中间继电器等。按通入电磁线圈电流种类不同有交流继电器和直流继电器。

二、中间继电器

电磁式中间继电器实质上是一种电压继电器，如图4-17所示。其触头数量较多，在控制电路中起增加触头数量和中间放大作用。由于中间继电器要求线圈电压为零时能够可靠释放，对动作参数无要求，所以中间继电器没有调节弹簧装置。

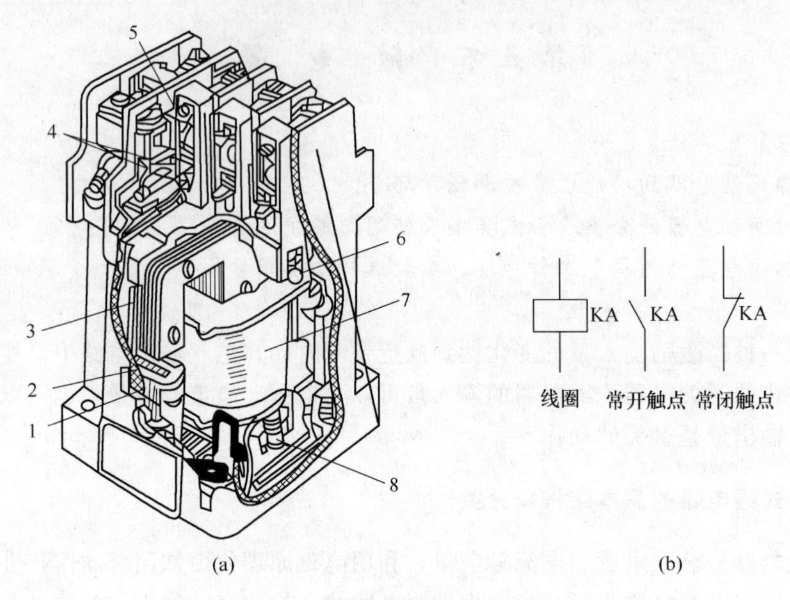

图 4-17 中间继电器结构及符号

(a) 结构图；(b) 符号

1—静铁芯；2—短路环；3—动铁芯；4—常开触点；

5—常闭触点；6—复位弹簧；7—线圈；8—反作用弹簧

根据电磁式中间继电器电磁线圈电压种类不同有直流中间继电器与交流中间继电器。有的电磁式直流继电器，当更换不同的电磁线圈时，可做成直流电压、直流电流及直流中间继电器。如果在铁芯柱上套装阻尼套筒，又可做成电磁式时间继电器。因此，这类继电器从结构上看它具有“通用”性，故又称为通用继电器。

三、时间继电器

继电器的感测元件在感受外界信号后，经过一段时间才使执行部分动作，这类继电器称为时间继电器。按其动作原理可分为电磁阻尼式、空气阻尼式、电动机式和晶体管式等；按延时方式可分为通电延时型和断电延时型两种。图形符号如图 4-18 所示。

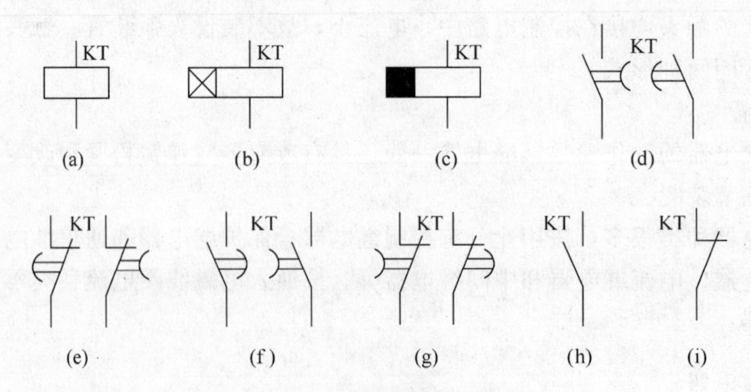

图 4-18 时间继电器的图形符号

(a) 线圈一般符号；(b) 通电延时线圈；(c) 断电延时线圈；(d) 延时闭合常开触点；

(e) 延时断开常闭触点；(f) 延时断开常开触点；(g) 延时闭合常闭触点；(h) 瞬动常开触点；(i) 瞬动常闭触点

1. 空气阻尼式时间继电器

空气阻尼式时间继电器是利用空气阻尼的原理来获得延时的。以 JS23 系列时间继电器为例，它由继电器主体和延时头组件两大部分组成。继电器主体是一个具有 4 个瞬时动作触头的控制继电器。延时头组件由延时机构、延时动作触头及传动构件三部分构成。延时机构包括波纹状气囊、排气阀门、具有细长环形槽的延时片、调时旋钮及动作弹簧等。图 4-19 为通电延时型时间继电器结构图。其中图 4-19（a）为电磁线圈处于断电状态，衔铁释放，阀杆 8 上移，压缩波纹气囊 6 与阀门弹簧 7，阀门打开，推出气囊内空气，为通电延时作准备。

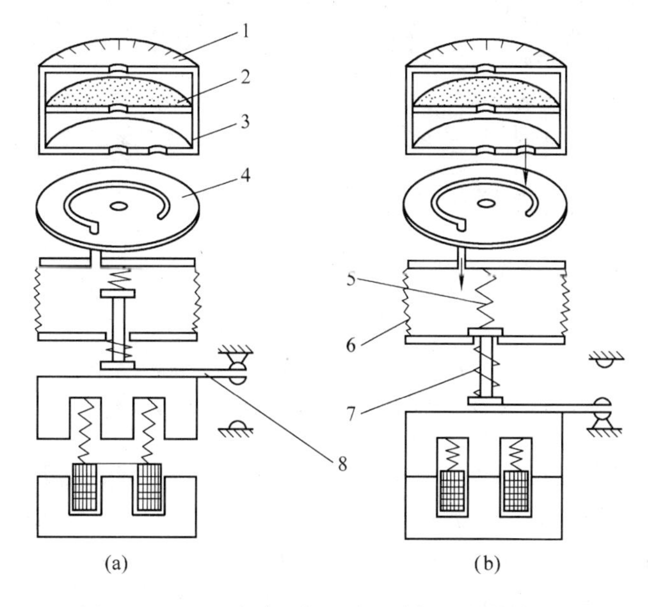

图 4-19　JS23 系列通电延时型时间继电器构造图

(a) 排气阶段；(b) 进气延时动作阶段

1—钮牌；2—滤气片；3—调时旋钮；4—延时片；

5—动作弹簧；6—波纹状气囊；7—阀门弹簧；8—阀杆

当继电器线圈通电后，衔铁吸合，松开阀杆，阀门弹簧复原，阀门关闭。波纹状气囊在动作弹簧 5 的作用下有伸长的趋势，此时外界空气在气囊内外压力差的作用下经过滤气片 2，通过延时片的延时环形槽渐渐进入气囊并使气囊伸长。当气囊伸长到能触动脱扣传动机构时，延时动作触头动作。从继电器线圈通电，到延时动作触头动作这段时间即为延时时间。

转动时旋钮 3 便改变了空气流经延时片上环形槽的长度，即调节空气通道的长短来控制延时时间。调时旋钮上的钮牌的刻度线能粗略地指示出整定的延时值。

空气阻尼式时间继电器可做成通电延时型与断电延时型。具有结构简单，延时范围较大，不受电源电压及频率波动的影响，价格较低等特点，但延时精度较低，一般适用于延时精度要求不高的场合。

空气阻尼式时间继电器产品有 JS23、JSK 等系列。

2. 电动机式时间继电器

电动机式时间继电器是由微型同步电动机拖动减速机构，经传动机构获得触头延时动作的时间继电器，如图 4-20 所示。

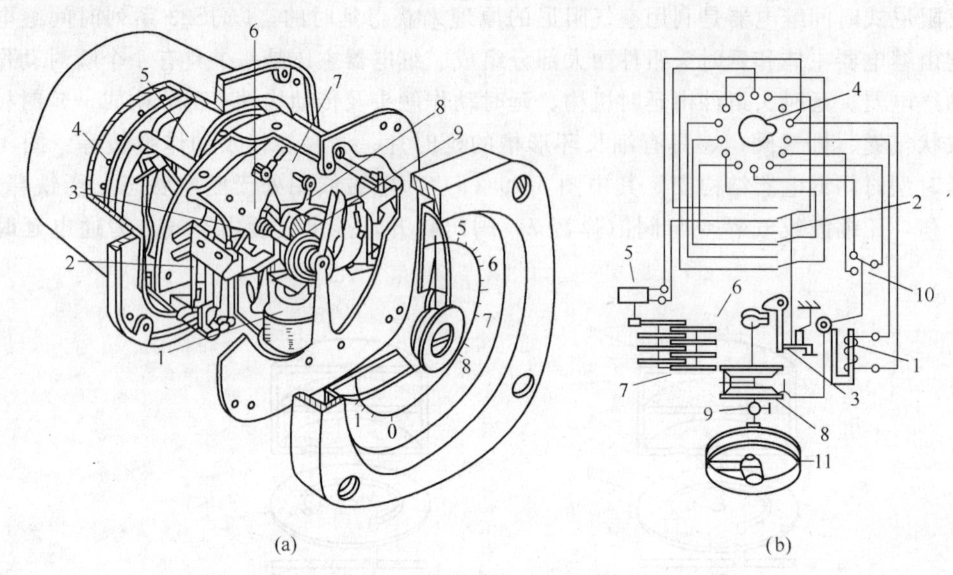

图 4-20　电动机式时间继电器

(a) 内部结构图；(b) 原理结构图（通电延时型）

1—离合电磁铁；2—延时触点；3—脱扣机构；4—接线插座；5—同步电动机；

6—凸轮；7—减速齿轮；8—差动轮系；9—复位游丝；10—瞬动触点；11—刻度盘

电动机式时间继电器是由微型同步电动机、离合电磁铁、减速齿轮组、差动轮泵、复位游丝、触头系统、脱扣机构和整定装置等部分组成。当微型同步电动机接通电源时，只有减速齿轮组空转，需要延时时，接通（对通电延时型）或断开（对断电延时型）离合电磁铁的线圈电路，使离合电磁铁吸合（或释放），通过齿轮组使触头产生延时动作，与此同时切断微型同步电动机的电源。需要继电器复位时，只需将离合电磁铁的线圈电源切断（或接通），所有的机构都将在复位游丝的作用下立即回到动作前的状态，并为下次动作作好准备。延时长短可通过改变整定装置中定位指针的位置来调节。但应注意，定位指针的调整必须在离合电磁铁线圈断开（指通电延时型）或接通（指断电延时型）时进行。这种类型时间继电器的优点是延时范围大、延时精度高，延时时间有指针指示。其缺点是机械结构复杂，不适于频繁操作，价格较高，延时误差受电源频率的影响。

3. 电子式时间继电器

电子式时间继电器常用的有阻容式时间继电器，它是利用电容对电压变化的阻尼作用来实现延时的。这类产品具有延时范围广、精度高、体积小、耐冲击、抗振动、调节方便以及寿命长等优点。这类产品有 JS13、JS14、JS15 及 JS20 系列，其中 JS20 系列为全国推广的统一设计产品，与其他系列相比，具有通用性、系列性强，工作稳定可靠，精度高，延时范围广，输出触头容量大等特点。它的改进型产品采用了可编程定时器集成电路，且增加了脉动型产品，进一步提高了延时精度和延时范围。

JS20 系列晶体管时间继电器适用于交流 50 Hz、电压 380 V 及以下或直流 110 V 及以下的控制电路，作为时间控制元件，按预定的时间延时，或周期性地接通或分断电路。

JS20 系列晶体管时间继电器具有保护式外壳，全部元件装在印制电路板上。然后与插座用螺钉紧固，装入塑料壳中。外壳表面装有铭牌，其上有延时刻度，并有延时调节旋钮。

它有装置式和面板式两种型式，装置式具有带接线端子的胶木底座，它与继电器本体部分采用插座连接，然后用底座上的两只尼龙锁扣锁紧。面板式采用的是通用的八大脚插座，可直接安装在控制台的面板上。

JS20 系列晶体管时间继电器有通电延时型、带瞬动触头的通电延时型、断电延时型和改进型等。

图 4-21 为采用场效应管做成的通电延时型继电器电路图，它由稳压电源、RC 充放电电路、电压鉴别电路、输出电路和指示电路等部分组成。电路工作原理：接通电源后，经整流、滤波和稳压后，直流电压经波段开关上的电阻 R10、RP1、R2 向电容 C2 充电。开始时 V2 场效应晶体管截止，晶体管 V3、晶闸管 VT 也处于截止状态。随着充电的进行，电容器 C2 上的电压由零按指数曲线上升，直至 u_C 上升到 $|u_C - U_S| < |U_P|$ 时，V3 导通，由于 I_D 在 R3 上产生电压降，D 点电位开始下降，一旦 D 点电位降低到 V3 的发射极电位以下时，V3 将导通。V3 的集电极电流 I_C 在 R4 上产生压降，使场效晶体管的 U_S 降低，即负栅偏压越来越小。所以对于 V2 来说，R4 起正反馈作用，使 V3 迅速由截止变为导通，并使晶闸管 VT 触发导通，同时使继电器 KA 动作，输出延时信号。从时间继电器接通电源、C2 开始被充电到 KA 动作这段时间即为通电延时动作时间。KA 动作后，C2 经 KA 常开触头对电阻 R9 放电，同时氖泡 Ne 起辉，并使场效应晶体管 V2 和晶体管 V3 都截止，为下次工作做准备。此时晶闸管 VT 仍保持导通，除非切断电源，使电路恢复到原来状态，继电器 KA 才释放。

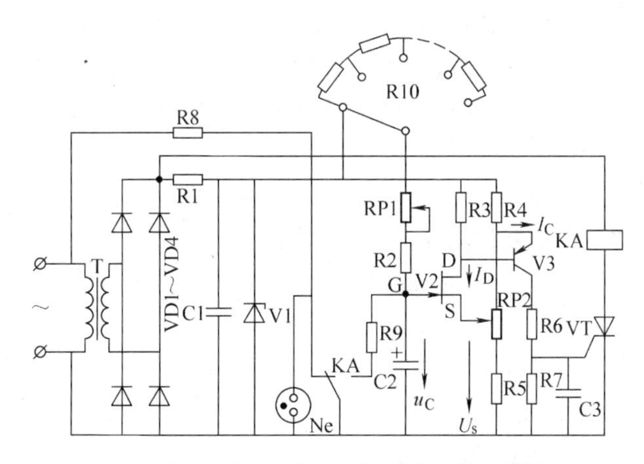

图 4-21　JS20 系列通电延时继电器电路图

4. 时间继电器的选用

对于延时要求不高的场合，一般选用电磁阻尼式或空气阻尼式时间继电器；对延时要求较高的，可选用电动机式或电子式时间继电器。

对于电磁阻尼式和空气阻尼式时间继电器，其线圈电流种类和电压等级应与控制电路相同；对于电动机式和电子式时间继电器，其电源的电流种类和电压等级应与控制电路相同。

按控制电路要求选择通电延时型或断电延时型以及触头延时型式（是延时闭合还是延时断开）和数量。

最后考虑操作频率是否符合要求。

四、热继电器

热继电器是电流通过发热元件产生的热量，使检测元件受热弯曲而推动机构动作的一种继电器。由于热继电器中发热元件有热惯性，在电路中不能做瞬时过载保护，更不能做短路保护，因此，它不同于过电流继电器和熔断器。它主要用于电动机的过载保护、断相保护和三相电流不平衡运行的保护及其他电气设备发热状态的控制。

（一）热继电器的分类

按相数分有单相、两相和三相式三种。其中三相式热继电器又有带断相保护装置和不带断相保护装置两类；按复位方式分有自动复位（触头断开后能自动返回原来位置）和手动复位两种；按电流调节分有电流调节的和无电流调节的（只有更换热元件才能达到改变整定电流目的）；按温度补偿分有带温度补偿的和无温度补偿两种。

热继电器的形式有多种，其中常用的有：

1. 双金属片式

利用双金属片受热弯曲去推动杠杆而使触头动作。

2. 热敏电阻式

利用电阻阻值随温度变化而变化的特性制成的热继电器。

3. 易熔合金式

利用过载电流发热使易熔含金达到某一温度值时，合金熔化而使继电器动作。

上述三种中，尤以双金属片式热继电器用得最多。

（二）对热继电器基本性能的要求

1. 应具有可靠合理的保护特性

热继电器主要用于电动机的过载保护。如果电动机发生过载，热继电器应在电动机尚未达到其允许过载极限之前动作，从而切断电动机电源，使之免遭损坏。

2. 具有一定的温度补偿

为避免环境温度变化引起双金属片弯曲误差，应具有温度补偿装置。

3. 具有手动复位与自动复位功能

当热继电器动作后，可在其后 2 min 之内按下手动复位按钮进行复位，或在 5 min 之内可靠地自动复位。

4. 热继电器动作电流可以调节

为减少热元件的规格，便于生产和使用，要求动作电流可通过调节凸轮，使在热元件额定电流 66％～100％的范围内调节。

图 4-22 为双金属片热继电器结构示意图。所谓双金属片，是将两种线膨胀系数不同的金属片用机械压辗方式使之形成一体。线膨胀系数大的为主动层，线膨胀系数小的为被动层。双金属片受热后产生线膨胀，由于两层金属的线膨胀系数不同，且两层金属又紧密地压合在一起，因此，使得双金属片向被动层一侧弯曲，由双金属片弯曲产生的机械力经传动机构使触头动作。

双金属片的加热方式有直接加热、间接加热、复式加热和电流互感器加热等多种。直接加热是把双金属片当做发热元件，让电流直接通过。间接加热是用与双金属片无电联系的加热元件产生的热量来加热。复式加热是直接加热与间接加热相结合。电流互感器加热是间接加热的推广。多用于电动机容量大的场合，发热元件不直接串接在电动机主电路，而是接于电流互感器的二次侧，这样减小了通过发热元件的电流。

热继电器主要用于电动机的过载保护，因此必须了解电动机的工作环境、启动情况、负载性质、工作制及允许的过载能力。应使热继电器的安秒特性位于电动机的过载特性之下，并尽可能接近，以便充分发挥电动机的过载能力，同时使电动机短时过载和启动瞬间不受影响。

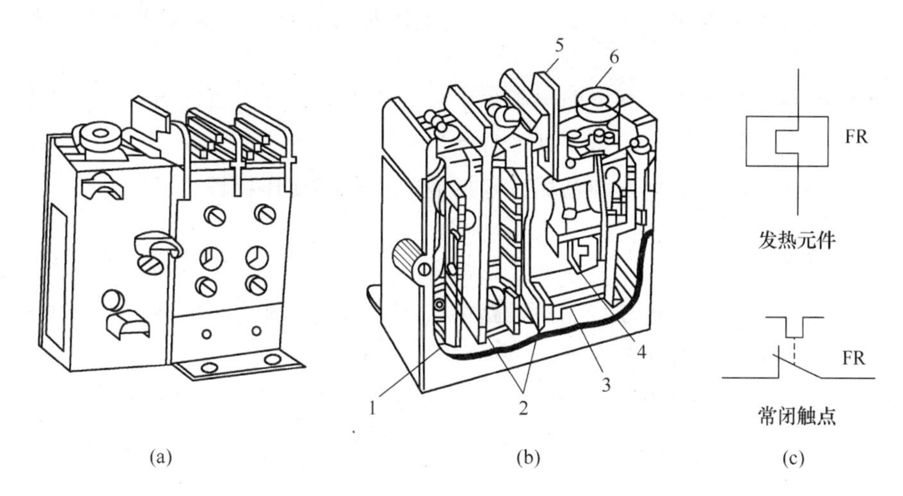

图 4-22　双金属片热继电器结构示意图

(a) 外形图；(b) 结构图；(c) 符号

1—双金属片；2—发热元件；3—动作机构；4—常闭触头；5—复位按钮；6—整定电流调节装置

当电动机定子绕组为 Y 接时，带断相保护和不带断相保护的三相热继电器接在相线中，在发生三相均匀过载、不均匀过载或发生一相断线时，因流过热继电器的电流即为流过电动机绕组的电流，所以热继电器可以如实反映电动机过载情况，它们均可实现电动机断相保护。

当电动机定子绕组接成△接时，为实现断相保护，带断相保护和不带断相保护的热继电器接入电动机定子电路的方式便不同。

对于不带断相保护的热继电器，若仍接在定子相线中，如在电动机启动前已发生一相断线时，流过热继电器的电流为电动机额定电流的 4.5～6 倍，足以使热继电器动作；如电动机运行中且在满载情况下发生一相断线时，此时电流最大的一相绕组中的电流达到相电流的 2.4～2.5 倍，而流过热继电器的线电流也达 2 倍额定电流，仍可使热继电器动作。所以，在上述两种情况下，热继电器接于相线中。对电动机可以起到断相保护作用。然而大多数电动机运行在低于满载情况下发生断线，按前面分析可知，当电动机运行在 0.58 倍的额定电流时若发生断线，最严重一相绕组中的相电流可达 1.15 倍的额定相电流，这对该相绕组来说已处于过载状态，但由于热继电器是接于相线上，故不能使热继电器动作，也就不能实现电动机的断相保护。所以，若使用不带断相的三相热继电器来实现断相保护时，应将三个发热元件分别串接于电动机三相绕组的相电路中，但这种接线方式将带来一些不便。为此，△形接线的三相电动机不应选择不带断相保护的三相热继电器，而应选择三相带断相保护的热继电器，并可将其串接于电动机线电路中，由于有差动结构的作用可以实现断相保护。

(三) 热继电器使用注意事项

(1) 热继电器的额定电流等级不多，但其发热元件编号很多，每一种编号都有一定的电流整定范围。在使用时应使发热元件的电流整定范围中间值与保护电动机的额定电流值相等，再根据电动机运行情况通过调节旋钮去调节整定值。

(2) 对于重要设备，一旦热继电器动作后，必须待故障排除后方可重新启动电动机。应采用手动复位方式；若电气控制柜距操作地点较远，且从工艺上又易于看清过载情况，则可采用自动复位方式。

(3) 热继电器和被保护电动机的周围介质温度尽量相同，否则会破坏已调整好的配合情况。

(4) 热继电器必须按照产品说明书中规定的方式安装。当与其他电器装在一起时，应将热继电器置于其他电器下方，以免其动作特性受其他电器发热的影响。

(5) 使用中应定期去除尘埃和污垢并定期通电校验其动作特性。

五、速度继电器

速度继电器常用于电动机反接制动线路中，当转速达到规定值时继电器动作，当转速下降到接近零时能自动地及时切断电源。

如图 4-23 所示，速度继电器由转子、定子和触头三部分组成。速度继电器的轴 10 与电动机轴相连；转子 11 是一块永久磁铁，固定在轴上；定子 9 结构与鼠笼型异步电动机的转子相似，装有鼠笼型绕组 8。当电动机旋转时，速度继电器的转子 11 随着一起旋转，使磁场变成旋转磁场，则定子导体因切割磁力线而产生感应电流，载流导体与磁场相互作用而产生转矩，使定子随转子转动。当它转过一定角度，带动杠杆 7 推动触头，使常闭触头断开，常开触头闭合，在杠杆推动触头的同时也压缩反力弹簧 2，其反作用力阻止定子继续转动。当电动机转速下降时，速度继电器转子速度也下降，定子导体内感应电流减小，转矩减小。当转速下降到一定值（约 100 r/min）时，转矩小于反力弹簧的反作用力矩，定子返回到原来位置，对应的触头恢复原来的状态。调节螺钉 1 可以调节反力弹簧的反作用力大小，从而调节触头动作时所需转子的转速。

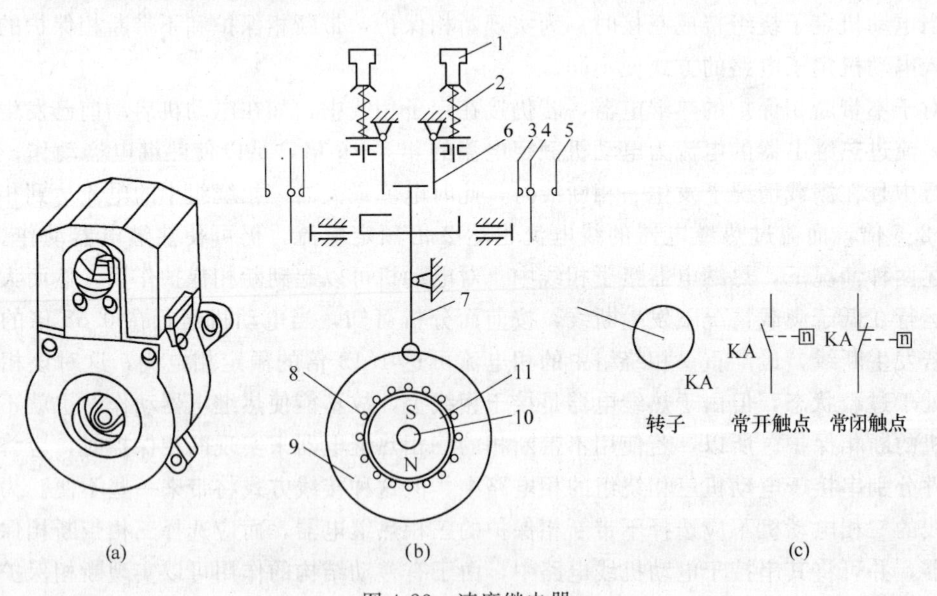

图 4-23　速度继电器

(a) 外形；(b) 内部结构；(c) 符号

1—螺钉；2—反力弹簧；3—常闭触点；4—动触点；5—常开触点；

6—返回杠杆；7—杠杆；8—绕组；9—定子；10—转轴；11—转子

常用的速度继电器有 JY1 型和 JFZ0 型两种。其中 JY1 型可在 700～3 600 r/min 范围内可靠地工作。JFZ0-1 型适用于 300～1 000 r/min；JFZ0-2 型适用于 1 000～3 600 r/min。JFZ0 型具有两对常开触头、两对常闭触头，触头额定电压为 380 V，额定电流为 2 A。一般速度继电器转速在 130 r/min 左右即能动作；100 r/min 时触头即能恢复正常位置。通过调节螺钉的调节可改变速度继电器的动作转速，以适应控制电路的要求。

小　　结

本节主要介绍了电磁式中间继电器、时间继电器、热继电器和速度继电器，尽管它们的输入量不尽相同，但输出信号却都是接点的通断。

第六节　低压电器的常见故障与维修

【学习要求】

1. 掌握刀开关、熔断器、断路器、主令电器的常见故障及维修方法。
2. 掌握交、直流接触器的常见故障及维修方法。
3. 掌握热继电器的常见故障及维修方法。

一、刀开关的常见故障与维修

当刀开关损坏需要进行维修，或在定期检修时，应清除底板上的灰尘，以保证良好的绝缘。检查触刀的接触情况，如果触刀磨损严重或弧触头被电弧过度烧坏，应及时更换。发现触刀转动绞链过松，如果是用螺栓的，应把螺栓拧紧。

安装刀开关时，应注意母线与刀开关接线端子相连时，不能存在较大的扭应力，并保证接触可靠。在安装杠杆操作机构时，应调节好连杆的长度，保证操作灵活、到位。一定要把所带的灭弧室装牢。

二、熔断器的常见故障与维修

对于有填料熔断器，在熔体熔断时，应更换原型号的熔断体，用户不可自行更换熔体。

对于密闭管式熔断器，更换熔片时，应检查熔片规格。装上新熔片前应清理管子内壁上的烟尘。装上新熔片后应拧紧两头端盖。

在运行中应经常检查熔断器的指示器，以便及时发现单相运转情况。若发现瓷底座有沥青流出，则说明熔断器存在接触不良，温升过高，应及时更换。

熔断器插入与拔出要用规定的把手，不能用手直接操作，或用不合适的工具插入与拔出。

三、主令电器的常见故障与维修

1. 按钮

触头磨损松动，造成接触不良，控制失灵。对策是将按钮拆开维修，严重的要换成新的产品，LA27 系列按钮动、静触头之间的距离约为 1 mm，超程应大于 0.5 mm。

动触头弹簧失效，造成接触不良，应重绕弹簧或更换产品。

由于环境温度高或灯泡发热，使塑料变形老化，导致更换灯泡困难或接线螺钉间相碰短路。应查明原因，如灯泡发热，可适当降低电压。

由于多年使用或密封性不好，使尘埃或机油、乳化液等流入，造成绝缘性能降低甚至被击穿。对这种情况，必须进行绝缘和清洁处理，并相应采取密封措施。

2. 行程开关

在使用中，由于行程开关都工作在机械运动部位，安装螺钉易松动而使控制失灵。有时由于进入尘埃及油类而引起不灵活，甚至不能接通电路。因此，应对行程开关定期检查，除去油垢、粉尘，清理触头，并经常检查动作是否可靠，随即排除故障，否则会引起生产事故及人身安全的事故。如龙门刨台面未及时返回而冲出、行车未及时停车而撞出去等。

检修时要注意行程开关的传动机构是否松动或发生位移，应及时调整传动机构的动作超程保持在规定极限值的50%～70%范围内。这是行程开关正常工作的重要前提。

四、断路器的常见故障与维修

断路器因其结构复杂，在使用中故障现象、故障原因及处理方法不尽相同，以下通过表格的形式加以阐述（表4-2）。

表 4-2 断路器故障分析表

序号	故障现象	原因	处理办法
1	手动操作断路器不能闭合	储能弹簧变形，导致闭合力减小	更换储能弹簧
		反作用弹簧力过大	重新调整弹簧反力
		机构不能复位再扣	调整再扣接触面至规定值
2	电动操作断路器不能闭合	操作电源电压不符	调换电源
		电源容量不够	增大操作电源容量
		电磁铁拉杆行程不够	重新调整或更换拉杆
		电动机操作定位开关变位	重新调整
		控制器中整流管或电容器损坏	更换损坏元件
3	有一相触头不能闭合	断路器的一相连杆断裂	更换连杆
		限流断路器斥开机构的可折连杆之间的角度变大	调整至原技术条件规定值
4	分励脱扣器不能使断路器分断	线圈短路	更换线圈
		电源电压太低	调换电源电压
		再扣接触面太大	重新调整
		螺丝松动	拧紧
5	欠电压脱扣器不能使断路器分断	反力弹簧变小	调整弹簧
		如为储能释放，则储能弹簧变小或断裂	调整或更换储能弹簧
		机构卡死	消除卡死原因（如生锈）
6	启动电动机时断路器立即分断	过电流脱扣器瞬动整定值太小	调整瞬动整定值
		脱扣器某些零件损坏，如半导体器件、橡皮膜等损坏	更换脱扣器或更换损坏的零部件
		脱扣器反力弹簧断裂或落下	更换弹簧或重新装上

续上表

序号	故障现象	原因	处理办法
7	断路器闭合后经一定时间自行分断	过电流脱扣器长延时整定值不对	重新调整
		热元件或半导体延时电路元件变化	更换
8	断路器温升过高	触头压力过低	调整触头压力或更换弹簧
		触头表面过分磨损或接触不良	更换触头或清理接触面，不能更换者，更换整台断路器
		两个导电零件连接螺杆松动	拧紧
		触头表面油污氧化	清除油污或氧化层
9	欠电压脱扣器噪声大	反作用弹簧反力太大	重新调整
		铁芯工作面有油污	清除油污
		短路环断裂	更换衔铁或铁芯
10	辅助开关不通	辅助开关动触桥卡死或脱落	拨正或重新装好触桥
		辅助开关传动杆断裂或滚轮脱落	更换传动杆或辅助开关
		触头不接触或氧化	调整触头、清理氧化膜
11	带半导体脱扣器的断路器误动作	半导体脱扣器元件损坏	更换损坏元件
		外界电磁干扰	清除外界干扰，例如邻近的大型电磁铁的操作、接触器的分断、电焊等，予以隔离或更换线路
12	漏电断路器经常自行分断	漏电动作电流变化	送制造厂重新校正
		线路漏电	寻找原因，如系导线绝缘损坏，则应更换
13	漏电断路器不能闭合	操作机构损坏	送制造厂修理
		线路某处漏电或接地	消除漏电处或接地处故障

五、接触器的常见故障与维修

1. 交流接触器

表 4-3 交流接触器故障分析表

序号	故障现象	原因	处理办法
1	吸不上或吸不足（即触头已闭合而铁芯尚未完全吸合）	电源电压过低或波动过大	调高电源电压
		操作回路电源容量不足或发生断线、配线错误及控制触头接触不良	增加电源容量，更换线路，修理控制触头
		线圈技术参数与使用条件不符	更换线圈
		产品本身受损（如线圈断线或烧毁，机械可动部分被卡住，转轴生锈或歪斜等）	更换线圈，排除卡住故障，修理受损零件
		触头弹簧压力与超程过大	按要求调整触头参数
2	不释放或释放缓慢	触头弹簧压力过小	调整触头参数
		触头熔焊	排除熔焊故障，修理或更换触头
		机械可动部分被卡住，转轴生锈或歪斜	排除卡住现象，修理受损零件
		反力弹簧损坏	更换反力弹簧
		铁芯极面有油污或尘埃粘着	清理铁芯极面
		E形铁芯，当寿命终了时，因去磁气隙消失，剩磁增大，使铁芯不释放	更换铁芯

续上表

序号	故障现象	原因	处理办法
3	线圈过热或烧损	电源电压过高或过低	调整电源电压
		线圈技术参数（如额定电压、频率、通电持续率及适用工作制等）与实际使用条件不符	调换线圈或接触器
		操作频率（交流）过高	选择其他合适的接触器
		线圈制造不良或由于机械损伤、绝缘损坏等	更换线圈，排除引起线圈机械损伤的故障
		使用环境条件特殊：如空气潮湿，含有腐蚀性气体或环境温度过高	采用特殊设计的线圈
		交流铁芯极面不平或剩磁气隙过大	清除极面或调换铁芯
		交流接触器派生直流操作的双线圈，因常闭联锁触头熔焊不释放，而使线圈过热	调整联锁触头参数及更换烧坏线圈
4	电磁铁噪声大	电源电压过低	提高操作回路电压
		触头弹簧压力过大	调整触头弹簧压力
		磁系统歪斜或机械上卡住，使铁芯不能吸平	排除机械卡住故障
		极面生锈或因异物（如油垢、尘埃）侵入铁芯极面	清理铁芯极面
		短路环断裂	调换铁芯或短路环
		铁芯极面磨损过度而不平	更换铁芯
5	触头熔焊	操作频率过高或产品过负载使用	调换合适的接触器
		负载侧短路	排除短路故障，更换触头
		触头弹簧压力过小	调整触头弹簧压力
		触头表面有金属颗粒突起或异物	清理触头表面
		操作回路电压过低或机械上卡住，致使吸合过程中有停滞现象，触头停顿在刚接触的位置上	提高操作电源电压，排除机械卡住故障，使接触器吸合可靠
6	触头过热或灼伤	触头弹簧压力过小	调高触头弹簧压力
		触头上有油污，或表面高低不平，有金属颗粒突出	清理触头表面
		环境温度过高或使用在密闭的控制箱中	接触器降容使用
		铜触头用于长期工作制	接触器降容使用
		操作频率过高，或工作电流过大，触头的断开容量不够	调换容量较大的接触器
		触头的超程太小	调整触头超程或更换触头
7	触头过度磨损	接触器选用欠妥，在以下场合时，容量不足： 1. 反接制动 2. 有较多密接操作 3. 操作频率过高	接触器降容使用或改用适于繁重任务的接触器
		三相触头动作不同步	调整至同步
		负载侧短路	排除短路故障，更换触头

续上表

序号	故障现象	原因	处理办法
8	相间短路	可逆转换的接触器联锁不可靠，由于误动作，致使两台接触器同时投入运行而造成相间短路，或因接触器动作过快，转换时间短，在转换过程中发生电弧短路	检查电气联锁与机械联锁；在控制线路上加中间环节或调换动作时间长的接触器，延长可逆转换时间
		尘埃堆积或粘有水气、油垢，使绝缘变坏	经常清理，保持清洁

2. 直流接触器

表 4-4　直流接触器故障分析表

序号	故障现象	原因	处理办法
1	吸不上或吸不到底	电源电压太低或波动过大	调高电源电压
		操作回路的控制电源容量不足或发生断线或控制触头接触不良	增加电源容量、修复线路或控制触头
		线圈技术参数与使用条件不符	更换线圈
		接触器可动部分被卡住，线圈断线或烧毁	排除卡住故障，更换线圈
		触头压力与超程过大	按要求调整触头参数
		直流操作双绕组线圈并联在保持绕组或经济电阻上的常闭辅助触头过早断开	调整或修理常闭辅助触头
2	吸上马上又断开，反复不停地开闭	直流操作双绕组线圈的保持绕组断线或接线头松动	更换线圈或拧紧接线头
3	不释放或释放缓慢	触头压力过小	调整触头参数
		触头熔焊	排除熔焊故障，修理或更换触头
		机械可动部分被卡住	排除卡住故障
		反力弹簧损坏或力太小	更换或调整反力弹簧
		铁芯极面有污垢粘着	清理铁芯极面
		直流操作电磁铁非磁性垫片脱落或磨损	装上或更换非磁性垫片
4	线圈过热或烧损	控制电源电压过高或过低	调整电压
		线圈技术参数（如额定电压、通电持续率或工作制等）与实际使用条件不符	调换线圈或接触器
		线圈制造不良或受到机械损伤而使绝缘损坏等	更换线圈
		使用环境条件特殊，如空气潮湿、含有腐蚀性气体或环境温度过高	采用特殊设计的线圈
5	触头过度磨损或熔焊	操作频率过高或过负载使用	调换合适的接触器
		负载侧短路	排除短路故障，更换触头
		触头压力过小	调整触头压力
		触头表面有突起的金属颗粒或异物	清理触头表面
		控制电源电压过低	提高电源电压
		可动部分卡住，吸合过程有停滞或合不到底	排除卡住故障
		两极触头动作不同步	调整触头使之同步
		永久磁铁退磁，磁吸力不足	更换永久磁铁

续上表

序号	故障现象	原因	处理办法
6	触头过热或灼伤	触头压力太低	调整触头压力
		触头上有污垢，表面不平或有突起金属颗粒	清理触头表面
		环境温度过高或装在封闭或控制箱中使用	更换容量大的接触器
		操作频率过高，工作电流过大，触头的通断能力不够	更换容量大的接触器
7	相间短路	可逆转换接触器的机械合电气联锁失灵，致使两台正、反接触器同时闭合，或因接触器燃弧时间太长，转换时间短，发生电弧短路	检查电气和机械联锁，在控制线路中加入中间环节或调换为动作时间长的接触器
		尘埃堆积、潮湿、过热使绝缘损坏	经常清理，保持清洁
		绝缘件或灭弧室损坏或碎裂	更换损坏绝缘件或灭弧室
		永久磁铁磁吹接触器的进出线极性接反了，电弧反吹	更正进出线的极性

六、热继电器的常见故障与维修

表 4-5　热继电器故障分析表

序号	故障现象	原因	处理办法
1	电机烧坏，热继电器不动作	热继电器的额定电流值与电机的额定电流不符	按电机的容量来选用热继电器（不可按接触器的容量来选用热继电器）
		整定值偏大	合理调整整定值
		触头接触不良	清除触头表面灰尘或氧化物
		热元件烧断或脱焊	更换热元件或热继电器
		动作机构卡住	进行维修调整，但应注意修后不使特性发生变化
		导板脱出	重新放入，并试验动作是否灵活
2	热继电器动作太快	整定值偏小	合理调整整定值，如相差太大无法调整，则换热继电器规格
		电动机启动时间过长	按启动时间要求，选择具有合适的可返回时间（t_F）的热继电器或在启动过程中将热继电器短接
		连接导线太细	选用标准导线
		强烈的冲击振动	应选用带防冲击振动的热继电器或采取防振措施
		可逆运转及密接通断	改用其他保护方式
		安装热继电器与电动机处环境温度差太大	按两地温度相差的情况配置适当的热继电器
3	动作不稳定，时快时慢	热继电器内部机构有某些部件松动	将这些部件加以固定
		在检修中弯折了双金属片	用高倍电流预试几次，或将双金属片拆下来热处理（一般约 240℃），以去除内应力
		通电时电流波动太大，或接线螺钉未拧紧或各次试验时冷却时间不同	校验电源所加的电压稳定器；把接线螺钉拧紧；各次试验后冷却的时间要充分

续上表

序号	故障现象	原　因	处理办法
4	热元件烧断	负载侧短路，电流过大	排除短路故障，更换热继电器
		操作频率过高	合理选用热继电器
5	主电路不通	热元件烧毁	更换热元件或热继电器
		接线螺钉未拧紧	拧紧接线螺钉
6	控制电路不通	触头烧坏或动触片弹性消失	修理触头或触片
		可调整式转到不合适的位置	调整调整旋钮或调整螺钉

小　　结

本节主要总结了包括熔断器、断路器、交流接触器、直流接触器、热继电器、按钮和行程开关在内的几种低压电器的常见故障和维修技巧，让读者能够在发现这些小问题的同时可以进行初步的解决。

1. 简述常用电器的分类方式。
2. 负荷开关熔丝的选择原则是什么？
3. 熔断器的作用是什么？它有哪些类型？
4. 说明熔断器的主要参数及其选择原则。
5. 简述滚轮式行程开关的工作原理，它克服了直动式行程开关的哪些不足？
6. 接触器有哪些类型？各有何特点？
7. 电磁式接触器有哪些主要结构？各部分的作用如何？
8. 接触器的选用原则是什么？
9. 电磁式继电器的主要结构包括哪几部分？各部分有何作用？
10. 画出几种常见的时间继电器的图形符号。
11. 试述热继电器的工作原理。
12. 热继电器在使用中有哪些注意事项？
13. 刀开关有哪能些常见故障？如何维修？
14. 简述常用主令电器的常见故障及维修方式。
15. 某交流接触器在使用中出现线圈过热的情况，分析可能有哪些原因，如何解决？
16. 试分析热继电器不动作的原因及处理方法。

第五章

三相异步电动机的继电器-接触器控制线路

三相异步电动机具有结构简单、运行可靠、坚固耐用、价格便宜、维修方便等一系列优点；与同容量的直流电动机相比，异步电动机还具有体积小、重量轻、转动惯量小的特点，因而在工矿企业中得到了广泛的应用。如何控制电动机的起停、调速等运行状态来带动生产机械运动从而进行生产呢？这就要通过相关的电气控制技术来实现。

电气控制技术从手动发展到自动控制，控制系统由简单到复杂，从有触点的继电器-接触器控制系统发展到以计算机为中心的软件控制系统，这一切均得益于科学技术的不断发展、生产工艺的不断提高。目前，三相异步电动机的控制线路主要有以下类型：

1. 继电器-接触器控制线路

继电器-接触器控制一般是通过按钮等主令电器接通继电器、接触器，再由接触器实现对电动机各种运行状态的控制，这种控制是断续的，因此又称为断续控制系统。此线路的特点是结构简单、价格低廉、维护方便、抗干扰能力强，采用它不仅可以方便实现生产过程自动化，而且还可以实现远距离控制和集中控制，目前仍是机床和其他生产机械广泛采用的基本电气控制形式，也是学习更先进电气控制系统的基础。

继电器-接触器控制采用固定接线方式，在某些生产过程发生变动时，可能需要重新设计线路并安装，灵活性差，触点在频繁动作的情况下易损坏，从而造成系统故障，影响生产，可靠性差。

2. 可编程控制器

可编程控制器（PLC）是计算机技术与继电器-接触器控制系统结合的产物，其突出优点是灵活性好、通用性强、可靠性高，可以在不改变硬件接线的基础上，通过重新编制控制程序就能使生产机械执行新的生产工艺，平均无故障时间可达到10万小时以上，大大减少了设备维修费用和停产造成的经济损失。目前，可编程控制器已在电气自动控制系统中得到了广泛应用。

此外，还有晶闸管-电动机控制系统等，主要用于电动机的调速。

在目前乃至将来的较长一段时间内，工厂电气控制往往是传统与现代控制设备并存的状态。继电器-接触器控制是PLC产生的基础，二者既有许多相同和相似之处，又各有特点，并不因为可编程控制器的高性能而完全取代继电器、接触器等传统设备。在采用了可编程控制系统中，可编程控制器的输入、输出与低压电器密切相关，主电路的通断仍由接触器来完成，因此，掌握继电器-接触器控制的基本控制环节是从事电气控制技术工作相关人员必备的基本功之一。

三相异步电动机分为鼠笼式异步电动机和绕线式异步电动机，据统计，在许多工矿企业中，鼠笼式异步电动机的数量占电动机总数的 85%左右。本章重点介绍三相鼠笼式异步电动机的常用控制线路——点动控制、正转（单向）控制、正反转（双向）控制、降压启动控制、顺序控制、位置控制、异地控制等控制线路的构成、作用、工作原理及必要的保护措施，这些都是电气控制的基本环节，是构成复杂控制线路的基本组成部分，也是分析和查排线路故障的基础和依据。

第一节　电气控制线路图

【学习要求】

1. 熟悉电气控制线路常用的图形符号和文字符号。
2. 熟悉电气控制线路图的种类及特点。
3. 掌握识读电气控制线路图的方法。

一、电气控制线路常用符号

电气控制系统是用导线把电动机和各种电器元件（如按钮、接触器、继电器等）按一定的要求和方式连接起来所组成的能实现某种功能的电气线路。为了表达电气控制系统的功能、结构、原理等设计意图，便于安装、调试、应用、维护和人们的学习与交流，电气控制线路采用统一的符号和格式来表示，这就是电气控制线路图。为此，国家制定了一系列的标准来规范电气控制系统的技术资料。表 5-1 是电气控制系统中部分常用的文字符号。

表 5-1　电气控制系统常用文字符号

名　　称	文字符号（GB7159—1987）	名　　称	文字符号（GB7159—1987）
交　　流	AC	行程开关	SQ
直　　流	DC	隔离开关	QS
接　　地	E	转换开关	SA
保 护 线	PE	断 路 器	QF
保护中性线	PEN	电 磁 铁	YA
电 动 机	M	电 磁 阀	YV
直流电动机	MD	电磁吸盘	YH
交流电动机	MA	频敏变阻器	RF
发 电 机	G	电磁抱闸线圈	YB
直流发电机	GD	电压互感器	TV
交流发电机	GA	电流互感器	TA
接 触 器	KM	变 压 器	T
熔 断 器	FU	电 流 表	PA
中间继电器	KAM	电 压 表	PV
时间继电器	KT	电 阻 器	R
热继电器	FR	电 容 器	C
电流继电器	KA	二 极 管	V
电压继电器	KV	照 明 灯	EL
按钮开关	SB	信号灯、指示灯	HL

二、电气线路图的类型及有关规定

电气控制线路由许多电气元件按控制要求连接而成。用于表达电气控制系统的结构、原理等设计意图，完成现场的安装、调试、使用与维护的图纸称为电气控制线路图。电气控制线路图一般有三种：电气原理图、电器布置图和电气安装图。这里重点介绍电气原理图。

（一）电气原理图

电气原理图用于表示控制线路的组成、连接关系和工作原理。电气原理图采用规定的图形符号和文字符号代表各种电器、电机及元件，根据生产机械对控制的要求和各电器的动作原理，用线条代表导线把它们连接起来。电气原理图包括所有电器元件的导电部分和接线端子，便于明确分析控制线路的工作原理和工作过程，具有结构简单、层次分明的特点，在生产现场的测试和故障查排中获得广泛应用。电气原理图并不一定按照电器元件的实际布置来绘制，而是根据它在电路中所起的作用画在不同的部位上。

电气原理图一般根据通过电流的大小分为主电路和辅助电路两个部分。主电路是电气控制线路中大电流通过的部分，即从电源经过电器元件到电动机这部分。图5-1所示为三相异步电动机的长动控制电路，这是一个简单的控制电路，图中的主电路包括电源开关QS、熔断器FU、接触器KM主触点、热继电器FR的热元件和电动机M。辅助电路中通过的电流一般较小，它包括控制电路、信号电路、保护电路及照明电路，图5-1中的辅助电路只有控制电路，它包括热继电器的常闭接点FR、停止按钮SB1、启动按钮SB2、接触器KM。控制电路的主要作用是控制主电路的接通与断开，通常由按钮、接触器的吸引线圈及辅助接点、热继电器的常闭接点等组成。信号电路用于显示电路的工作状态，保护电路用于保证整个线路不受短路、过载等事故的损害，照明电路用于实现生产机械（如机床等）的局部照明。主电路与辅助电路相辅相成，二者配合能清楚地表明整个控制线路的功能。

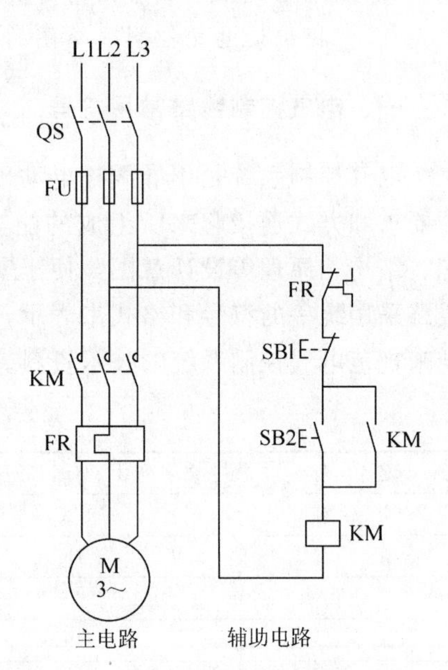

图5-1 三相异步电动机长动控制电路

1. 电气原理图的绘制原理和特点

（1）所有电机、电器元件均采用国标统一规定的文字符号、图形符号表示。

（2）主电路和辅助电路一般分开绘制，主电路一般画在原理图的左侧或上侧，辅助电路则画在原理图的右侧或下侧。

（3）主电路和辅助电路中的电器元件一般应按动作顺序从上到下、从左到右画出。线圈、电阻等耗能元件通常画在最右侧或最下侧。

（4）所有电器元件的可动部分均按不通电和不受外力作用时的状态表示。

电器在不同的工作阶段，其动作不同，接点（触点）的状态也不同。电器元件在不通电和不受外力作用时，我们称处于断开状态的接点为常开接点或动合接点（一动就合），而称处于闭合位置的接点为常闭接点或动断接点（一动就断）。按钮开关等是在未被按下时的位置画出；继电器、接触器的触头为其线圈未受电、衔铁未吸合的位置画出；控制开关是按其手柄处于“零”位时的位置画出；保护电器的触点为其正常工作状态画出。

（5）同一电器元件的不同部件（如继电器的线圈、接点）可以不画在一起，但必须标以相同的文字符号。同一电路中若有多个同类元件时，要在文字符号后面加上数字序号来区分。

（6）尽可能减少线条数量、避免交叉，有直接电联系的交叉导线连接点，要用黑圆点表示。

（7）为方便检查电路和排除故障，要按规定给原理图标注线号，主电路与控制电路分开标注。从电源端起，依次到负载，每段导线均有线号，一线一号，不能重复。

2. 电气线路图的常用标号方法

为了便于分析、安装、施工、维护与检修，主电路和辅助电路都应该加以标号（电气安装图中的标号应与原理图中的标号一致）。

（1）主电路标号。三相交流电源引入线采用 L1、L2、L3 标注，1、2、3 代表三相电源的相别，中性线用 N 标注。电动机三相定子绕组首端的标号分别为 U1、V1、W1，尾端标号分别为 U2、V2、W2；若有多台电动机，则在其前面加数字标注，如 1U1、1V1、1W1，2U1、2V1、2W1 等。

电源开关之后的三相交流电源主电路向电动机沿着电流流向分别按 U、V、W 加两位阿拉伯数字顺序标志，直至电动机定子绕组（熔断器两侧的连线应冠以不同的标号），如 U 相各段分别为 U11、U12、U13……；若有多台电机，则依次改变第一位数字，如图 5-2 所示。没有经过接线端子的编号不变。

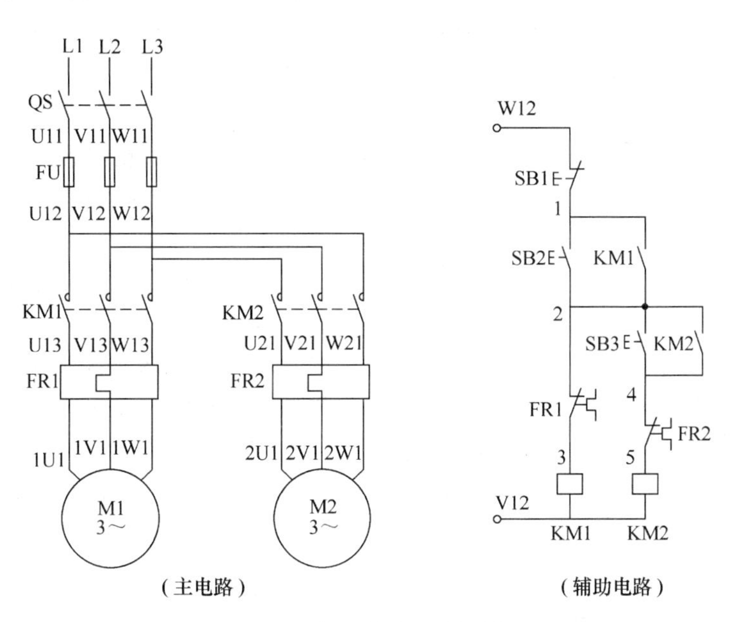

图 5-2　控制线路标号举例

（2）辅助电路标号。控制电路采用“等电位编号”原则进行标号，通常用阿拉伯数字进行标号。标号顺序一般至上而下或由左向右，从“1”开始按自然数递增依次标注，电位相等的导线编号相同，没有经过接线端子的编号不变。

原理图是为了方便阅读和分析控制线路的工作原理和动作过程而绘制的，不反映电器元件的实际结构和安装位置，安装接线图则是为了方便安装而绘制的。

(二) 电气安装图

电气安装图反映电气控制系统中各电器元件的实际安装位置和接线情况，主要用于安装、配线、维护、检修，可对照原理图使用。它包括电器元件布置图、安装接线图等。

1. 电器元件布置图

电器元件布置图用于表明电动机及电器元件的实际安装位置。各电器元件的位置应根据元件布置合理、连接导线经济、检修维护方便等原则安排。电器布置图可按控制系统的繁简程度或集中绘制在一张图上，或将各控制单元的电器布置图分别加以绘制。绘制时，可用线框（或电器简单的外形轮廓）加文字符号来代表电器元件，而不必画出电器元件的实际图形或图形符号，如图 5-3 所示。注意：电器布置图中各电器元件的文字符号应与电气原理图和电器元件清单上的文字符号相同，还应标注必要的尺寸。各电器元件的位置，应依据原理图的控制关系、各元件性能、配电板的大小来确定。

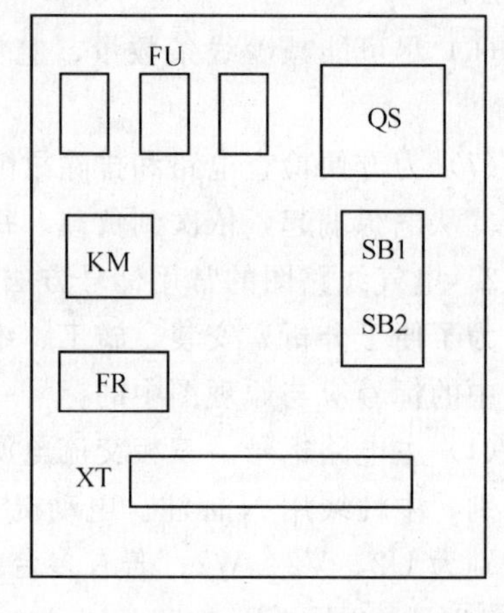

图 5-3　电器布置图举例（正转控制线路）

2. 安装接线图

电气安装接线图按电器元件的实际安装位置和接线绘制，根据电器元件布置最合理、连接导线最经济、便于检修等原则来设计。它以表明电气设备、装置和控制元件的具体接线为出发点，以接线方便、布线合理为目标，为电气设备、电器元件之间的配线及检修电气故障等提供了必要的依据，如图 5-4 所示。

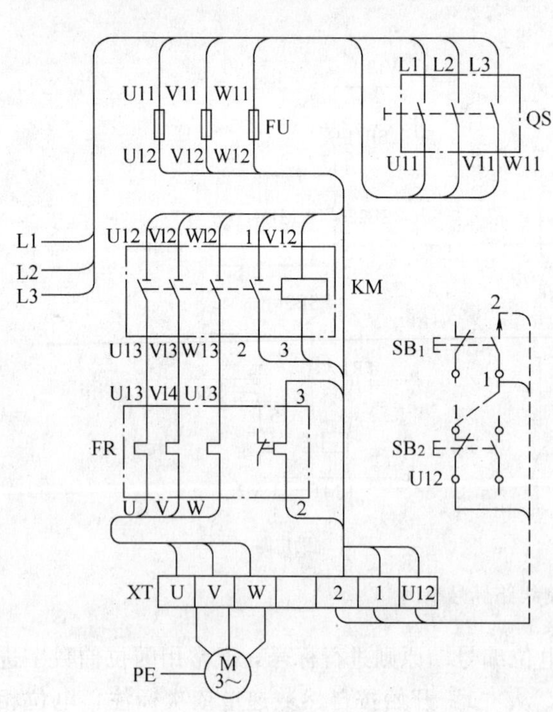

图 5-4　安装接线图举例（正转控制线路）

安装接线图要根据电气原理图、电器布置图以及安装接线的技术要求进行绘制。在绘制和阅读电气安装接线图时，应该注意以下几点：

(1) 各电器元件的符号与原理图一致，符合国家标准。

(2) 各电器元件的位置与电器元件布置图一样，要与实际安装位置一致。

(3) 同一电器元件的不同部件（线圈、接点）要画在一起，并用虚线框起来。

(4) 图中必须标明每条线所接的具体位置，每条线都有具体明确的线号。

(5) 不在同一控制箱或配电板的电器元件之间的连接必须经过端子排。同一控制箱或配电板上的电器元件彼此之间的连接则不必经过端子排。

(6) 连接导线应标明参数（型号、规格、数量、截面积和颜色等）。

(7) 走向相同的多根导线关系用线束表示。注意，图中导线的走向并不代表导线的实际走向，实际走向由施工者根据实际情况选择最佳走线方式。

三、识读电气控制线路图的基本方法

阅读电气控制线路图的基本方法是查线读图法，也称为跟踪追击法或直接读图法。

1．阅读分析主电路

（1）看电源。熟知电源的种类、来源及电压等级。

（2）分清主电路中的用电设备（电动机或其他耗能设备）。

（3）明确用电设备是由哪些电器元件控制的。

（4）了解其他元器件的作用。

在分析主电路时，应先看有几台电动机、电源到电动机之间有哪些控制电器（如接触器）的主触点及其之间的连接关系，再看有哪些保护电器（如熔断器、热继电器），明确控制线路采用了哪些保护措施。

2．识读辅助电路

（1）看电源。电动机控制线路的控制电路电源一般从主电路的两条相线上接出，其电压为 380 V；也有从主电路的一条相线和零线上接出的，电压为 220 V；还有从专用隔离电源变压器上接来的，常用电压有 127 V、36 V。

（2）研究电器元件之间的相互关系，看辅助电路是如何控制主电路的。结合主电路，可以判断出被控电动机是否有顺序控制、正反转控制、降压启动、制动控制等。

（3）分析其他元件和设备，如信号部分、照明灯等，了解它们的线路走向和作用。

一般地，识读辅助电路从其电源开始，自上而下或由左向右阅读。首先根据主电路中控制电器的主触点，在辅助电路中找到其线圈（跟踪），分析该线圈受电动作的条件（如某个按钮被按下时会获电）；然后，设想按下了该按钮、此线圈受电动作后，控制线路中有哪些元件会受控动作（追击），再逐一查看这些动作元件的触点如何控制其他元件动作，被控对象产生怎样的运动；同时还要继续追查被控对象运动时，会有哪些信号发出……直到将线路全部看懂为止。在读图过程中，要特别注意各元件间的相互关联和制约关系。

3．读图实例

现以图 5-5 所示的正转控制线路为例，详细阐明电气控制线路图的读图方法。

（1）阅读分析主电路。

主电路中只有一台电动机，电源通过熔断器 FU、接触器 KM 的三对主触点、热继电器 FR 的热元件到电动机，其中接触器 KM 为控制电器——其主触点控制电动机的启动和停止，熔断器 FU、热继电器 FR 为保护电器——FU 起短路保护作用、FR 起过载保护作用。

所以，如果电动机要启动或停止，接触器 KM 的三对主触点就需要闭合或断开。而接触器的触点是否动作取决于该接触器的线圈是否受电，那么下一步就是要到辅助电路中查找接触器的线圈（开始跟踪）。

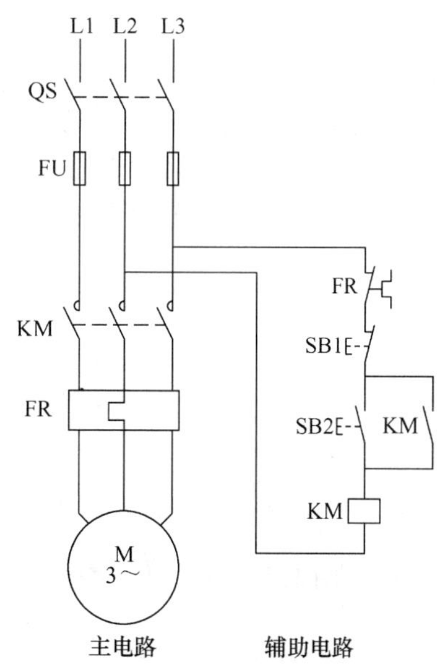

图 5-5　阅读和分析电气控制线路图举例（正转控制线路）

（2）阅读分析辅助电路。

（跟踪）找到了接触器 KM 的线圈后，分析它受电的条件。图 5-5 中，FR 是热继电器的辅助接点、SB1 是停止按钮、SB2 是启动按钮，KM 线圈受电的条件是启动按钮 SB2 被按下。

（追击）按下启动按钮 SB2→KM 线圈受电→KM 电磁系统动作→主电路中 KM 的三对主触点闭合→电动机得电启动。在 KM 的三对主触点闭合的同时，与 SB2 并联的 KM 常开辅助接点也闭合，此时即使把启动按钮 SB2 松开，KM 线圈也仍然可以保持通电，电动机继续运行。

综上所述，图 5-5 的工作原理分析如下：

启动电动机：合上电源开关 QS，按启动按钮 SB2，按触器 KM 的吸引线圈得电，3 对常开主触点闭合，将电动机 M 接入电源，电动机开始启动。同时，与 SB2 并联的 KM 的常开辅助触点闭合，即使松手断开 SB2，吸引线圈 KM 通过其辅助触点可以继续保持通电，维持吸合状态，电动机继续启动，最后达到稳定运转。

停止电动机：按下停止按钮 SB1，接触器 KM 的线圈失电，其主触点和辅助触点均断开，电动机脱离电源，停止运转。这时，即使松开停止按钮，由于 KM 的常开辅助触点断开，接触器 KM 线圈也不会再通电，电动机不会自行启动。只有再次按下启动按钮 SB2 时，电动机方能再次启动运转。

小　结

电气控制线路图必须采用规定的文字符号和图形符号绘制，可分为电气控制原理图和安装接线图两类。识读电气控制线路图是一项基本技能，只有通过多看图多实践才能得到锻炼和提高。

第二节　三相异步电动机的直接启动控制线路

【学习要求】

1. 掌握点动控制线路。
2. 掌握自锁的含义及实现方法。
3. 熟悉点动控制线路与自锁控制线路的区别。
4. 能自行阅读分析点动控制线路和自锁控制线路。

电动机接通电源后由静止状态逐渐加速到稳定运行状态的过程称为电动机的启动。启动方法有直接启动和降压启动两类，直接启动又叫全压启动，它通过开关或接触器等将额定电压直接加在电动机的定子绕组上来启动电动机。在变压器容量允许的情况下，电动机应该尽可能采用全电压直接启动，这样既能提高控制线路的可靠性，又能减少维修工作量。本节介绍鼠笼式异步电动机的直接启动控制线路。

一、单向运转（正转）控制线路

1. 手动正转控制线路

手动控制电动机的启动和停止是最简单的正转控制线路，对容量较小、启动不频繁的电动机来说，是经济方便的启动控制方法，用在砂轮机和台钻上。如图 5-6 所示，工作原理是：启动时，只需合上开关 QS，让电动机 M 接通电源，电动机便启动运转；停车时，也只需要把开关 QS 断开，切断电动机 M 的电源，电动机便停止运转。电路通过熔断器 FU 作为短路保护。

2. 点动控制线路

机床设备在调整刀架、试车时常需要电动机短时的断续工作，这就是需要对电动机的点动控制。具体地说就是：操作人员按一下启动按钮，电动机就转动一下，松开启动按钮，电动机就停转，即点一下，动一下，不点则不动。点动控制也叫点车控制或短车控制。

图 5-7 是最基本的点动控制线路图。从电源 L1、L2、L3 经电源开关 QS、熔断器 FU、接触器 KM 的主触点到电动机 M 的线圈组成了主电路，由按钮开关 SB 和接触器 KM 的线圈组成了控制电路。工作原理如下：

(1) 合上电源开关 QS。

(2) 按下按钮 SB→接触器线圈 KM 受电，电磁系统动作，衔铁吸合，带动其在主电路中的三对主触点 KM 闭合→电动机 M 接通电源启动运行。

(3) 松开 SB→接触器的线圈断电，其主触点断开→电动机断电停转。

点动控制的特点就是按下启动按钮电动机才运转，松开启动按钮电动机就停转。

3. 长动控制线路（自锁控制线路）

如果要使上述点动控制线路中的电动机长期运行，必须始终按住启动按钮 SB，显然，这在实际生产中是不可能的。为实现电动机的持续运行，需要采用具有自锁环节的控制线路。

图 5-8 是最基本的具有接触器自锁的控制线路，与图 5-7 所示点动控制线路比较，在控制电路中增加了一个停车按钮（串联在控制电路中）、接触器的一对常开辅助接点。接触器的常开辅助接点与启动按钮并联，由于接触器动作后其常开辅助接点闭合，短接了启动按钮 SB，这样，在电动机启动后即使松开启动按钮，接触器的线圈也不会失电，电动机不会停车而是继续运转。

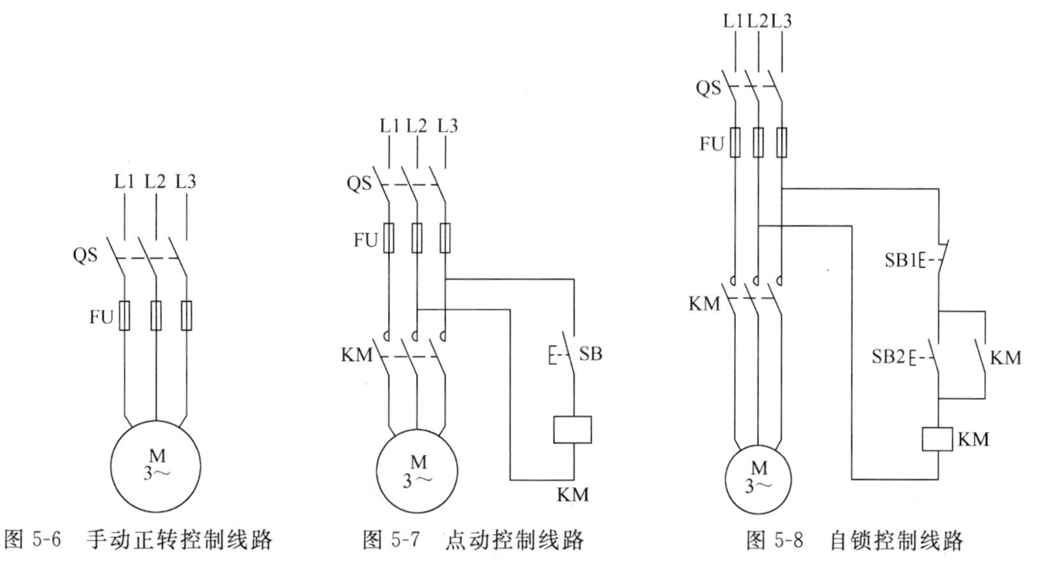

图 5-6　手动正转控制线路　　图 5-7　点动控制线路　　图 5-8　自锁控制线路

这种依靠接触器（或继电器）自身常开辅助触点使其线圈保持在带电状态的情况，称之为自锁（或自保持）。这对起自锁作用的常开接点称为自锁（或自保持）触点。与自锁接点相连的这部分电路则称为自锁环节。

图 5-8 所示自锁控制线路的工作原理如下：

启动电动机：合上电源开关 QS，按启动按钮 SB2，按触器 KM 的吸引线圈得电，3 对常开主触点闭合，将电动机 M 接入电源，电动机开始启动。同时，与 SB2 并联的 KM 的常开辅助触点闭合，即使松手断开 SB2，吸引线圈 KM 通过其辅助触点可以继续保持通电，维持吸合状态，电动机继续启动，最后达到稳定运转。

停止电动机：按下停止按钮 SB1，接触器 KM 的线圈失电，其主触点和辅助触点均断开，电动机脱离电源，停止运转。这时，即使松开停止按钮，由于自锁触点断开，接触器 KM 线圈也不会再通电，电动机不会自行启动。只有再次按下启动按钮 SB2 时，电动机方能再次启动运转。

由对图 5-7、图 5-8 这两个最基本的点动和自锁控制线路的分析可见，二者的区别主要在自锁触点上。点动控制线路没有自锁触点，不需设停止按钮（其启动按钮同时也起到了停止按钮的作用）；而自锁控制线路必须有自锁触点，并另设停车按钮。把二者结合起来，就构成了既能点动又能连续控制电动机运行的控制线路。

图 5-9 是具有过载保护的自锁控制线路。它与图 5-8相比，只多了一个热继电器 FR，FR 的作用是对电动机进行过载保护。

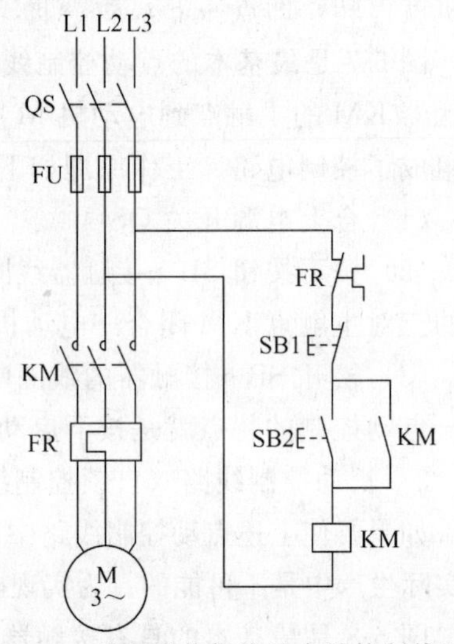

图 5-9　具有过截保护的自锁控制线路

4. 点动与连续控制线路

图 5-10 是几个点动与连续控制线路，请读者自行分析其工作原理。

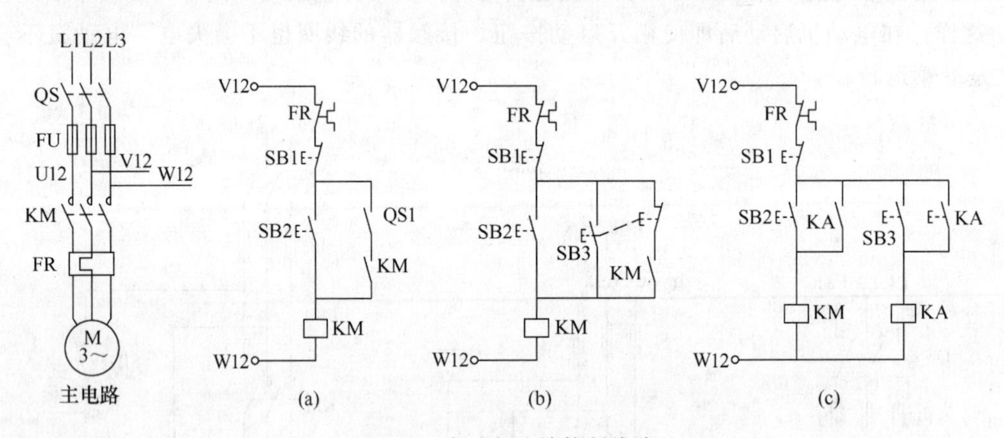

图 5-10　点动与连续控制线路

二、双向运转（正反转）控制线路

单向运转只能使电动机向一个方向旋转，但有些机械往往要求运动部件可以向正反两个方向的运转，如机床工作台的前进与后退、主轴的正转与反转、起重机的提升与下降等，这就要求电动机能够实现正、反转双向运转。一般采用改变电动机电源的相序（即把接入电动机的三相电源进线中的任意两根对换）来达到使电动机反向旋转方向的目的。常见的正反转控制线路主要有以下几种。

（一）倒顺开关正反转控制线路

倒顺开关也叫做可逆转换开关，它有三个操作位置：正转、停止和反转，是靠手动完成正反转操作的，其原理如图 5-11 所示。当倒顺开关置于正转和反转位置时，对电动机 M 来说是交换了两相电源线（L1、L2），即改变了电源相序，从而改变了电动机的转向。

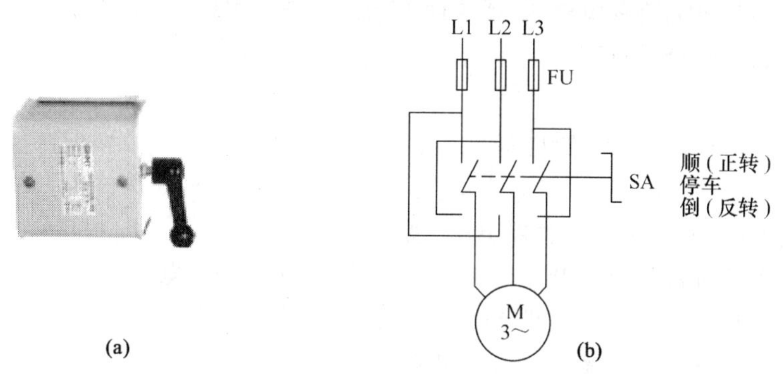

图 5-11 倒顺开关正反转控制线路

（a）HY23 系列外形图；（b）控制线路图

应该注意的是，当电动机处于正转状态时，欲使它反转，必须先把手柄扳到“停止”位置，使电动机先停转，然后再把手柄扳至“反转”位置。若直接由“顺转”扳至“倒转”，因电源突然反接，会产生很大的冲击电流，易使电动机的定子绕组受到损坏。

手动正转控制线路的优点是使用电器少，缺点是在频繁换向时，操作人员劳累、不方便，它只适用于被控电动机的容量小于 3 kW 且不频繁换向操作的场合。在生产实际中广泛使用两只接触器进行正反转控制。

（二）接触器联锁的正反转控制线路

如图 5-12 所示，两只接触器 KM1、KM2 只能分别工作（同时工作将造成电源相间短路的严重事故!），从而使电动机 M 实现正、反两个方向的转动。这是因为：当 KM1 主触点接通时，三相电源 L1、L2、L3 按 U—V—W 相序接入电动机，电动机正转；当 KM2 主触点接通时，三相电源 L1、L2、L3 按 W—V—U 相序接入电动机，即交换了 W、U 两相电源线，改变了电源的相序，电动机反转。

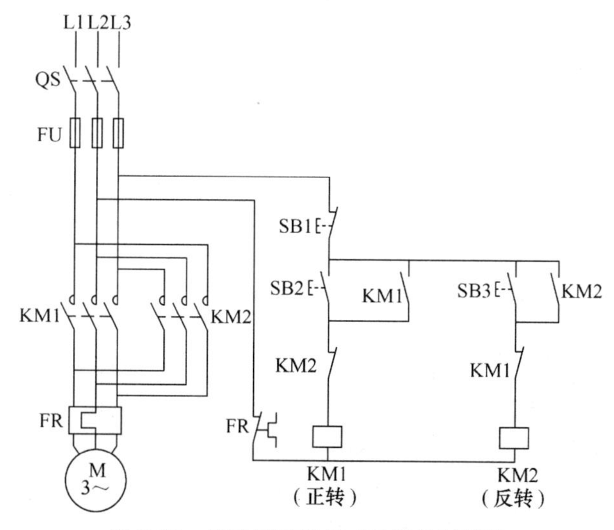

图 5-12 接触器联锁的正反转控制线路

线路工作原理如下：

1. 正转

按下正向启动按钮 SB2→接触器 KM1 受电动作。

(1) KM1 常闭辅助接点断开，使接触器 KM2 线圈无法受电。

(2) KM1 主触点闭合→电动机 M 正向启动、运行（正转）。

(3) KM1 常开辅助接点闭合，实现自锁。

2. 停车

按下停车按钮 SB1→KM1 断电释放→电动机 M 停转。

3. 反转

按下反向启动按钮 SB3→接触器 KM2 受电动作。

(1) KM2 常闭辅助接点断开，使接触器 KM1 线圈无法受电。

(2) KM2 主触点闭合→电动机 M 反向启动、运行（反转）。

(3) KM2 常开辅助接点闭合，实现自锁。

4. 停车

按下停车按钮 SB1→KM2 断电释放→电动机 M 停转。

请注意：控制电路中把 KM1、KM2 的常闭接点串连接入对方的线圈支路中，形成了相互联锁。

所谓联锁（互锁）是指：利用两只控制电器的常闭接点使一个电路工作，而另一个电路受到制约，其线圈电路不能通电工作。实现联锁作用的接点称为联锁（互锁）接点，与联锁接点相连的线路称为联锁（互锁）环节。

有了联锁控制环节，在电动机正转时，即使误按反转按钮 SB3，反转接触器 KM2 也不会受电，不会造成电源相间短路，确保控制线路的安全运行。要电动机反转，必须先按停车按钮，再按反向启动按钮 SB3；反之亦然，所以这种控制线路也称为“正—停—反”控制线路。

(三) 按钮联锁的正反转控制线路

在实际生产中，为了提高劳动生产率，减少辅助工时，常常要求能直接实现正、反转控制。利用复合按钮构成的正反转控制线路如图 5-13 所示。

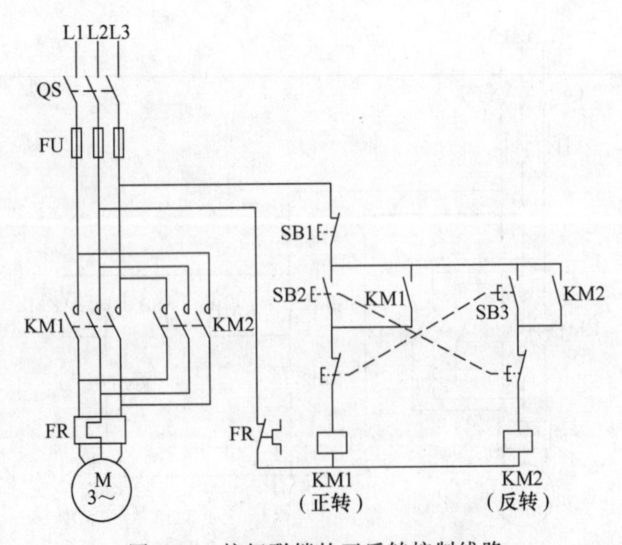

图 5-13 按钮联锁的正反转控制线路

线路工作原理如下：

1. 正转

按下正转按钮 SB2→SB2 的常闭接点断开后，常开接点才能闭合。

（1）SB2 常闭接点断开，实现联锁→使 KM2 线圈不能受电。

（2）SB2 常开接点闭合→KM1 主触点闭合→电动机 M 正向启动、运行（正转）。

（3）KM1 常开辅助接点闭合，实现自锁。

2. 反转

按下反转按钮 SB3→SB3 的常闭接点断开后，常开接点才能闭合。

（1）SB3 常闭接点断开→KM1 线圈断电→自锁接点、主触点断开→电动机 M 断电。

（2）SB3 常开接点闭合→KM2 主触点闭合→电动机 M 反向启动、运行（反转）。

（3）KM2 常开辅助接点闭合，实现自锁。

3. 再次正转

按下正转按钮 SB2→SB2 的常闭接点断开后，常开接点才能闭合。

（1）SB2 常闭接点断开→KM2 线圈断电→自锁接点、主触点断开→电动机 M 断电。

（2）SB2 常开接点闭合→KM1 主触点闭合→电动机 M 正向启动、运行（正转）。

（3）KM1 常开辅助接点闭合，实现自锁。

4. 再次反转

若需再次反转，则重复第 2 步。

5. 停车

按下停车按钮 SB1→KM2（或 KM2）断电释放→电动机 M 停转。

这种控制线路的优点是操作方便，换向时不需要停车；缺点是容易产生短路故障，安全性较差。如正转接触器 KM1 主触点发生熔焊而不能分断时，若直接按下反向按钮 SB3 进行换向时，则会发生短路故障。

（四）按钮、接触器双重联锁的正反转控制线路

如图 5-14 所示，这种线路集中了按钮联锁和接触器联锁的优点，操作方便、安全可靠，实用性好，应用广泛。请读者自行分析其工作原理。

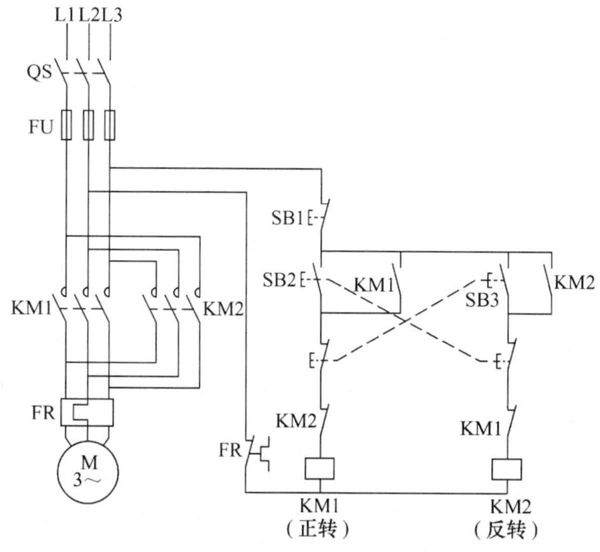

图 5-14　按钮、接触器双重联锁的正反转控制线路

三、例　题

例 5-1　在图 5-15 所示的正反转控制电路中，要求能实现：（1）正反转控制；（2）两个方向运转时都有过载保护。试分析该线路图有何错误，并加以改正。

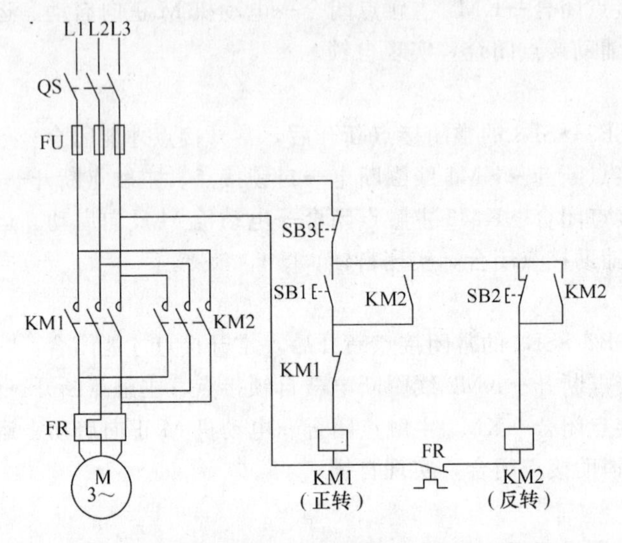

图 5-15　例题图

解：图中有五处错误，改正后方可实现正反转控制和过载保护。

（1）控制电路的两端接在电源同一相线上→控制电路所加电压为零→控制电路不能工作。必须将控制电路的两端分别接于两相电源上。

（2）正反转控制线路中必须有联锁环节，本例图中 KM2 线圈支路中无联锁环节，为确保安全，应该在 KM2 线圈支路中串入 KM1 的常闭辅助接点。

（3）联锁触点应是对方的而不是自身的常闭触点，因此，KM1 线圈前的常闭触点应该改为 KM2 的。

（4）自锁接点应该用自身的常开辅助接点，不能用联锁对象的常开辅助接点来自锁，因此，应将与 SB1 并联的接点换为 KM1 的常开辅助接点。

（5）图中热继电器 FR 的常闭触点只对反转运行作过载保护，正转时不能起到过载保护作用，并且画的位置不对。为了对正反转都有过载保护，应将热继电器 FR 的常闭触点改接在接触器 KM1 和 KM2 线圈的公共通路上。

小　结

1. 点动控制线路与自锁控制线路结构上的主要区别在于点动控制线路没有自锁环节，而自锁控制线路有。所以，在点动控制线路中，按一下启动按钮，电动机就转动一下，松开启动按钮，电动机就停转；而自锁控制线路中，松开启动按钮后电机继续运转。

2. 在电动机正反转控制线路中必须有联锁措施。常用的联锁措施有接触器联锁、按钮联锁、接触器按钮双重联锁。接触器联锁的控制线路安全可靠，但改变电动机旋转方向时需要先停车，操作顺序是：正—停—反；按钮联锁的控制线路操作简单，操作顺序是：正—

反一停，但安全性较差；接触器按钮双重联锁的控制线路吸取了两者的优点，既方便又安全可靠。

3. 继电器-接触器控制线路接线的一般规律是：

（1）自锁控制是通过把电器的常开触头并联在相应的启动按钮两端来实现。

（2）联锁控制是通过把两个控制电器（如接触器或按钮）的常开辅助触头串联入对方的线圈支路中来实现。

（3）当几个条件中有一个条件满足接触器线圈就通电时，采用并联接法。

（4）只有所有条件都具备接触器才能通电时，采用串联接法。

第三节　电气控制线路的保护环节

【学习要求】

1. 掌握欠压和失压保护的作用和实现方式。
2. 掌握短路保护的作用和实现方式。
3. 掌握过载保护的作用和实现方式。

保护环节是电气控制线路长期安全可靠运行的保障，是系统必不可少的组成部分，通过它们来保护电动机、控制设备、人身及电网的安全。鼠笼式异步电动机的常用保护环节主要有欠压和失压保护、短路保护、过载保护。

一、欠压和失压保护

在电动机运转过程中，电源电压过低将引起一些电器释放，造成控制线路不正常工作，甚至发生事故；电源电压过低也会引起电动机转速下降甚至停转，此时电动机绕组中会出现很大的电流，引起电动机发热，严重时还会烧损电机。欠压保护就是在电源电压降到一定值时自动切断电源而使电动机停车的一种保护措施。

当电动机处于运行状态时，如果电源电压由于某种原因消失，那么在电源电压恢复时，电动机将自行启动，这就可能造成生产设备的损坏，甚至造成人身事故；对电网来说，同时有许多电动机及其他用电设备自行启动也会引起不允许的过电流及瞬间网络电压下降。为了防止电压恢复时电动机自行启动的保护叫失压保护或零压保护。

欠压和失压保护可以通过接触器或继电器的自锁触点来实现，也可以通过欠电压继电器、专门的零电压继电器来实现。

凡是具有接触器（或继电器）自锁的控制线路，其本身还具有对负载（电动机等）的欠压和失压（零压）保护功能。

控制线路具备了欠压和失压的保护能力以后，具有以下优点：

（1）防止电压严重下降时电动机在重载情况下的低压运行；

（2）避免多台电动机同时启动而造成电压的严重下降；

（3）防止电源电压恢复时，电动机突然启动运转，造成设备和人身事故。

二、短路保护

短路是指正常运行情况以外的一切相与相、相与地之间的连接。发生短路时，会出现很大的短路电流，可能导致电气设备损坏或造成更严重的后果，此时要求迅速可靠地切断电源。电气控制线路中，由熔断器来实现短路保护。

三、过载保护

电动机在运行过程中，可能因长期过载或频繁操作、断相运行等原因，而使电动机的电流超过其额定值，引起电动机过热，但又不会使起短路保护作用的熔断器熔断，如果温度超过容许温升，就会使电动机绝缘损坏，缩短电动机的使用寿命，甚至烧坏电动机。因此，必须对它采取过载保护措施。最常用的方法是利用热继电器对电动机进行过载保护。

在电动机的控制线路中，熔断器和热继电器的作用各不相同，不能替换使用。这是因为鼠笼式异步电动机的启动电流很大，可达到其额定电流的 4～7 倍。如果用熔断器作过载保护，则其额定电流应等于或略大于电动机的额定电流，这样在电动机负载电流略超过额定电流时，要经过一段时间熔断器才会熔断。但是，电动机的启动电流大大超过其额定电流，也就是大大超过熔断器的额定电流，这样电动机在启动时，熔断器就会在极短的时间内爆断，电动机就无法启动了。所以熔断器只适用于电动机的短路保护，此时熔断器的额定电流应为电动机额定电流的 1.5～3 倍。

鼠笼式异步电动机的过载保护是由热继电器来实现的，它不能代替熔断器实现短路保护。这是因为热继电器的热惯性大，即使通过其发热元件的电流超过其额定电流好几倍，它也不会瞬时动作，因此热继电器能承受异步电动机的启动电流，适于用作防止电动机过负荷的过载保护，而不适于用作电动机防止短路故障的短路保护。

小　　结

电气控制线路中常用的保护环节及其实现方式见表 5-2。

表 5-2　常用保护环节及实现方式

保护内容	采用电器	保护内容	采用电器
短路保护	熔断器、断路器等	欠电流保护	欠电流继电器
过电流保护	过电流继电器	欠电压保护	电压继电器、接触器等
过载保护	热继电器、断路器等	零电压保护	接触器、继电器等

第四节　三相异步电动机降压启动控制线路

【学习要求】

1. 掌握全压启动的含义，了解其适用场合。
2. 掌握降压启动的含义、优点、常用方法。
3. 学会分析常用降压启动控制线路的工作原理，了解各控制线路的适用场合。

鼠笼式异步电动机采用全压直接启动时，控制线路简单，维修工作量较少。然而，并非所有异步电动机在任何情况下都可以采用全压启动。这是因为，异步电动机的全压启动电流一般可达额定电流的 4～7 倍，过大的启动电流会降低电动机寿命；在电源变压器容量不够大的情况下，致使变压器二次电压大幅度下降。这不仅会减少电动机本身的启动转矩，甚至使电动机根本无法启动，而且还会影响同一供电网路中其他设备的正常工作。

如何判断一台电动机能否全压启动呢？一般规定，电源容量在 180 kV·A 以上，电动机容量在 7 kW 以下时，可直接启动。判断一台异步电动机是否允许直接启动，可以用下面的经验公式来估算：

$$\frac{I_{ST}}{I_N} \leqslant \frac{3}{4} + \frac{P_S}{4P_N}$$

式中 I_{ST}——电动机全压启动电流（A）；

I_N——电动机额定电流（A）；

P_S——电源变压器容量（kV·A）；

P_N——电动机额定功率（kW）。

I_{ST}/I_N 可以从电动机产品样本中查出。

若计算结果满足上述经验公式，一般可以全压启动，否则应考虑采用降压启动。有时为了限制和减少启动转矩对机械设备的冲击，有些符合直接启动条件的电动机也多采用降低电压来启动。

降压启动是指：在启动时降低加在电动机定子绕组上的电压，当电动机启动后，再将电压升高到额定值，使之在额定电压下运转。降压启动的根本目的是减小启动电流（一般降低电压后的启动电流为电动机额定电流的 2～3 倍），从而减小供电干线因电动机启动所造成的电压降落，保障各个用户的电气设备正常运行。

鼠笼式异步电动机降压启动的方法有以下几种：定子电路串电阻（或电抗）降压启动、Y—△降压启动、自耦变压器降压启动、△—△降压启动等。本节主要介绍前三种方法。

绕线式异步电动机的启动方法主要有转子绕组串电阻启动和串频敏变阻器启动，改变转子回路中所串电阻的阻值还可调节电动机的转速。

一、鼠笼式异步电动机降压启动控制线路

（一）定子回路串电阻降压启动控制线路

在电动机启动过程中，将启动电阻串连接入其定子电路中来降低定子绕组上的电压，以达到降压限流的目的。待电动机启动后，再短接（切除）启动电阻，使电动机进入全压运行状态。定子绕组串电阻降压启动控制线路有手动控制、接触器控制、时间继电器自动控制等几种形式。

1. 手动控制

如图 5-16 所示，手动控制串电阻降压启动控制线路主要构成部分是三相启动电阻 R 和与之并联的手动开关 QS2。工作原理如下：合上电源开关 QS1，电动机通过串接的启动电阻 R 接入电源，电动机降压启动；当电动机转速达到一定值时，再合上 QS2，R 即被短接，全部电压加在电动机上，电动机进入全压运行状态。

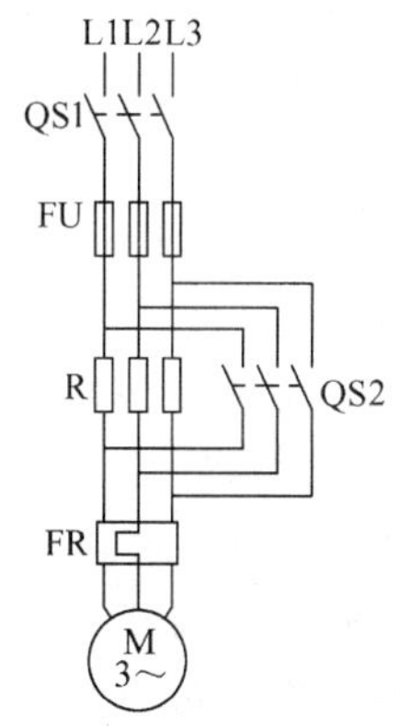

图 5-16 手动控制串电阻降压启动控制线路

2. 接触器控制

按钮切换的定子串电阻降压启动控制线路如图 5-17 所示，KM1 为启动接触器，从电动机启动到运行始终工作；

KM2 为运行接触器，启动进行到一定阶段后才开始工作；SB2 为启动按钮，SB3 为运行按钮，按下 SB2 时电动机开始降压启动，按下 SB3 时电动机全压启动、运行。从控制电路可以看出，KM2 的线圈必须是在 KM1 受电动作后才能受电。

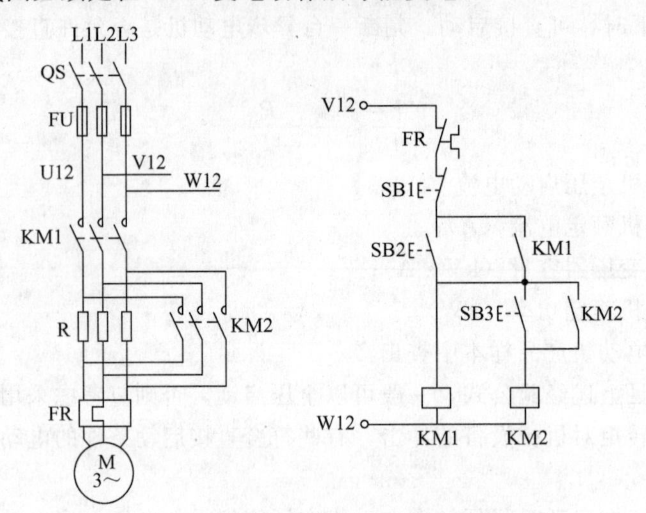

图 5-17　按钮切换的串电阻降压启动控制线路

工作过程如下：

（1）降压启动

合上电源开关 QS→按下 SB2→KM1 线圈受电动作→KM1 辅助接点闭合自锁（也为 KM2 通电作好准备）、KM1 主触点闭合→电动机 M 降压启动。

（2）全压运行

按下 SB3→KM2 线圈受电动作→KM2 辅助接点闭合自锁、KM2 主触点闭合，R 被短接→电动机 M 全压运行。

（3）停车

按下停车按钮 SB1→KM1、KM2 线圈失电→电动机 M 停止运转。

图 5-16、图 5-17 所示控制线路的缺点是过早合上 QS2 或按下 SB3 时，将引起过大的启动电流，造成较大的电压波动，且图 5-16 只能控制 5.5 kW 及以下的电动机，图 5-17 需要按两次按钮电动机才能进入运行状态，操作不便。

3. 时间继电器自动控制

能通过时间继电器自动实现串电阻降压启动的控制线路比较多，图 5-18 和图 5-19 是其中的两例。

（1）图 5-18 所示控制线路的主电路与图 5-17 的相同，工作过程如下：

①先合上 QS。

②按下 SB2→KM1 线圈受电→KM1 辅助接点闭合自锁、KM1 主触点闭合→电动机串电阻降压启动。

在 KM1 受电的同时，KT 线圈受电→KT 延时接点经延时后闭合→KM2 线圈受电→KM2 主触点闭合，R 被短接→电动机全压启动、运转。

③停车时，按下 SB1 即可。

此控制线路的缺点是：在电动机运行过程中，KM1、KM2、KT 均一直处于受电动作状态。图 5-19 所示控制线路对此进行了改进，使电动机运行时只有 KM2 长期通电，既提高了线路的可靠性，又延长了 KM1 和 KT 的使用寿命。

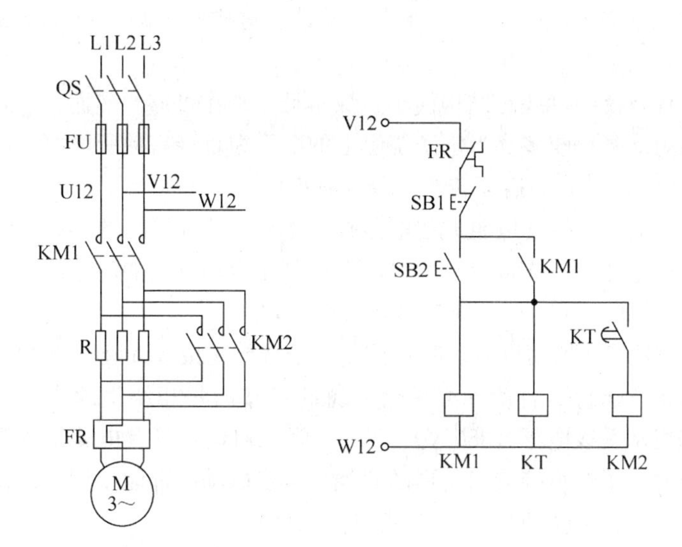

图 5-18　时间继电器自动控制的串电阻降压启动控制线路（一）

（2）图 5-19 所示控制时间继电器自动控制的串电阻降压启动线路

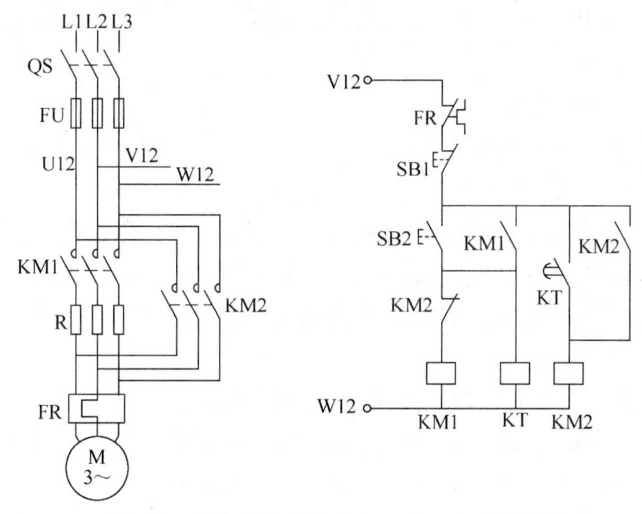

图 5-19　时间继电器自动控制的串电阻降压启动控制线路（二）

图 5-19 的主电路中，各相的启动电阻分别与接触器 KM1 的一对主触点串联后再与 KM2 的一对主触点并联。线路工作原理如下：

①合上电源开关 QS。

②按下 SB2→KM1 线圈、KT 线圈同时通电。

KM1 线圈通电→KM1 辅助接点闭合自锁、KM1 主触点闭合→电动机 M 串电阻降压启动。

KT 线圈通电→KT 延时闭合常开触点经延时闭合→KM2 线圈通电→KM2 自锁接点闭合自锁；KM2 主触点闭合，短接启动电阻 R→电动机 M 全压运行；同时，KM2 常闭接点断开→KM1 失电→KM1 主触点断开，KM1 常开辅助接点断开→KT 失电。

③停车时按下 SB1 即可。

可见，此控制线路在电动机全压运行时，KM1 和 KT 均不受电，只有 KM2 受电。控制电路应在满足控制要求的前提下，尽可能少用元件，这样既可减少连接导线、少耗电，又能提高安全可靠性。

串电阻启动的优点是控制线路结构简单，成本低，动作可靠。然而，它在降低启动电流的同时，会使启动转矩下降得较多（当定子绕组上的电压为直接启动所加电压的 1/2 时，启动电流下降为直接启动时的 1/2，而启动转矩下降为直接启动时的 1/4），因此，这种方法仅适用于空载或轻载的场合。而且，启动电阻放在电器控制箱内，使控制箱的体积大为增加，同时每次启动都要消耗大量的电能，造成浪费，所以串电阻降压启动方法的应用越来越少。

（二）星形—三角形（Y—△）降压启动控制线路

Y—△降压启动是指在电动机启动时，控制定子绕组先接成 Y 形，至启动即将结束时再转换成△形接法进行正常运行的启动方法。定子绕组 Y 接时每相绕组承受相电压（220 V），而接成△时，每相绕组承受线电压（380 V）。Y—△降压启动，具有电路结构简单、成本低的特点，凡是正常运行时定子绕组接成三角形的鼠笼式异步电动机都能使用，故得到了普遍应用。

市场上的 Y—△降压启动器有手动控制（QX1、QX2）和自动控制（QX3、QX4）等系列的产品。图 5-20 是 QX1-13 型启动器的外形图，QX 表示 Y—△降压启动器，紧跟其后的数字表示设计序号，短横线后面的数字是指在额定电压为 380 V 时，启动器可控制电动机最大功率的千瓦数。

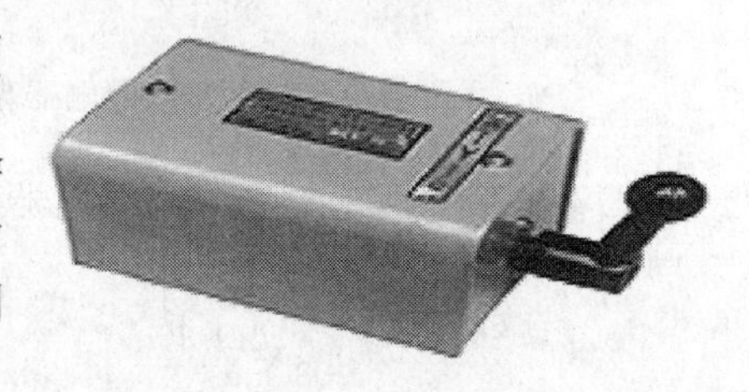

图 5-20　QX1-13 型启动器外形图

1. 手动 Y—△降压启动器用法简介

手动控制器的触点较多，控制手柄有三个位置：“Y”（启动）、“△”（运行）、“0”（停车）。使用时，L1、L2、L3 三个端子接三相电源，U1、V1、W1、U2、V2、W2 分别接电动机三相定子绕组的对应端子。启动时，先将手柄扳到“Y”位，启动器内部触点将定子绕组接成 Y 形，进行降压启动；待电机转速上升到一定值时，将手柄扳到“△”位，启动器内部触点转换，把定子绕组接成△，电动机全压运行。停车时，将手柄扳到“0”位，所有触点全部断开，电动机停止运行。

2. 自动 Y—△降压启动器控制的降压启动控制线路

图 5-21 是 QX3、QX4 系列自动 Y—△启动器的外形图。图 5-22 是 QX3-13 的控制线路图，它由三个交流接触器和时间继电器、热继电器组成，这是一种定型产品，使用时只需选配电源开关 QS、熔断器及按钮。

工作原理：

（1）Y 接降压启动

按下启动按钮 SB2→接触器 KM1、时间继电器 KT、接触器 KM2 的线圈同时受电：

①KM1 线圈受电→电动机 M 接入电源。

②KM2 线圈受电→KM2 的常闭辅助触点断开，保证了接触器 KM3 不得电（起联锁作用）；随后 KM2 主触点闭合→电动机 M（定子绕组 Y 接）降压启动。

③KT 线圈受电，其延时接点在经过预定的延时后将动作。

（2）△运行

经过时间继电器 KT 的整定时间：

①KT 常闭触点断开→切断 KM2 线圈电源→KM2 主触点断开（电动机定子绕组 Y 形连

接解除）→KM2 常闭辅助触点闭合→为 KM3 受电作准备。

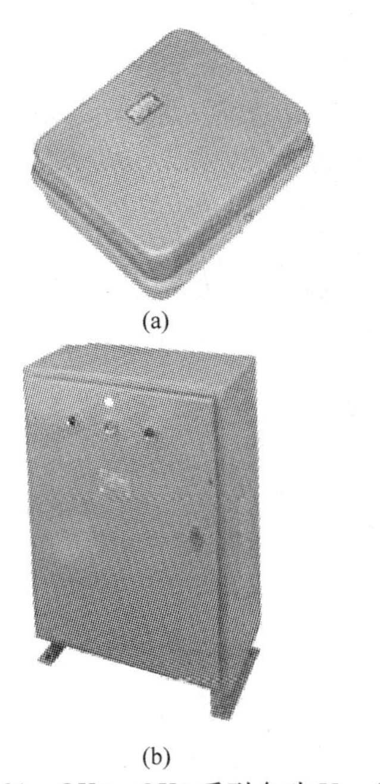

图 5-21　QX3、QX4 系列自动 Y—△启动器外形图

（a）QX3 系列；（b）QX4 系列

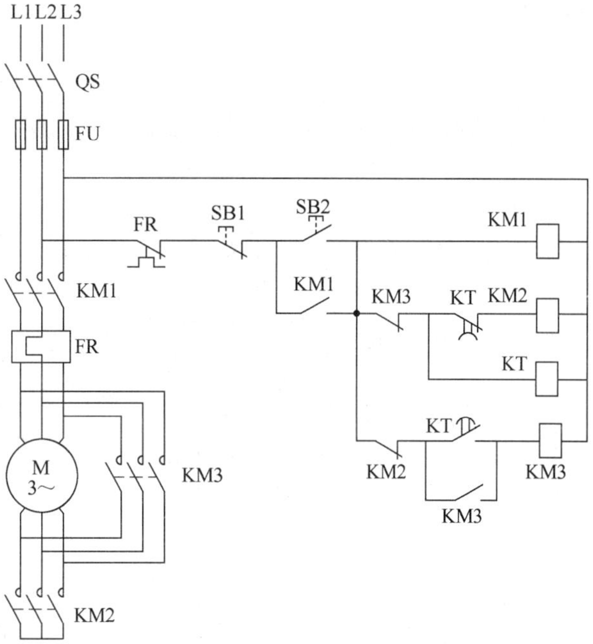

图 5-22　QX3-13 型自动 Y—△启动器控制线路

②KT 常开触点和 KM2 常闭接点均闭合→接触器 KM3 线圈得电→KM3 主触点闭合→电动机 M（定子绕组接成△接）运行。

③KM3 常闭辅助接点断开，实现 KM3 与 KM2 的联锁；同时使 KT 线圈失电。

④KM3 常开辅助接点闭合，实现自锁。

（3）停车

按下 SB1 辅助电路断电→各接触器释放→电动机断电停车。

线路在 KM2 与 KM3 之间设有辅助触点联锁，防止它们同时动作造成短路；此外，线路转入△接运行后，KM3 的常闭触点分断，切除时间继电器 KT、接触器 KM2，避免 KT、KM2 线圈长时间运行而空耗电能，并延长其寿命。

三相鼠笼式异步电动机采用 Y—△降压启动的优点在于启动电流为直接启动时的 1/3，启动电流特性好，线路较简单，投资少；缺点是启动转矩小（为直接启动时的 1/3），转矩特性差，所以只适用于轻载或空载启动且要求正常运行时定子绕组为△连接的场合。另外，Y—△连接时要注意其旋转方向的一致性。

（三）自耦变压器（补偿器）降压启动控制线路

自耦变压器降压启动是指利用自耦变压器来降低启动电压，达到限制启动电流的目的。具体方法是：把自耦变压器的原绕组和电源相接、次边绕组与电动机相联，电动机启动时，定子绕组得到的电压便是自耦变压器的二次电压，一旦启动完毕，自耦变压器便被切除，电动机直接接至电源全压运行。自耦变压器的次边一般有 3 个抽头，能得到 3 种不同的电压，使用时根据启动电流和启动转矩的要求灵活选择，通常称这种自耦变压器为补偿器。

补偿器也分为手动控制和自动控制两种。在此只介绍定型产品 XJ01 型自动补偿器，它由自耦变压器、交流接触器、中间继电器、热继电器、时间继电器和按钮组成，可用于 14～

300 kW三相异步电动机降压启动。控制线路如图 5-23 所示，分为主电路、控制电路和信号电路三部分。

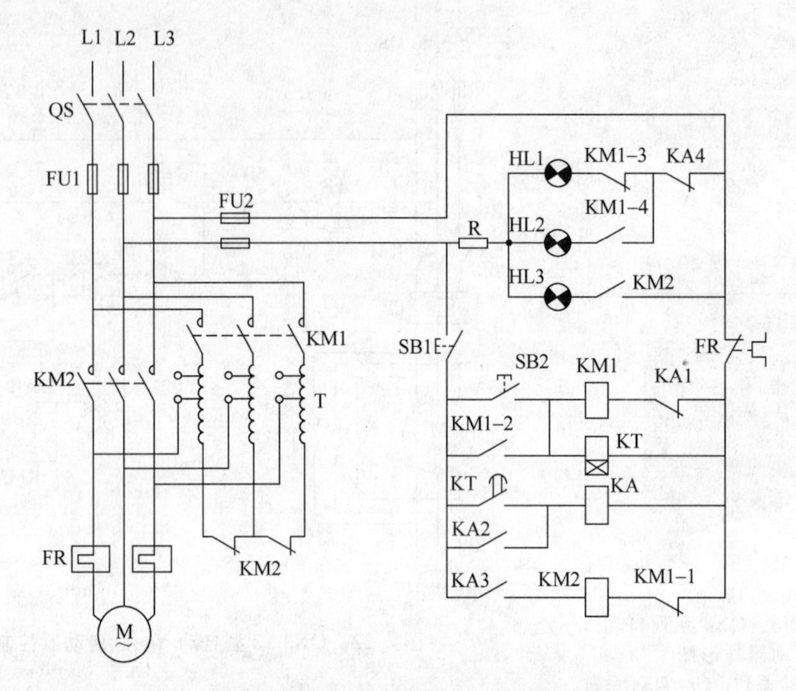

图 5-23　XJ01 型自动补偿器控制线路

主电路由电源引入开关 QS、熔断器 FU1、自耦变压器 T、接触器 KM1 的 3 对主触头、接触器 KM2 的 3 对主触点和 2 对常闭辅助触点、热继电器 FR 的热元件及电动机 M 组成。

控制电路包括熔断器 FU2、停车按钮 SB1、启动按钮 SB2、热继电器 FR 的常闭触点、接触器 KM1 的线圈与辅助接点 KM1-1 和 KM1-2、接触器 KM2 的线圈、时间继电器 KT 的线圈及其延时闭合的常开接点、中间继电器 KA 的线圈及其 3 对辅助接点。

信号电路包括电阻 R，3 个指示灯，接触器 KM1 的常开、常闭接点各一对，中间继电器的常闭接点，接触器 KM2 的常开接点。

XJ01 型自动补偿器控制线路动作原理如下：

1. 启动

合上电源开关 QS，指示灯 HL1 亮，表示电源接通但电动机处于停止状态。

按下启动按钮 SB2，KM1 线圈和 KT 线圈同时受电：

（1）接触器 KM1 线圈受电→常闭接点断开后，常开接点随即闭合：

①KM1 常闭接点 KM1-2 断开，切断 KM2 线圈支路，避免 KM2 线圈受电。

②KM1 常闭接点 KM1-3 断开，指示灯 HL1 熄灭。

③KM1 主触点闭合→电动机 M 降压启动。

④KM1 的常开接点 KM1-1 实现自锁。

⑤KM1 常开接点 KM1-4 闭合→指示灯 HL2 亮，表示电动机已降压启动。

（2）时间继电器 KT 线圈受电→经延时后其常开接点闭合→中间继电器 KA 受电：

①KA1 断开→KM1 线圈失电→KM1 主触点断开，辅助接点复位，KM1-1 闭合为 KM2 线圈受电作准备。

②KA4 断开→指示灯 HL2 熄灭。

③KA3 闭合→KM2 线圈受电：

KM2 主触点闭合→电动机 M 全压启动、运行。

KM2 常开辅助接点闭合→指示灯 HL3 亮，表示电动机全压运行。

④KA3 闭合，实现自锁。

2. 停车

按下停止按钮 SB1，KM2、KA 线圈失电，电动机停转，指示灯 HL3 熄灭，HL1 重新点亮。若需再次启动电动机，则再按下启动按钮 SB2 即可。

二、绕线式异步电动机的启动控制线路

我们知道，三相绕线式异步电动机的优点之一是可以通过滑环在转子绕组中串接外加电阻或频敏变组器，来减小启动电流、增加启动转矩和提高转子电路的功率因数，串电阻时还可以实现均匀调速，所以绕线式异步电动机主要应用于对启动转矩要求高、能均匀调速的场合。

（一）转子回路串电阻启动控制线路

转子回路串可变电阻启动时，先把阻值调到最大，这样使启动电流最小并保持较大的启动转矩，然后逐渐减小电阻值，电动机的转速便逐步上升，启动电阻减小到零后，启动结束，电动机进入额定运行状态。如果要调节电动机的转速，则将可调电阻调到相应的位置即可，这时的启动电阻就成为了调速电阻。

实际生产中，可以用时间继电器或电流继电器来控制启动电阻的逐级切除。

1. 时间继电器控制的绕线式异步电动机启动控制线路

图 5-24 所示为采用三级启动电阻的控制线路，用 KT1、KT2、KT3 三个时间继电器和 KM1、KM2、KM3 三只接触器相互配合，实现转子回路三段启动电阻的逐级切除。正常运行时，只有 KM、KM3 两只接触器受电。动作原理如下：

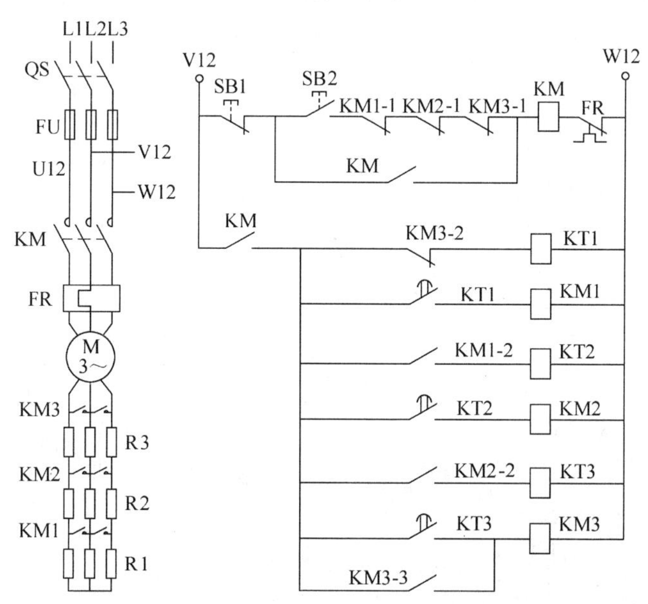

图 5-24　时间继电器控制的绕线式异步电动机启动控制线路

(1) 合上电源开关 QS。

(2) 按下启动按钮 SB2→接触器 KM 线圈受电→主触头闭合，电动机定子绕组串接全部电阻启动。kM 的两对常开接点闭合，一对实现自锁，一对为切除启动电阻作好准备。

(3) 逐级切除启动

①在接触器 KM 受电动作后，时间继电器 KT1 也受电，经过整定的时间 t_1 后，其常开接点闭合→接触器 KM1 受电、动作→转子回路中的 2 对主触头 KM1 闭合，切除第一级启动电阻 R1。

②在 R1 被切除的同时，控制电路中 KM1-2 闭合→KT2 的线圈受电→经过整定的时间 t_2 后，其常开接点闭合→接触器 KM2 线圈受电，动作→转子回路中的 2 对主触头 KM2 闭合，切除第二级启动电阻 R2。

③在 R2 被切除的同时，控制电路中 KM2-2 闭合→KT3 的线圈受电→经过整定的时间 t_2 后，其常开接点闭合→接触器 KM3 线圈受电，动作→转子回路中的 2 对主触头 KM3 闭合，切除第三级启动电阻 R3。至此，全部启动电阻均被切除。

(4) 进入运行状态

在 R3 被切除的同时，KM3-3 闭合实现自锁；KM3-2 断开，使 KT1、KM1、KT2、KM2、KT3 依次断电释放。之后，只有 KM、KM3 保持工作状态，电动机启动结束，进行正常运转。

(5) 停车

按下停车按钮 SB1，KM、KM3 均失电，电动机停转。

三对常闭触点 KM1-1、KM2-1、KM3-1 与启动按钮 SB2 串联，是为了保证全部启动电阻都串连接入转子回路后电动机才能启动。

2. 电流继电器控制的绕线式异步电动机启动控制线路

转子回路串两级启动电阻的控制线路如图 5-25 所示，它根据电动机转子电流的变化，利用电流继电器来控制启动电阻的逐级切除。图中，KA1、KA2 是电流继电器，线圈串接在转子回路中，触头控制接触器线圈的通断电，再由接触器 KM1、KM2 的主触头分别切除

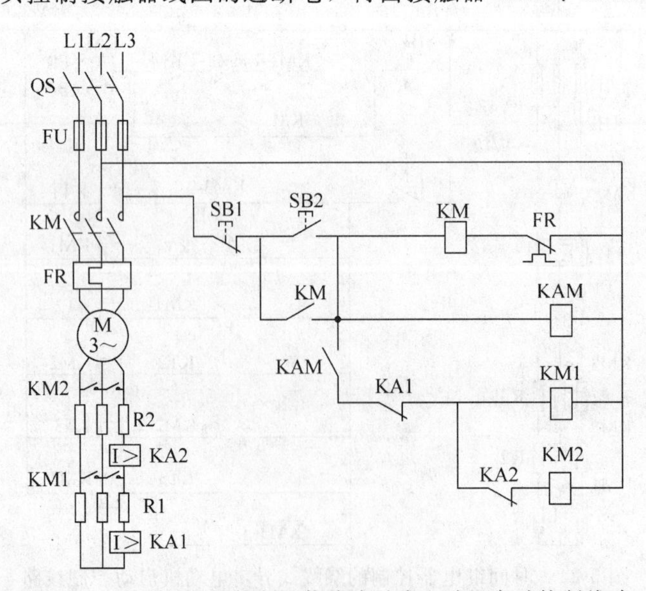

图 5-25 电流继电器控制的绕线式异步电动机启动控制线路

启动电阻R1、R2。KA1、KA2的吸合电流相等，而释放电流不等，KA1的释放电流大于KA2的释放电流。工作原理如下：

（1）合上QS，按下启动按钮SB2，电动机开始启动。

电动机刚启动时，电流很大，两个电流继电器均吸合，其在控制电路中的常闭接点都断开；接触器KM1、KM2也都不受电，其主触头均断开，电动机串全部启动电阻启动。

（2）随着电动机转速的逐渐升高，转子电流也逐渐减小，当减小到KA1的释放电流时→KA1释放，其辅助接点闭合→KM1受电动作，主触头闭合→切除第一级启动电阻R1。

R1被切除后，转子电流重新增大，但当转速进一步上升时，转子电流又会减小→使KA2释放→KM2动作→切除第二级启动电阻R2。

（3）逐级切除全部启动电阻后，电动机进入正常运行状态。

（二）转子绕组串频敏变阻器启动控制线路

绕线式异步电动机转子绕组串电阻降压启动时，在每切除一级启动电阻的瞬间，电流及启动转矩均有突增的过程，会产生一定的机械冲击。同时，使用的电器多，控制线路比较复杂，启动电阻大，能耗大。使用频敏变阻器启动则可减少上述问题。

从20世纪60年代起，我国开始使用和推广自创的频敏变阻器。频敏变阻器实质上是一个铁损很大的三相电抗器，主要部件有线圈和铁芯，线圈接成星形。频敏变阻器的阻抗值随着电流频率的变化而显著变化，电流频率越高，阻抗值越大，电流频率越低，阻抗值越小。频敏变阻器接入转子绕组启动时，相当于在转子回路串接了一个阻值能随着电机转速升高而自动减小的阻抗，且启动转矩在整个启动过程中基本保持不变。因此，频敏变阻器是一种较为理想的电动机启动装置，常用于容量较大的绕线式异步电动机的启动，已广泛应用于桥式起重机、空气压缩机等设备。

图5-26为绕线式异步电动机串频敏变阻器启动的控制线路。图中，SA是转换开关，它有三个位置：“手动”、“自动”、“0”位，可以通过改变SA的位置来实现手动控制或自动控制电动机的启动。

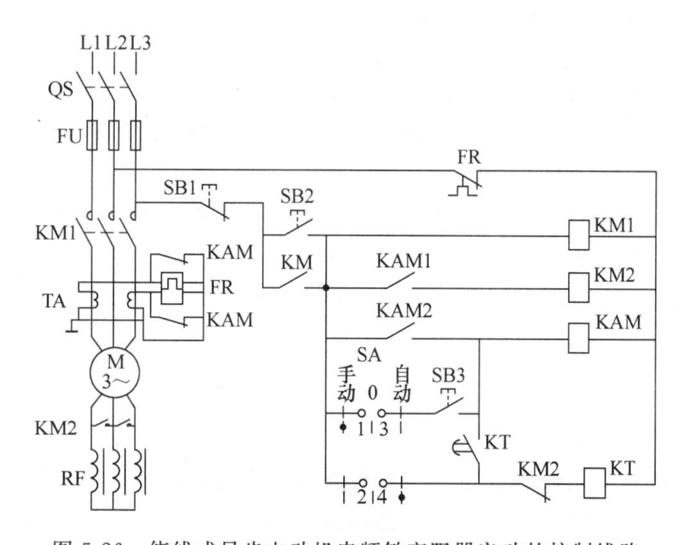

图5-26 绕线式异步电动机串频敏变阻器启动的控制线路

1. 自动控制

将转换开关SA置于“自动”位，此时SA的接点SA1-3断开、SA2-4接通，SB3不起作用，由时间继电器控制启动过程：

按下启动按钮 SB2→接触器 KM1 线圈受电动作，其常开辅助接点闭合自锁，三对主触头闭合→电动机串频敏变阻器 RF 启动。

在 KM 线圈受电的同时，时间继电器 KT 也受电动作，经过整定的延时后，KT 的常开接点闭合，中间继电器 KAM 线圈受电动作，KAM2 闭合实现自锁，KAM1 闭合→KM2 线圈受电动作，其两对主触头闭合，切除频敏变阻器，电动机进入运行状态；KM2 辅助接点断开，使 KT 线圈断电，辅助接点复位，为下次启动做准备。

2. 手动控制

将转换开关 SA 置于“手动”位，此时 SA 的接点 SA2-4 断开、SA1-3 接通，时间继电器不起作用，由操作人员按下 SB3 控制 KAM 和 KM2 切除频敏变阻器。

图 5-26 中，TA 是电流互感器，它的作用是将主电路中的大电流按比例变小，降低流过热继热元件的电流。在热元件的两端并联中间继电器 KAM 常闭接点的目的，在于防止启动过程较长可能导致热继电器误动作；启动结束后，中间继电器的常闭接点断开，热继电器工作。此线路适用于电动机启动电流大，启动时间较长的场合。

小　结

各类电动机在启动控制中要注意避免过大的启动电流，小容量的电动机允许直接启动，大容量电动机或启动负载大的场合应采用降压启动。鼠笼式三相异步电动机可采用串电阻、星形—三角形转换、自耦变压器、△—△降压启动等方式减小启动电流；绕线式转子异步电动机则采用转子回路串电阻或串频敏变阻器等方法限制启动电流。

第五节　三相异步电动机的制动控制线路

【学习要求】

1. 了解电气制动与机械制动的差别。
2. 学会分析制动控制线路的工作原理，熟悉各种措施的适用场合。

三相异步电动机从切断电源到完全停止旋转，由于惯性的原因总要经过一段时间，这往往不能适应某些生产机械的要求。在实际生产中，为了提高生产效率、缩短停车时间，做到准确停车、立即停车，常常需要采取一些措施使电动机在切断电源后能迅速停车——制动。

异步电动机的制动措施分为机械制动和电气制动两大类。

一、机械制动

机械制动是在切断电动机电源后，利用机械装置强迫电动机迅速停车。机械制动有电磁抱闸制动和电磁离合器制动。下面介绍电磁抱闸制动。

（一）电磁抱闸装置的结构原理

电磁抱闸主要包括两部分：制动电磁铁和闸瓦制动器。制动电磁铁由铁芯、衔铁和线圈三部分组成，并有单相和三相之分。闸瓦制动器由闸轮（制动轮）、闸瓦（制动闸）、杠杆和弹簧等部分组成，制动轮通过联轴器直接或间接与电动机主轴相连，制动轮与电动机同速转动，制动强度可通过调整机械结构来改变。

图 5-27 所示电磁抱闸装置在电磁铁线圈断电时，电动机将处于制动状态，故称为断电制动型电磁抱闸装置。若将电磁铁与弹簧的位置互换，则在电磁铁线圈通电时，电动机将处于制动状态，就构成了通电制动型电磁抱闸装置。控制线路也因此而有断电制动和通电制动两种。

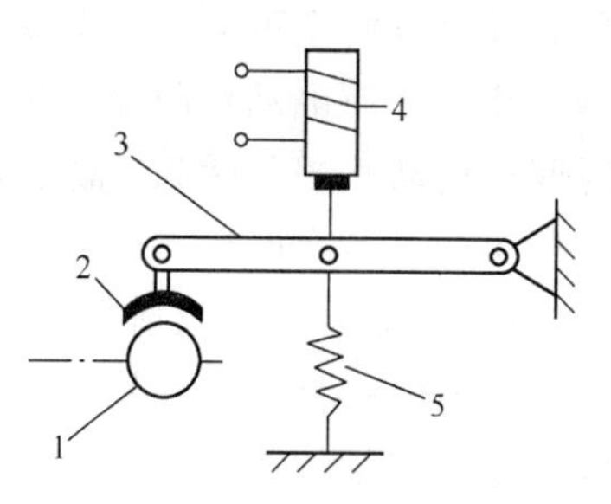

图 5-27　电磁抱闸装置原理图
1—闸轮；2—闸瓦；3—杠杆；4—电磁铁 YB；5—弹簧

（二）断电电磁抱闸制动控制线路

断电电磁抱闸制动控制线路如图 5-28 所示，当电磁抱闸装置的线圈通电时，衔铁向上运动，杠杆绕右端的支点逆时针转动，闸瓦与制动轮松开，电动机可以正常运行；当电磁抱闸装置的线圈不受电时，闸瓦将制动轮紧紧抱住，对电动机进行制动。

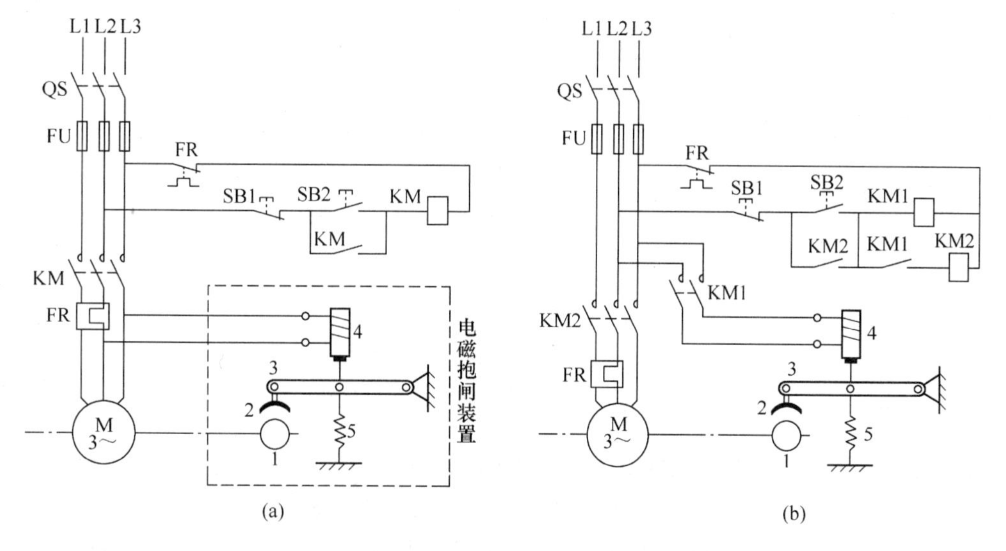

图 5-28　断电电磁抱闸制动控制线路
1—闸轮；2—闸瓦；3—杠杆；4—电磁铁 YB；5—弹簧

1. 图 5-28（a）的工作原理

（1）合上电源开关 QS，按启动按钮 SB2，KM 通电吸合，电磁抱闸装置的电磁铁线圈 YB 通电，使抱闸的闸瓦与闸轮松开，电动机启动。

（2）停车时，按停止按钮 SB1，KM 断电释放，电动机的电源被切断。与此同时，电磁铁 YB 也断电，在弹簧的作用下，使闸瓦与闸轮紧紧抱住，电动机被迅速制动而停转。

2. 图 5-28（b）的工作原理

（1）启动时，合上电源开关 QS，按启动按钮 SB2→接触器 KM1 通电吸合→电磁铁 YB 通电，闸瓦与闸轮松开。

（2）接触器 KM1 通电吸合后，接触器 KM2 才能受电动作→电动机启动运转。

（3）停车时，按停止按钮 SB1，KM1、KM2 均断电释放→电动机和电磁抱闸线圈 YB 的电源同时被切断→闸瓦在弹簧的作用下与闸轮紧紧抱住→电动机迅速制动、停转。

断电制动控制线路广泛应用于起重机械上，当重物被吊到一定高度时，按下停车按钮SB1，电动机断电，电磁抱闸的闸瓦立即抱住闸轮，使电动机迅速制动停转，重物被准确定位，同时也安全可靠：当电动机在工作时，如果突然停电或发生故障导致意外断电时，电磁抱闸将迅速使电动机制动，从而防止重物下落和电动机反转事故。缺点是电磁抱闸线圈所耗时间与电动机工作时间一样长，故很不经济；而且在电源切断后，电动机轴就不能转动，而某些生产机械有时还需要用人工将电动机的转轴转动，这时应采用通电制动控制线路。

（三）通电电磁抱闸制动控制线路

通电电磁抱闸制动控制线路如图5-29所示，与断电电磁抱闸制动相反：在电动机工作时，电磁抱闸线圈不受电，闸瓦在弹簧拉力的作用下与闸轮处于松开状态。线路动作原理如下：

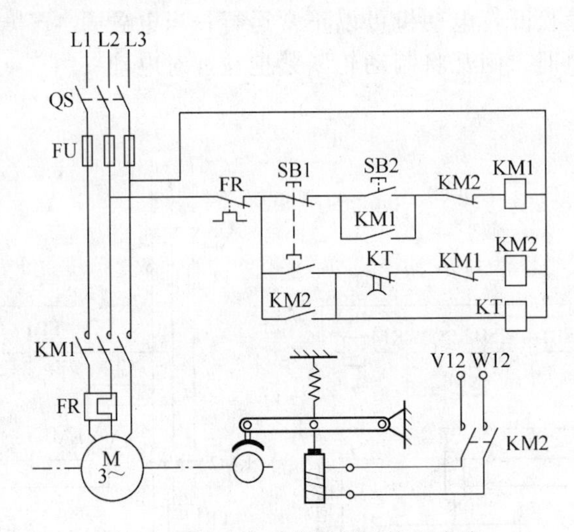

图5-29　通电电磁抱闸制动控制线路

（1）按下启动按钮SB2→接触器KM1通电吸合→电动机启动、运行。

（2）按下停车按钮SB1→KM1失电释放→电动机脱离电源。

（3）KM1复位后KM2方可受电动作→电磁铁线圈通电，衔铁沿逆时针方向向下转动，使闸瓦与闸轮紧紧抱住对电动机进行制动，同时时间继电器KT受电。

（4）KT经延时（预先整定好的制动时间）后断开→KM2和KT线圈先后失电，制动结束，闸瓦与闸轮又恢复了松开的状态，电动机可以转动，可以用手扳动主轴来调整、对刀和检测等。

电磁抱闸制动具有制动转矩大、制动迅速、停车准确、安全可靠、操作方便等优点，其不足之处在于制动时的冲击和振动较大，对设备不利。

二、电气制动

电气制动是指在切断电动机电源后，产生一个与原来旋转方向相反的制动转矩，来迫使电动机迅速停转的方法。电气制动方法很多，下面介绍反接制动、能耗制动。

（一）反接制动

反接制动是改变处于运转状态的电动机的电源相序（即将电动机电源反接），产生与原旋转方向相反的电磁转矩作为制动转矩，从而迫使电动机迅速停转。其制动原理如图

5-30 所示。

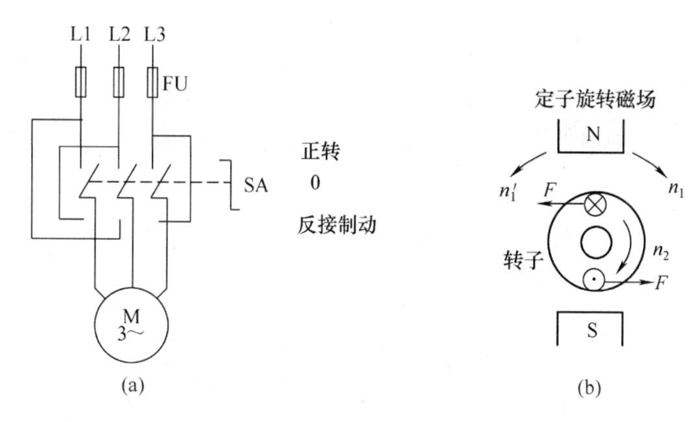

图 5-30　反接制动原理图

电动机运行（正转）时，开关 SA 手柄处于“正转”位置，接入定子绕组的电流相序为 L1、L2、L3，旋转磁场转速为 n_1，方向为顺时针方向，电动机 M 的转动方向与其相同（转速为 n_2）；制动时，将开关 SA 的手柄由“正转”位扳到“反接制动”位，这时，电动机先与电源脱离，由于惯性转子仍按顺时针方向旋转，随后电动机的定子绕组接入电源——相序为 L2、L1、L3，电源反接了，旋转磁场的方向变为逆时针方向 n_1'，此时，惯性旋转的转子导体切割旋转磁场 n_1'，产生很大的作用力 F，进而在电动机转子中产生了与原来旋转方向相反的电磁转矩（即制动转矩），从而使电动机转速迅速下降而实现制动过程；当转速接近于 0 时，要立即将手柄扳到“0”位，切除电源，电动机停转，反接制动结束。反接制动制动力矩大，制动迅速，设备比较简单，

大家可能注意到，图 5-30（a）与倒顺开关控制的电动机正反转控制线路相似，是的，如果反接时间过长，电动机将会反转，通常用速度继电器来检测电动机转速变化，自动及时切断电源，防止电动机反转。另外，反接制动时定子绕组中的电流很大，超过电动机的启动电流，一般用于小容量电动机，且在 4.5 kW 以上的电动机上采用反接制动时，还需要在定子回路中串入对称或不对称制动电阻限流。

反接制动的关键有两点：

（1）电动机电源相序的改变；

（2）当转速下降到一定值时，能自动切断反接制动电路，避免电动机反转。

1. 单向运行反接制动控制线路

单向反接制动控制线路如图 5-31 所示。它的主电路与正反转控制的主电路基本相同，区别在于反接时串入了对称制动电阻 R。图中 KM1 为正转运行接触器，KM2 为反接制动接触器，速度继电器 KA 是速度继电器。线路工作原理如下：

（1）合上电源开关 QS。

（2）按下 SB2→KM1 线圈通电动作→KM1 互锁触点断开，自锁触点闭合，主触点闭合→电动机 M 启动→转速升高，达到速度继电器的动作值→速度继电器 KA 触点闭合，为反接制动作准备→电动机进入运行状态。

（3）按下 SB1→SB1 常闭触点先断开→KM1 线圈失电→电动机断电，继续惯性运转。

（4）SB1 常闭触点断开后，SB1 常开触点恢复闭合→当 SB1、KM1 互锁触点均闭合

SB1→KM2 线圈通电→主触点闭合→电动机 M 串 R 反接制动。

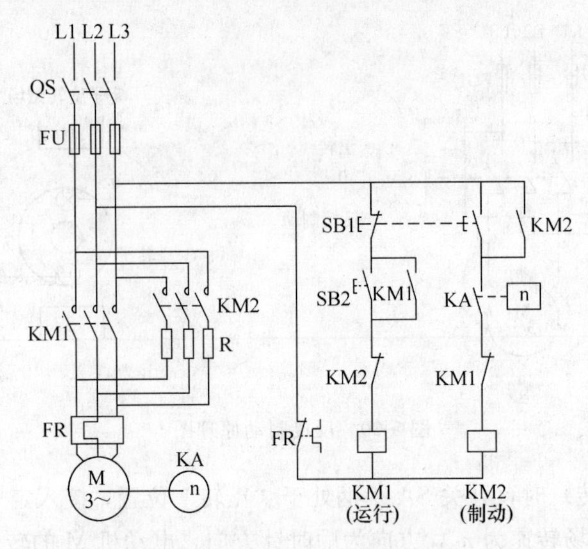

图 5-31 单向运行反接制动控制线路

(5) 当电动机转速下降到速度继电器 KA 的释放值时→KA 触点恢复断开→KM2 断电释放→电动机 M 断电，制动结束。

速度继电器 KA 的动作值一般整定在 120 r/min 左右，释放值一般设定在 100 r/min 左右。

2. 可逆运行反接制动控制线路

图 5-32 所示为一种可逆运行反接制动控制线路，图中的速度继电器在正转和反转时都有相应的接点动作，KA-Z 为电动机正转时动作的速度继电器的接点，KA-F 为电动机反转时动作的速度继电器的接点。

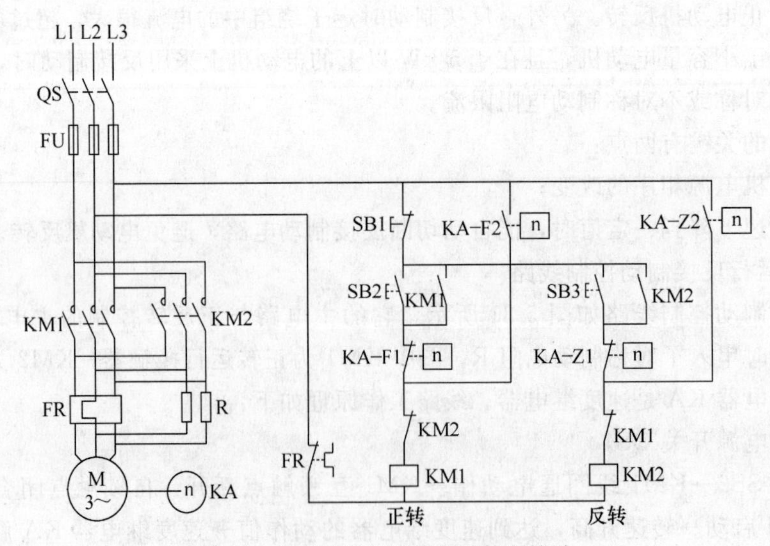

图 5-32 可逆运行反接制动控制线路

正向运行反接制动过程如下：

(1) 合上电源开关 QS。

（2）正转

按下正转启动按钮 SB2→正转接触器 KM1 通电吸合→常闭接点断开实现联锁，常开接点、主触头闭合→电动机正向启动→速度继电器接点动作，KA-Z1 断开，KA-Z2 闭合→电动机转速继续升高，进入运行状态。

（3）正转停车

按下停车按钮 SB1→KM1 线圈失电返回→电动机断电，仍高速旋转→KM2 线圈受电→电动机进入反接串电阻制动运行状态。

（4）当电动机转速下降到一定值时，KA-Z2、KA-Z1 复位，正向反接制动结束，电动机停转。

反向运行的反接制动过程请读者自行分析。

图 5-32 所示可逆运行反接制动控制线路在停车检修时，应拉下电源开关 QS，以防检修人员人为地让电动机旋转时，转速达到速度继电器的动作值而使其常开接点闭合，导致电动机通电启动造成意外事故。而串接的电阻 R 仅在反接制动时起作用，如果 R 在启动时也能起作用就更有实用价值了。

图 5-33 是定子串对称电阻的可逆运行反接制动控制线路。图中，R 具有双重限流作用：在启动时作为启动电阻限制启动电流，反接制动时作为制动电阻限制制动电流；KA1～KA4 是 4 个中间继电器；正反转启动按钮 SB2、SB3 互相联锁，正反转接触器 KM1、KM2 相互联锁，KA1、KA2 相互联锁。

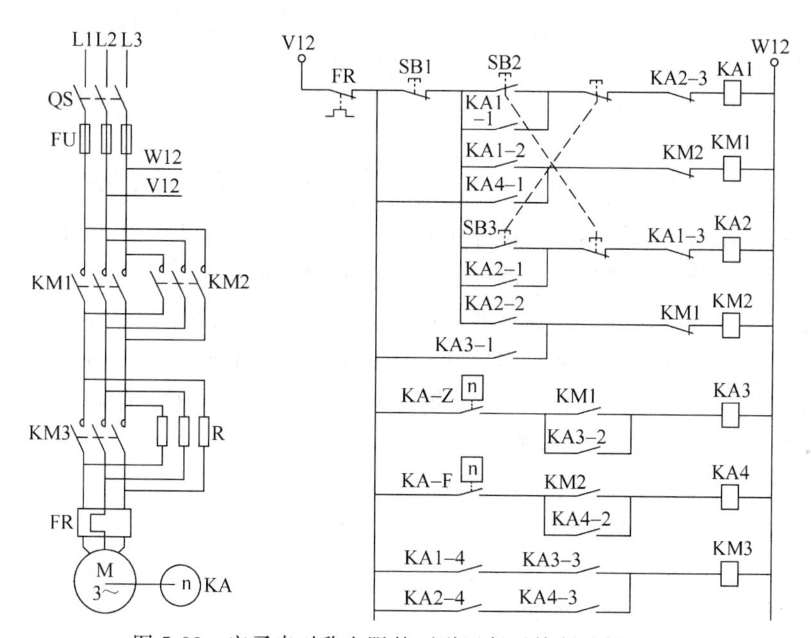

图 5-33　定子串对称电阻的可逆运行反接制动控制线路

图 5-33 的工作原理简要分析如下：

（1）合上电源开关 QS。

（2）正转启动

按下启动按钮 SB2→中间继电器 KA1 受电动作（KA1-3 断开实现与 KA2 的联锁，KA1-1 闭合自锁，KA1-4 闭合为 KM3 受电作准备，KA1-2 接通 KM1 线圈）→正转接触器 KM1 通电吸合→电动机串电阻 R 降压启动。

(3) 正转运行

当电动机转速达到速度继电器 KA 的整定值时，接点 KA-Z 闭合→KA3 受电动作→KA1-4、KA3-3 同时闭合→接触器 KM3 受电动作→短接启动电阻 R→电动机全压启动运行。

(4) 正转时的反接制动过程

按下停车按钮 SB1→KA1 线圈失电→KM3 断电→电阻 R 被串入定子回路准备限制反接制动电流。

在 KM3 失电的同时，KM1 也失电→电动机电源被切断。

由于电动机脱离电源后的转速依然很高，KA-Z 仍闭合→KA3 保持通电状态→KM1 常闭接点复位→KM2 受电动作→电动机进入串电阻 R 的反接制动过程。

(5) 停车

当电动机转速下降到速度继电器的返回值时，KA-Z 断开，KA3、KM2 相继失电，制动过程结束，电动机停转。

电动机反转启动运行及制动停转的过程请读者自行分析。

这种控制线路克服了图 5-32 的缺点，不存在当 QS 处于合闸状态时因 KA-Z 或 KA-F 接点的偶然闭合而引起意外事故的可能性；而且操作简便（若要改变运行中电动机的运转方向，只需直接按下相应的启动按钮，电路便自动完成串电阻反接制动和串电阻反向降压启动的全部过程），具有按钮、接触器、中间继电器多重联锁，运行安全可靠，性能比较完善，实用性较强。

反接制动的制动力矩大、制动迅速，但制动能量消耗大、制动准确性差、制动过程中冲击强烈、易损坏传动零件，同时制动电流对电网的冲击也较大，所以反接制动的应用范围有限，适用于制动要求迅速、系统惯性较大而制动不太频繁的场合，比如紧急停车等。

（二）能耗制动

在电动机脱离三相电源后，给其中二相定子绕组通以直流电，从而产生静止不动的磁场，惯性旋转的电动机转子导体切割该静止磁场时，将出现感应电流，流过此感应电流的转子导体在静止磁场中就会受到与其惯性旋转方向相反的力矩（即制动力矩）的作用，从而使电动机的转速迅速下降，这种方法称为能耗制动。它实际上是把转子原来惯性旋转的机械动能转变成电能，再消耗在转子的绕组中。制动转矩随转速降低而自动变小，当转子的动能消耗殆尽，转速下降为 0，转子导体与静止磁场无相对运动，感应电流消失，制动力矩亦变为 0，电动机停转，制动结束，断开直流电源即可。

能耗制动通常采用按时间原则和按速度原则控制两种方案。

1. 按时间原则控制的单向运行能耗控制线路

(1) 按时间原则控制的无变压器半波整流能耗控制线路如图 5-34 所示，图中的 V 是整流二极管。线路工作原理简要分析如下：

①启动运行

合上电源开关 QS，按下 SB2→KM1 线圈受电动作→电动机启动运转。

②制动停车

按下 SB1→KM1 线圈断电→电动机 M 断电作惯性运转。KT 线圈、KM2 线圈受电动作→U、V 两相定子绕组通入直流电，电机进入能耗制动过程，转速迅速下降。经 KT 延时后，KT 动断触点断开→KM2 线圈断电释放→切断电动机的直流电源，制动结束。

无变压器半波整流能耗控制线路结构简单，设备少，成本低，适用于容量小于 10 kW

的电动机。

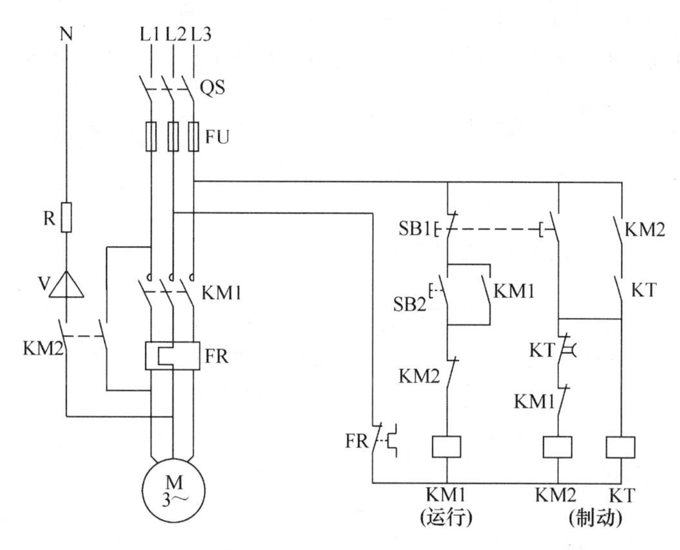

图 5-34　无变压器半波整流能耗控制线路

(2) 按时间原则控制的全波整流单向能耗制动控制线路如图 5-35 所示，VC 为桥式整流电路，T 为整流变压器。

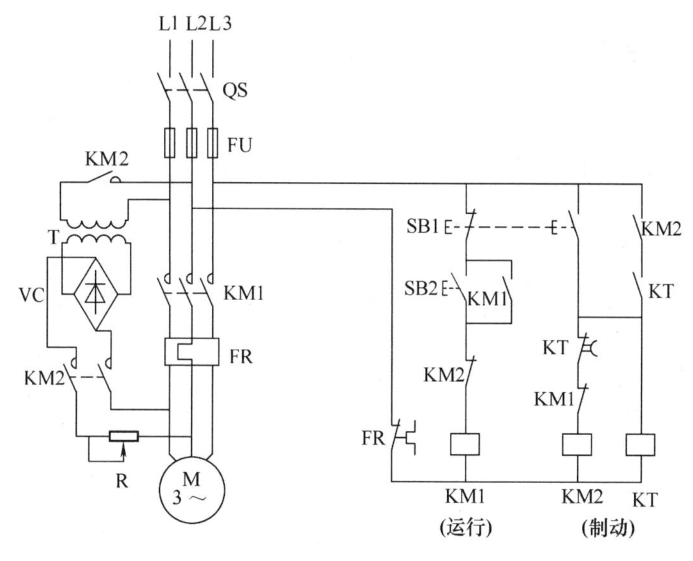

图 5-35　全波整流单向能耗制动控制线路

线路工作原理同图 5-34 所示的半波整流电路。区别主要在于采用全波整流直流电源，制动平稳、制动效果好，但投资较大，主要用于容量较大的电动机或要求制动平稳的场合。

2. 按速度原则控制的能耗制动控制线路

图 5-36、图 5-37 分别是按速度原则控制的单向和可逆运行能耗制动控制线路。图 5-36 的控制电路与前述三相异步电动机单向运行反接制动控制电路相同，请读者自行分析其工作原理。图 5-37 中，如果电动机在正向运行状态（KM1 已受电动作、KA-Z 闭合）中需要停车时：

按下停车按钮 SB1→KM1 线圈失电→电动机脱离电源，惯性旋转→KM3 受电动作并自锁→电动机两相定子绕组中通入直流电→电动机进入能耗制动状态，转速迅速下降→当转速下降到 KA-Z 的释放值时，KA-Z 断开→KM3 失电→能耗制动结束，电动机停转。

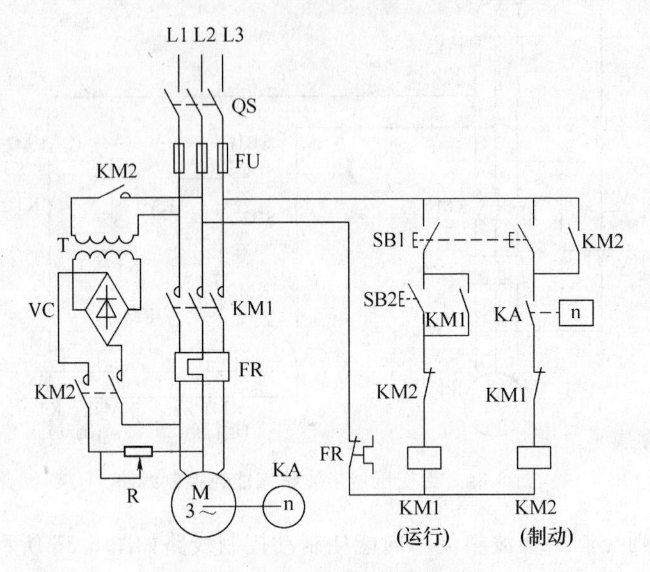

图 5-36　单向能耗制动控制线路

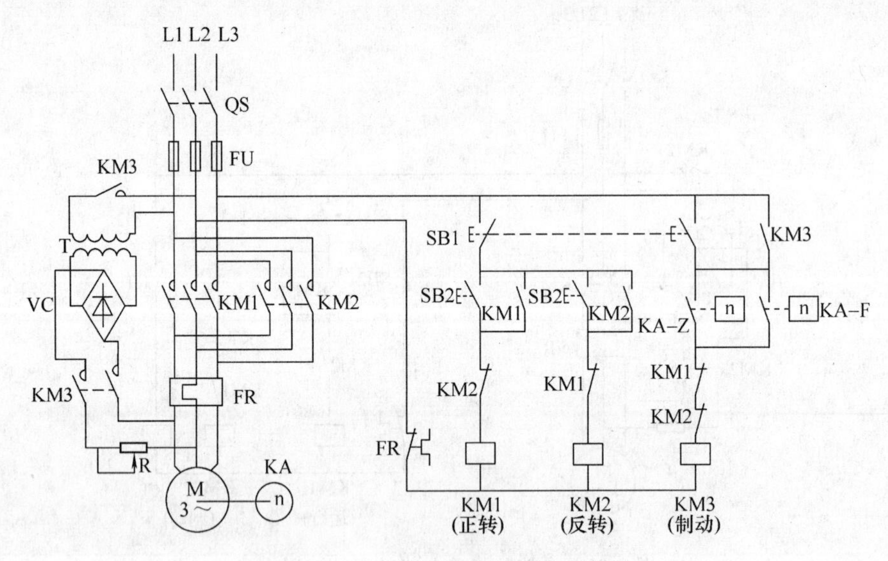

图 5-37　可逆运行能耗制动控制线路

小　结

制动方法有机械制动和电气制动两大类。机械制动是利用摩擦力，使电动机在切断电源后迅速停转，常用方法有电磁抱闸制动和电磁离合器制动。

电气制动是在电动机电源被切断后，让电动机在停转过程中产生一个与实际旋转方向相反的电磁力矩作为制动力矩，从而使其迅速停转。常用方法有反接制动、能耗制动等。

第六节　三相异步电动机的调速控制线路

【学习要求】

1. 进一步理解变极调速的原理。
2. 学会分析变极调速的控制线路。

三相异步电动机的调速方法主要有改变定子绕组的磁极对数（变极）调速、在转子回路中串电阻调速、电磁调速、改变电流频率（变频）调速和串级调速等，其中，在转子回路中串电阻仅适用于绕线式异步电动机，在本章第四节已讲述，本节介绍变极调速控制线路。后面三种方法随着电子技术的发展出现了新的前景，读者可参阅介绍交流调速系统的相关书籍和资料。

变极调速的原理已在第三章第三节中讲述，我们知道多速电动机的定子有多套绕组或绕组有多个抽头引至电动机的接线盒，通过改变定子绕组的外部连接方式来改变极对数。多速电机可以做到二速、三速、四速等，它普遍应用在机床上。现就双速异步电动机的控制线路进行分析。

双速异步电动机定子绕组的连接方式有△—YY、Y—YY 两种，图 5-37 所示为△—YY 接线双速异步电动机的接触器控制线路，图 5-38 为△—YY 接线双速异步电动机的自动控制线路。电动机共有六个出线端：3 个绕组首尾相连的连接端 U1、V1、W1，每相绕组的中点各有一个出线端 U2、V2、W2。电动机低速运行时，U1、V1、W1 接入三相电源，U2、V2、W2 空着不接，电动机定子绕组呈△连接，磁极为 4 极，同步转速为 1 500 r/min；电动机高速运行时，U2、V2、W2 接入三相电源，U1、V1、W1 空着不接，电动机定子绕组呈 YY 连接，磁极为 2 极，同步转速为 3 000 r/min。

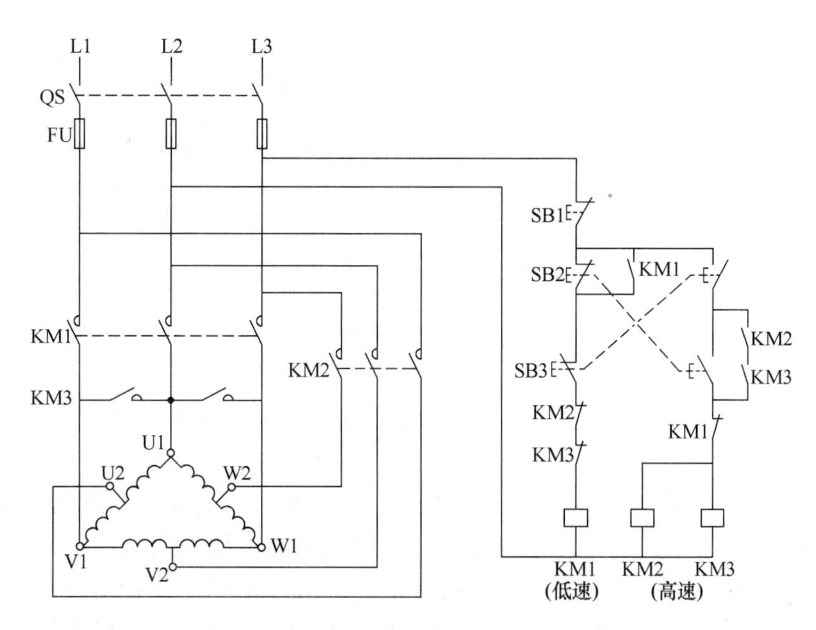

图 5-38　接触器控制的双速电动机控制线路

一、接触器控制的双速电动机控制线路

接触器控制的双速电动机控制线路如图 5-37 所示，需要电动机低速运行时，工作过程如下：合上电源开关 QS，按下低速启动按钮 SB3→接触器 KM1 线圈受电动作，联锁触头断开、自锁触头闭合、主触头闭合→电动机定子绕组连成△，电动机低速运行。

需要电动机高速运行的工作过程如下：合上电源开关 QS 后，先按下低速启动按钮 SB3，待电动机低速启动结束后，再按下高速启动按钮 SB2→低速接触器 KM1 线圈断电释放，主触头和自锁触头断开、联锁触头闭合→高速接触器 KM2、KM3 线圈受电动作，联锁触头断开、自锁触头闭合、主触头闭合→电动机定子绕组接成 YY 形，电动机高速运转。

由于电动机高速运行是通过 KM2、KM3 共同控制的，所以它们的常开辅助接点串联起来实现自锁，而把它们的常闭接点并联起来实现与 KM1 的联锁。

二、时间继电器自动控制的双速电动机控制线路

时间继电器自动控制的双速异步电动机控制线路如图 5-39 所示，此控制线路的主电路与图 5-38 相同，差别在辅助电路。辅助电路中，SA 是一个三位置的转换开关，将它扳到中间位置时，电动机停车。

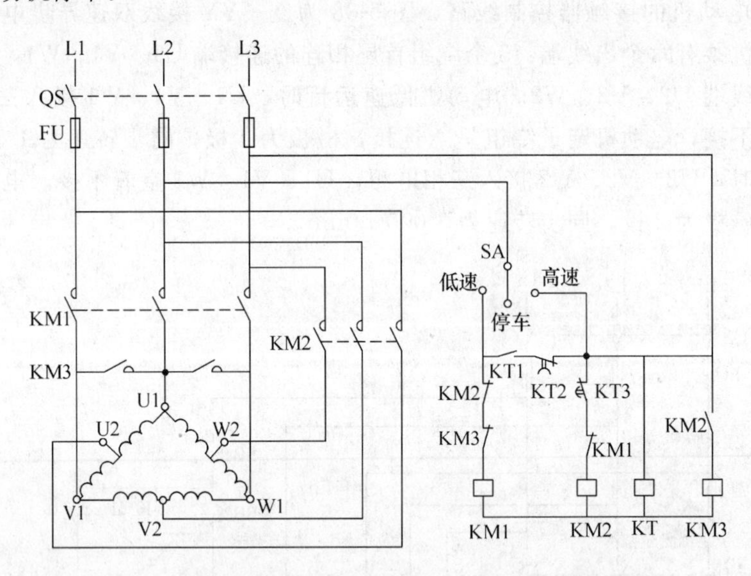

图 5-39　时间继电器自动控制的双速异步电动机控制线路

需要电动机低速运行时，将 SA 扳到“低速”位，低速接触器 KM1 线圈受电动作，电动机定子绕组接成△，电动机低速运行。

需要电动机高速运行时，将 SA 扳到“高速”位，时间继电器 KT 线圈首先受电动作，其常开接点 KT1 瞬时闭合，KM1 受电动作，使电动机定子绕组接成△，电动机以低速启动；经过 KT 的整定时间后，其延时常闭接点 KT2 断开，KM1 线圈断电释放，延时常开接点 KT3 闭合，接触器 KM2、KM3 相继受电动作，电动机定子绕组接成 YY 形，电动机进入高速运行状态。

小　　结

变极调速通过改变异步电动机定子绕组的连接方式来改变电动机的转速，采用变极调速，所需设备简单、体积小、重量轻，但电动机绕组引出线较多，调速级数少，级差大，不能实现无级调速。

第七节　几种典型控制线路

【学习要求】

掌握多地控制、顺序控制、位置控制等常用典型控制线路的结构和控制原理。

一、多地控制线路

用一组控制按钮可在一个地点进行控制，多地控制就需要多组控制按钮，这多组控制按钮的接线原则是：启动按钮互相并联，停止按钮互相串联。图 5-40 是一个两地控制线路，SB11、SB12 是甲地的启动和停止按钮，SB21、SB22 是乙地的启动和停止按钮，它们均能控制电动机 M 的接通和断开，这就实现了两地控制同一台电动机的目的。

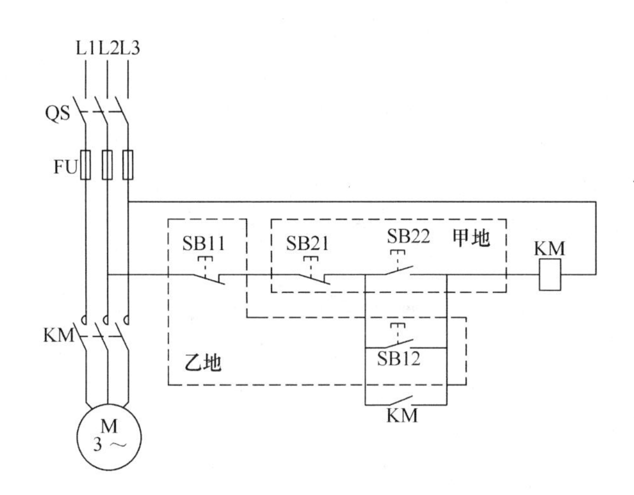

图 5-40　两地控制线路

二、位置控制线路

控制生产机械运动部分的位置和行程的方法称为位置控制。实现位置控制的关键元件有位置开关、接近开关、传感器等。位置开关 SQ 可以完成位置、行程控制，它是一种把机械信号转换为电信号来控制运动部件的位置或行程的电器，将位置开关的常闭触点串接在接触器线圈支路中，即可实现位置和行程控制，如图 5-41 所示。

工作原理如下：

(1) 按下左行启动按钮 SB2→KM1 受电动作→电动机正转启动，工作台向左运动。

(2) 当工作台运动到指定位置（安装位置开关处）时→工作台上的挡铁碰撞位置开关

SQ1→SQ1 常闭接点断开→KM1 断电释放→电动机断电，工作台停止运动。

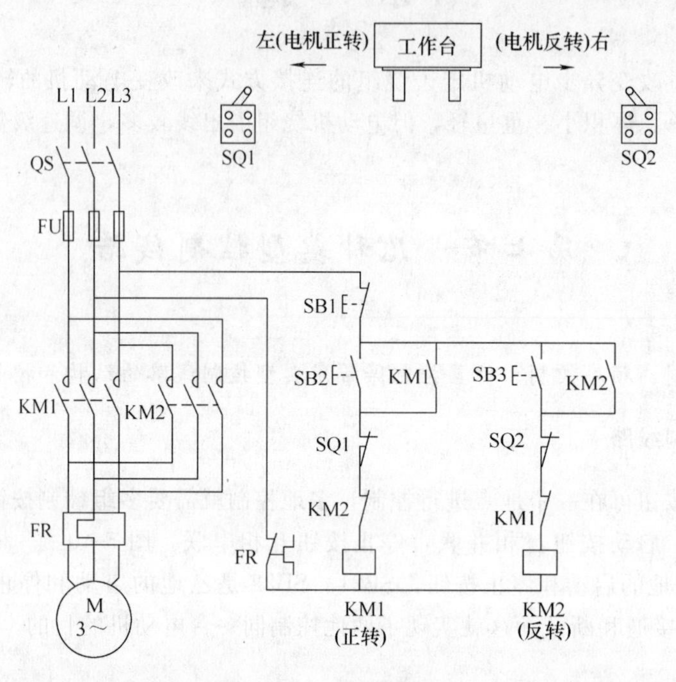

图 5-41　位置控制线路

此时，即使按下左行启动按钮 SB2，KM1 也不会通电，电动机不能启动，保证了工作台左行只能到位置开关 SQ1 处。

(3) 按下右行启动按钮 SB3→KM2 受电动作→电动机反转启动，工作台向右运行→位置开关 SQ1 恢复闭合→工作台反向运动至位置开关 SQ2→SQ2 常闭接点断开→电动机失电→工作台停止运动。

可见，图中工作台的行程只限于两位置开关之间，控制线路起到了位置或行程控制的作用。

三、自动往返控制线路

有的生产机械要求工作台在一定距离内能自动往返运行，这就需要控制线路能对电动机进行正反转自动控制。工作台自动往返控制线路如图 5-42 所示。

控制线路动作过程简要分析如下：

按下左行启动按钮 SB2→KM1 受电动作→电动机正转→工作台向左运动到指定位置时碰撞 SQ1→SQ1 常闭接点断开→KM1 断电释放→电动机断电，工作台停止运动→SQ1 常开接点闭合→KM2 受电动作→电动机反转→工作台向右运动到反向指定位置时碰撞 SQ2→SQ2 常闭接点断开→KM2 断电释放→电动机断电，工作台停止运动→SQ2 常开接点闭合→KM1 再受电动作→电动机又正转→工作台又向左运动……如此循环往复，工作台便在预定的行程内自动往返。

位置开关 SQ3、SQ4 安装在工作台往返运动的极限位置上，起位置控制或保护（也称终端保护）作用——防止因位置开关 SQ1、SQ2 失灵导致工作台继续运动而造成事故。

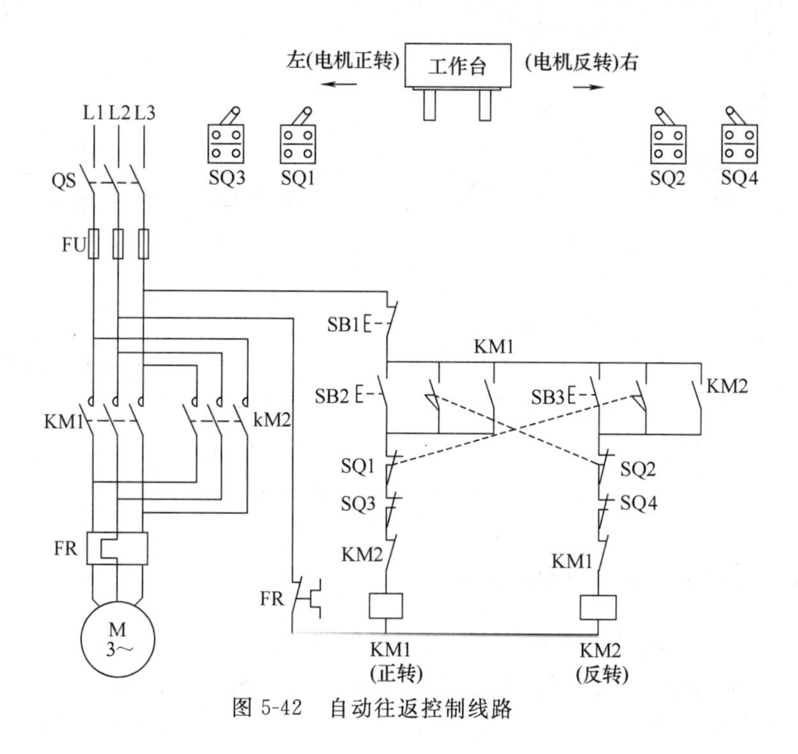

图 5-42　自动往返控制线路

四、顺序控制线路

现在，很多设备上都使用了多台电动机，每台电动机所起的作用各不相同，常常需要电动机按一定的顺序启动、停止。例如，空调对风机电动机和压缩机电动机要求的工作顺序就是先开风机、再开压缩机；铣床要求主轴电动机启动后，进给电动机才能启动；带有液压系统的机床，一般都要先启动液压泵电动机，然后才能启动其他电动机，等等。顺序控制线路有顺序启动分别停止控制线路，顺序启动同时停止控制线路，顺序启动逆序停止控制线路，以及顺序启动顺序停止控制线路。

顺序控制线路的接线原则是：把控制先启动电动机的接触器常开辅助接点串联在控制后启动电动机的接触器线圈支路中；将控制先停车电动机的接触器常开辅助接点与后停车电动机的停止按钮并联。

图 5-43 是两台电动机的顺序控制线路，接触器 KM1、KM2 分别控制电动机 M1、M2。

控制电路图 5-43（a）是顺序启动、同时停车控制线路。只有在 KM1 通电动作后，按下 SB3 才能接通 KM2 线圈支路，即 M1 启动后 M2 才能启动。按下停车按钮 SB1，两台电动机同时断电停转。

控制电路图 5-43（b）是顺序启动、顺序停车控制线路。启动顺序同图 5-43（a），停车顺序为 M1 停车后 M2 才能停车，即：先按下 SB1→电动机 M1 停车→再按下 SB3→电动机 M2 停车；先按下 SB3 无效。

控制线路图 5-43（c）是顺序启动、逆序停车控制线路。启动顺序同图 5-43（a），停车顺序为 M2 停车后 M1 才能停车，即：先按下 SB3→电动机 M2 停车→再按下 SB1→电动机 M1 停车；先按下 SB1 无效。

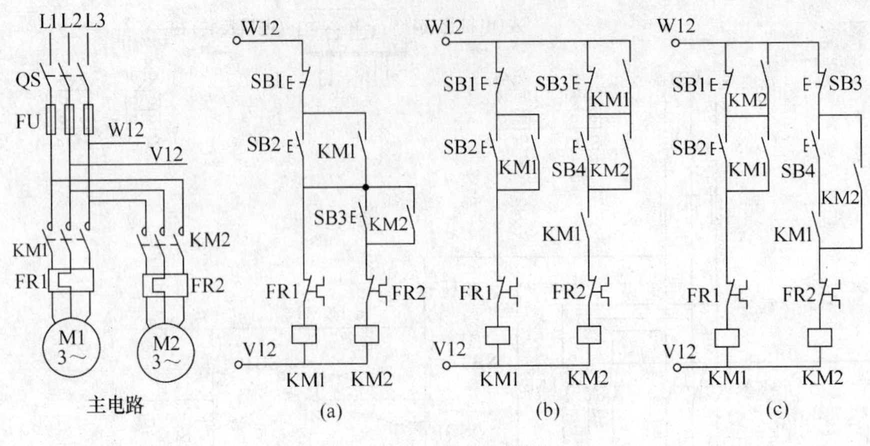

图 5-43　顺序控制线路

五、多台电动机同时起停控制线路

图 5-44 中的 3 台电动机既能同时起停又能单独控制，SA1、SA2、SA3 是三个手动切换的开关，分别供 3 台电动机单独调整之用。当它们处于断开位置时，3 台电动机同时起停；若要单独控制其中一台（两台）电动机时，只需合上另外 2 个（1 个）手动开关即可。

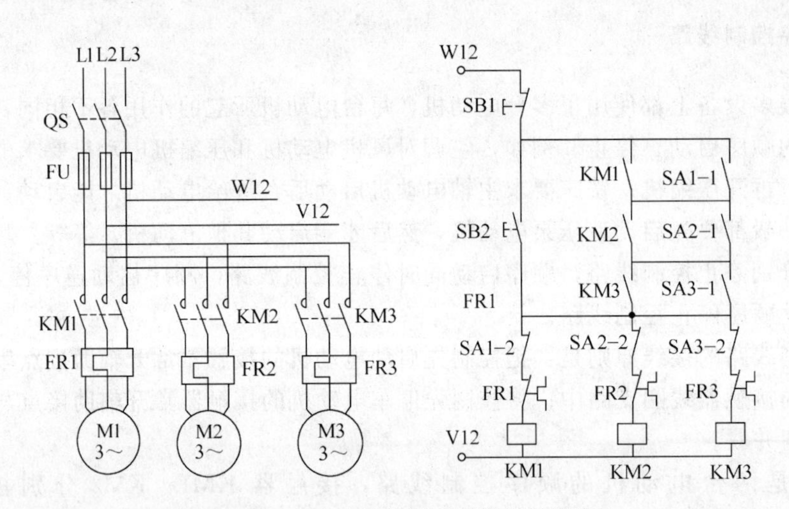

图 5-44　多台电动机同时起停控制线路

1. 同时控制 3 台电动机起停

使 SA1、SA2、SA3 均处于断开位置时，它们的常闭接点闭合、常闭接点断开。按下启动按钮 SB2→KM1、KM2、KM3 均通电动作→3 台电动机同时启动；按下停车按钮 SB1 时，3 台电动机同时停车。

2. 同时控制两台电动机起停

例如，同时控制 M1 和 M2：先扳动 SA3 到合闸位置，其常开接点 SA3-1 闭合、常闭接点 SA3-2 断开；再按下启动按钮 SB2→KM1、KM2 同时通电动作→M1、M2 同时启动；按下停车按钮 SB1 时，M1、M2 同时停车。

3. 单独控制一台电动机

例如，单独控制 M1 时，先扳动 SA2、SA3 到合闸位置，再按下启动按钮 SB2 和停车按钮 SB1 即可。

小　　结

多地控制、顺序控制、位置控制等典型控制线路在生产和生活中应用较广，接线的一般规律是：

（1）多地控制使用了多组控制按钮，按照启动按钮互相并联，停止按钮互相串联的原则接线。

（2）顺序控制是将先受电接触器的常开辅助触头串接到后受电接触器的线圈支路中实现顺序启动，而在后停车控制按钮的两端并联上先失电接触器的常开辅助触头来实现顺序停车。

（3）位置控制线路的特点是把位置开关的常闭触头串入电动机线圈回路中。

（4）自动往返控制线路则是在正反向位置控制的基础上将位置开关的常开辅助触头与反向启动按钮的常开接点并联。

（5）多台电动机的分别控制与同时控制可通过几个转换开关实现。

1. 电气控制原理图有何特点？

2. 什么是点动控制？在图 5-45 所示的几个点动控制电路中：

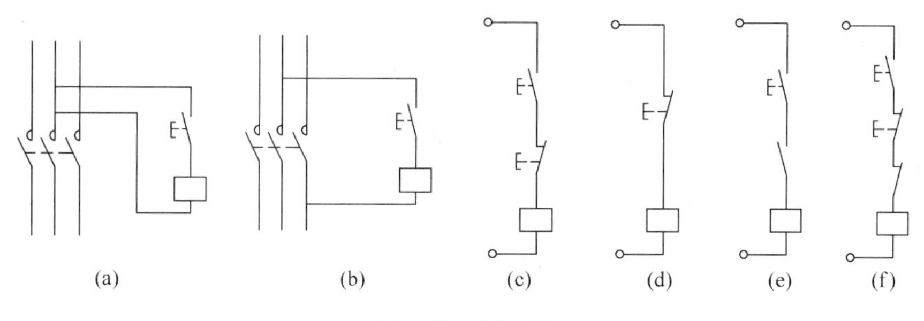

图 5-45　题 2 图

（1）标出各电器元件的文字符号。

（2）判断各个控制电路能否正常完成点动控制。

（3）不能正常完成点动控制者会出现什么现象？

3. 什么是自锁控制？什么是自锁环节？

4. 图 5-46 所示的几个控制电路能否实现自锁控制？试标出图中各电器元件的文字符号，检查各图的接线有无错误，并指出错误会导致什么现象。

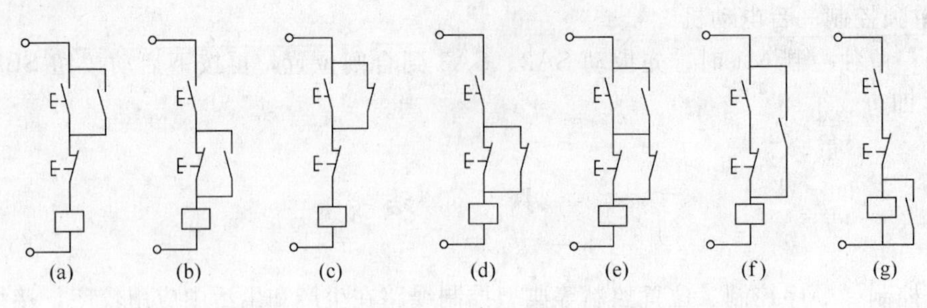

图 5-46　题 4 图

5. 点动控制线路和自锁控制线路在接线上有什么区别？

6. 试设计一个点动和连续运转的控制线路，并分析其工作原理。

7. 如何让电动机正反转？试设计一个电动机正反转点动控制线路。

8. 什么是联锁？什么是联锁环节？

9. 请说明电动机正反转控制线路中的联锁触头有何作用？应该怎样放置？

10. 图 5-47 所示的几个控制电路可否对电动机进行正反转连续控制？试检查各图接线有无错误，分析错误会造成什么后果。

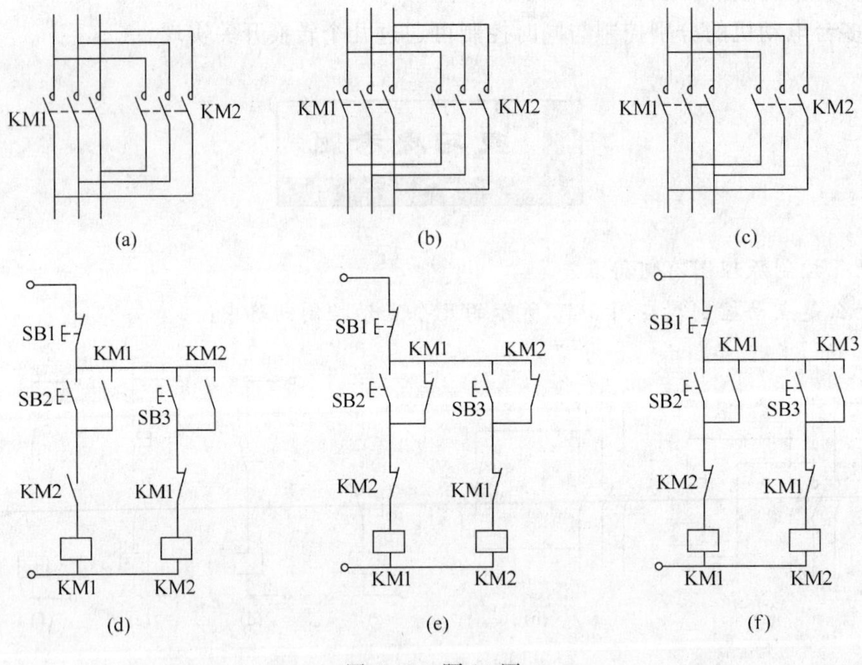

图 5-47　题 10 图

11. 试设计一个既能让电动机实现正反转点动运行又能实现连续运行的控制线路。

12. 一个具有双重联锁的正反转控制线路，接线正确无误，如果按下正转按钮，电动机正转；按下反转按钮，电动机停车而不反转，请分析可能有哪些原因。

13. 新安装的车床，发现启动后车床反方向运转，应该怎么处理？

14. 什么是欠压保护？什么是零压保护？说明接触器自锁控制线路如何实现欠压和零压保护作用。

15. 如果电动机启动时间过长，可能导致哪种保护误动作？

16. 在电动机控制线路中，热继电器和熔断器的主要作用是什么？二者可以相互替代吗？

17. 某机床电动机过载而自动停车后，操作人员立即按下启动按钮，但不能开车，试说明可能的原因是什么？

18. 降压启动的目的是什么？三相鼠笼式异步电动机在什么情况下可以全压启动？在什么条件下必须降压启动？

19. 星形-三角形降压启动适用于哪种情况的三相异步电动机？同一台电动机，在分别采用星形启动和三角形启动时，其启动电流有何关系？

20. 什么叫制动？电动机常用的制动方法有哪些？

21. 什么叫反接制动？什么叫能耗制动？二者各有何特点？分别适用于什么场合？

22. 现有一双速异步电动机，试按下述要求设计一个控制线路：

(1) 用两个启动按钮分别控制电动机的高速运行和低速运行，用一个停止按钮控制电动机的停止。

(2) 高速时，应先接成低速然后经延时后再换接成高速。

(3) 有短路保护和过载保护。

23. 请设计一个能在两地控制一台电动机正反转连续运行的控制线路。

24. 试设计一个能控制两台电动机的控制线路，要求：

(1) 两台电动机 M1 和 M2 分别启动。

(2) M2 停车后，M1 才能停车。

(3) 有短路保护和过载保护。

25. 试设计一传送带控制线路，该传送带由三台三相异步电动机 M1、M2、M3 拖动，三台电动机顺序启动、逆序停止，具体要求为：

(1) 启动：第一台电动机启动 15 s 以后第二台电动机启动；第二台电动机启动 25 s 以后第三台电动机启动。

(2) 停车：第三台电动机停转 30 s 以后第二台电动机停转，第二台电动机停转 20 s 以后第一台电动机停转。

(3) 有短路保护和过载保护；当其中一台电动机过载时，三台电动机均停车。

(4) 装有总停止开关。

第六章

几种常用机械的电气控制线路

各种生产机械因功能、控制方式的不同，控制线路的繁简差异也较大。对复杂的控制线路，应首先了解生产工艺与执行电器的关系，阅读设备说明书，采用先机后电、先主后辅、化整为零、集零成整的思路进行分析。

第一节　皮带运输机电气控制线路

【学习要求】

1. 了解皮带运输机的电气控制线路。
2. 提高识读复杂电路图的能力。

皮带运输机广泛应用于矿山、砂石场、码头、生产流水线上，是常用的短途运输工具，它的特点是电动机带动皮带循环运转，不需要调速、反转和制动措施，货物置于皮带上随皮带走，运输线路基本上是固定的。

单条皮带运输机的控制线路很简单，但有时往往需要多条皮带联合使用，图 6-1 是三条皮带运输机工作示意图。对于这三条皮带机的控制要求是：

(1) 启动顺序为 3 号、2 号、1 号，这是为防止货物在皮带上堆积。

(2) 停车顺序为 1 号、2 号、3 号，以保证停车后皮带上不残存货物。

(3) 不论 2 号或 3 号出故障，必须将 1 号停下，以免继续进料。

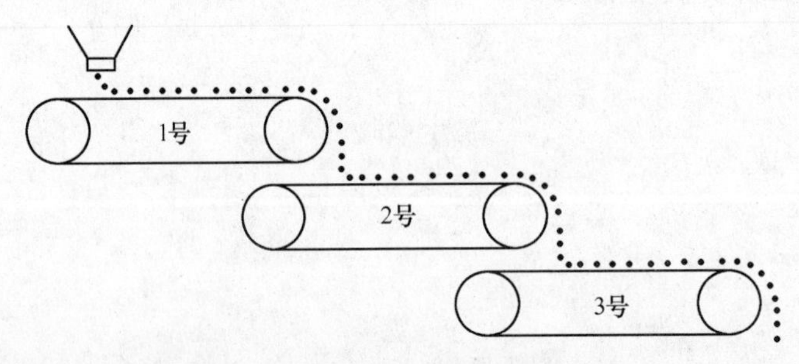

图 6-1　三条皮带运输机工作示意图

图 6-2 是用时间继电器组成的控制电路，在起停顺序上完全可以满足皮带运输机的要求。表 6-1 为其主要电器元件符号及功能表。

启动顺序为 M3、M2、M1，停止顺序为 M1、M2、M3。为了方便两地控制，采用了两套按钮。

表 6-1　主要电器元件符号及功能表

符　号	名称及用途	符　号	名称及用途
M1	1 号电动机	KA	中间继电器
M2	2 号电动机	KT1	通电延时时间继电器
M3	3 号电动机	KT2	通电延时时间继电器
KM1	控制 1 号电动机的接触器	KT3	断电延时时间继电器
KM2	控制 2 号电动机的接触器	KT4	断电延时时间继电器
KM3	控制 3 号电动机的接触器		

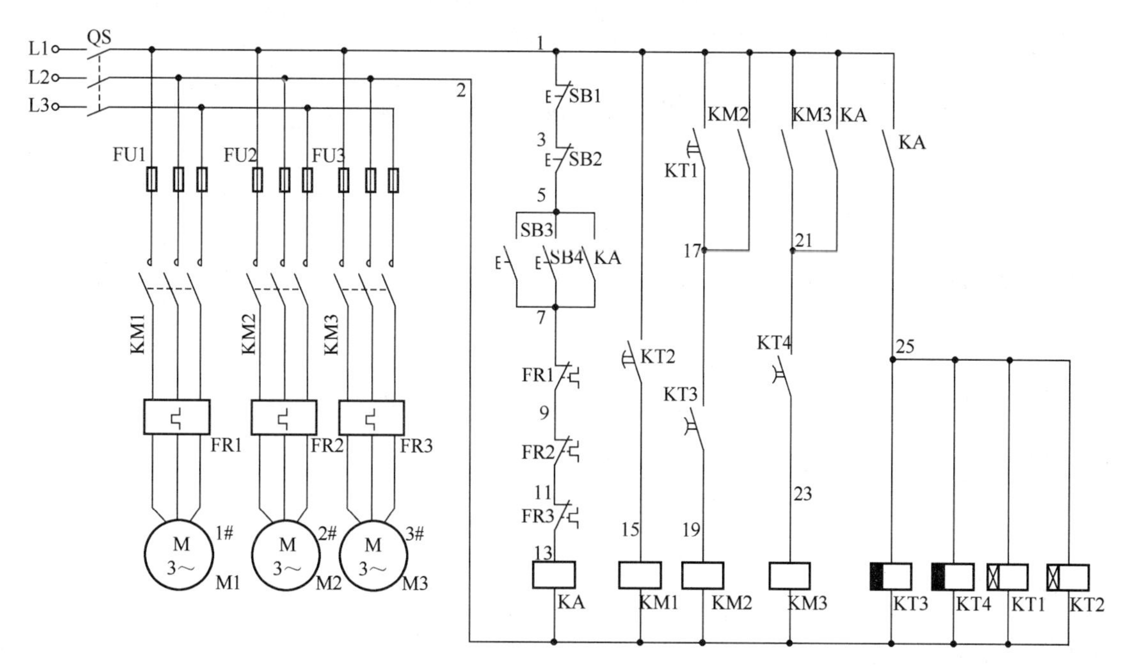

图 6-2　三条皮带运输机电气控制线路

1. 启动过程

按下启动按钮 SB1 或 SB2，继电器 KA 通电吸合并自锁。KA 将 4 个时间继电器 KT1～KT4 通电吸合。其中 KT1 和 KT2 是通电延时，KT3 和 KT4 是断电延时。所以，KT3 和 KT4 的断电延时常开触头在通电后不延时闭合而是立刻闭合。由于 KA 及 KT4 接通，KM3 通电吸合，电动机 M3 首先启动。

过了 KT1 的延迟时间后，其通电延时常闭接点 KT1 闭合，KM2 通电吸合，电动机 M2 启动。

由于 KT2 的延时比 KT1 的延时长，所以再经过一些时间后，KT2 的通电延时常开触头 KT2 闭合，KM1 通电吸合，M1 启动。

2. 停车过程

按下停止按钮 SB1 或 SB2，继电器 KA 断电释放，四个时间继电器都断电，KT1 和 KT2 断电不延时，立刻断开，KM1 失电，电动机 M1 停转。

由于 KM2 自锁，所以只有等 KT3 断电延时接点断开后，KM2 断电，M2 停转。

由于 KT4 的延时长于 KT3，所以 KT4 的延时接点最后断开，KM3 释放，M3 停车。

3. 保护环节

三台电动机都用熔断器和热继电器作保护，三台电动机中任何一台过负载，将和按下停止按钮一样，按顺序停车。

此外，在皮带运输机的沿线，还应设置警铃和灯光信号。在系统开动前警铃要响 2～3 min，让有关人员作准备，无关人员离开；灯光信号让操作人员随时了解系统的工作情况，出现问题及时处理。

小　结

皮带运输机的控制线路是一个典型的顺序起动逆序停止的控制线路。M1、M2、M3 的控制线路均为加入了顺序控制环节的自锁控制线路。

第二节　普通车床电气控制线路

【学习要求】

1. 了解普通车床的电气控制线路。
2. 提高识读复杂电路图的能力。

车床是机械加工中使用最广泛的金属切削机床，约占机床总数的 20%～30%，主要用于加工各种回转表面（端面、内外圆柱面、圆锥面）、车削螺纹、钻孔、扩孔等。车床加工的基本运动是主轴通过卡盘或顶尖带动工件旋转，溜板带动刀架作直线运动。前者是主运动，承担切削的主要功率，后者是进给运动，使刀具移动。

一、CA6140 型车床电气控制线路

CA6140 型普通车床的电气原理图如图 6-3 所示，电器位置图如图 6-4 所示，电器元件明细表见表 6-2。

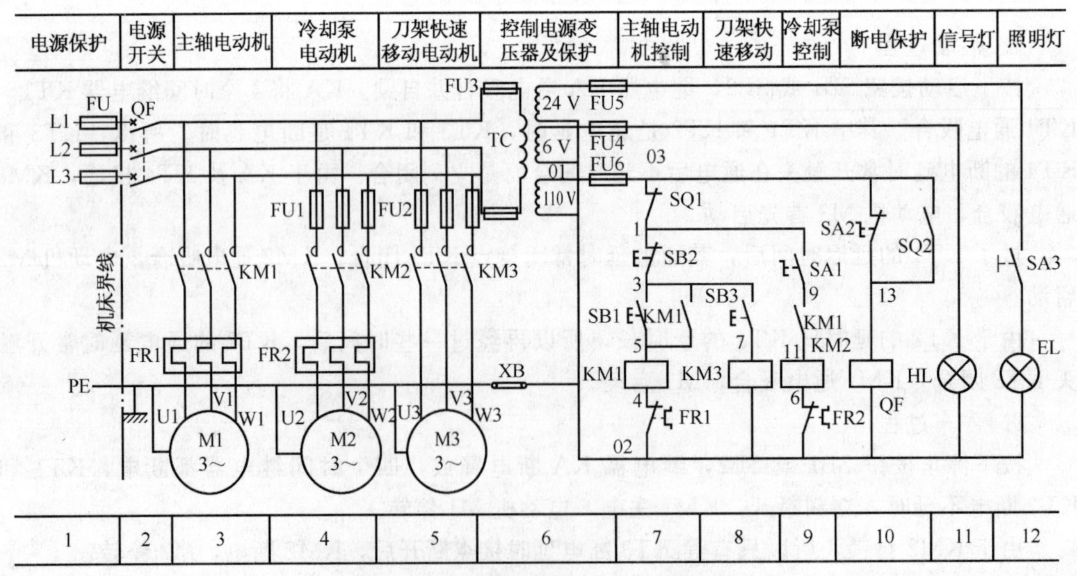

图 6-3　CA6140 型车床电气控制线路

表 6-2　CA6140 型车床电器元件明细表

符　号	名称及用途	符　号	名称及用途
M1	主轴电动机	SB1、SB2、SB3	按钮开关
M2	冷却泵电动机	SA1、SA2	旋钮开关
M3	刀架快速移动电动机	SA3	车床照明灯开关
TC	控制电源变压器	SQ1	挂轮箱安全行程开关
KM1	控制 M1 启停的交流接触器	SQ2	电气箱安全行程开关
KM2	控制 M2 启停的交流接触器	QF	断路器
KM3	控制 M3 启停的交流接触器	HL	信号灯
FR1、FR2	M1、M2 过载保护的热继电器	EL	照明灯

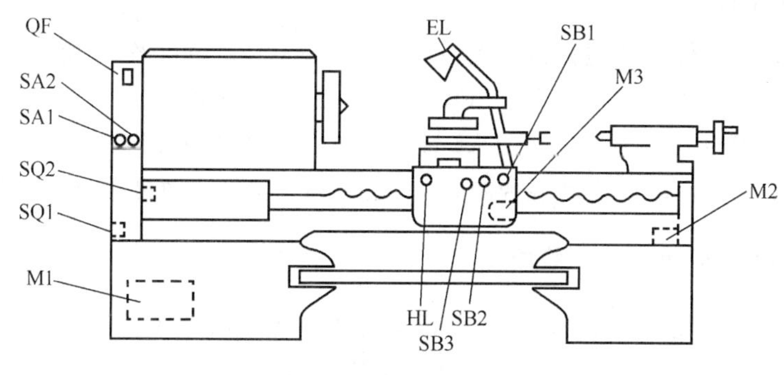

图 6-4　CA6140 型车床电器位置示意图

1. 主电路

主电路有 3 台控制电动机。

主轴电动机 M1：完成主轴运动和刀具的纵向进给运动的驱动，主轴采用机械变速，正反转采用机械换向机构。其短路保护由 QF 的电磁脱扣来实现，交流接触器 KM1 控制其运行，热继电器 FR1 对其实现过载保护。

冷却泵电动机 M2：加工时提供冷却液，防止刀具和工件的温升过高。其短路保护由熔断器 FU1 来实现，交流接触器 KM2 控制其运行，热继电器 FR2 对其实现过载保护。

刀架快速移动电动机 M3：为短时工作制电动机，手动控制其启动和停止。其短路保护由熔断器 FU2 来实现，交流接触器 KM3 控制其运行。

机床电源采用三相 380 V 交流电源，由漏电保护断路器 QF 引入。三台电动机均采用全压直接启动，单向运转。

2. 控制电路

控制电路的电源由控制电源变压器 TC 次级输出的 110 V 交流电压提供，FU6 作短路保护。在开动机床前，应先用钥匙向右旋转电源开关锁 SA2，再合上 QF 接通电源，便可以开启照明灯和控制电机运转。

（1）主轴电动机 M1 的控制。

按下启动按钮 SB1，接触器 KM1 得电吸合，其辅助触点 KM1（3-5）闭合自锁；辅助触点 KM1（9-11）闭合，作为 KM2 得电的先决条件；主触头闭合，电动机 M1 启动运转。按下停止按钮 SB2，接触器 KM1 失电返回，电动机 M1、M2 停转。

(2) 冷却泵电动机 M2 的控制。

在主轴电机 M1 启动的情况下，即接触器 KM1 (9-11) 触点闭合。合上开关 SA1，接触器 KM2 得电吸合，其主触头闭合，电动机 M2 启动运转。只要电动机 M1 停转，M2 也同时停转。

(3) 刀架快速移动电动机 M3 的控制。

刀架快速移动电动机 M3 采用点动控制。按下按钮 SB3，接触器 KM3 得电吸合，电动机 M3 得电运转。松开按钮 SB3，接触器 KM3 失电返回，电动机 M3 停转。

3. 照明和信号电路

控制电源变压器 TC 的次级分别输出 24 V 和 6 V 交流电压，作为机床照明灯和信号灯的电源。其中，EL 为机床的低压照明灯，由开关 SA3 控制；HL 为电源的信号灯。FU4 和 FU5 分别作为 HL 灯和 EL 灯的短路保护。

4. 电气保护环节

除短路和过载保护外，此电路还设置了行程开关 SQ1、SQ2 作为断电保护。SQ1 为挂轮箱安全行程开关，当箱罩被打开后，SQ1 (03-1) 断开，KM1 失电，使主轴电动机 M1 停转。SQ2 为电气箱安全行程开关，当 SA2 锁上或电气控制盘的门被打开时，SQ2 (03-13) 闭合，使 QF 自动断电，即使出现误合闸，QF 也可以在 0.1 s 内再次自动跳闸。

二、CW6263A 车床电气控制线路

CW6263A 车床由床身、床头箱、溜板箱和尾架组成。由位于前床腿内的主电机，通过三角皮带带动床头箱的主轴，经过摩擦离合器控制主轴正反转，通过改变变速手柄的档位来改变主轴的转速。

CW6263A 车床的所有控制元件都集中安装在床头箱后面的电器箱里，其控制线路如图 6-5 所示，表 6-3 为其主要电器元件符号及功能表。

表 6-3　主要电器元件符号及功能表

符　号	名称及用途	符　号	名称及用途
M1	主轴电动机	KM5	冷却泵电动机接触器
M2	刀架快速移动电动机	KT	时间继电器
M3	冷却泵电动机	SA1	电源开关
T	控制电源变压器	SA2	负载选择开关
KM1	主轴接触器	HL1	Y 运行指示灯
KM2	Y 接法接触器	HL2	△运行指示灯
KM3	△接法接触器	HL3	电源指示灯
KM4	刀架快速移动接触器	EL	照明灯

(一) 主电路

CW6263A 车床中有 3 台电动机，主轴电动机 M1 有 Y、△两种接法，负载较轻时可手动切换到 Y 运行，负载较重时切换到△运行。主轴电机由 3 个接触器控制，KM1 用于接通电源，KM2 用于把电动机的定子绕组接成 Y 形，KM3 用于把电动机的定子绕组接成△形。刀架快速进给电动机 M2 和冷却泵电动机 M3 采用直接启动方式。

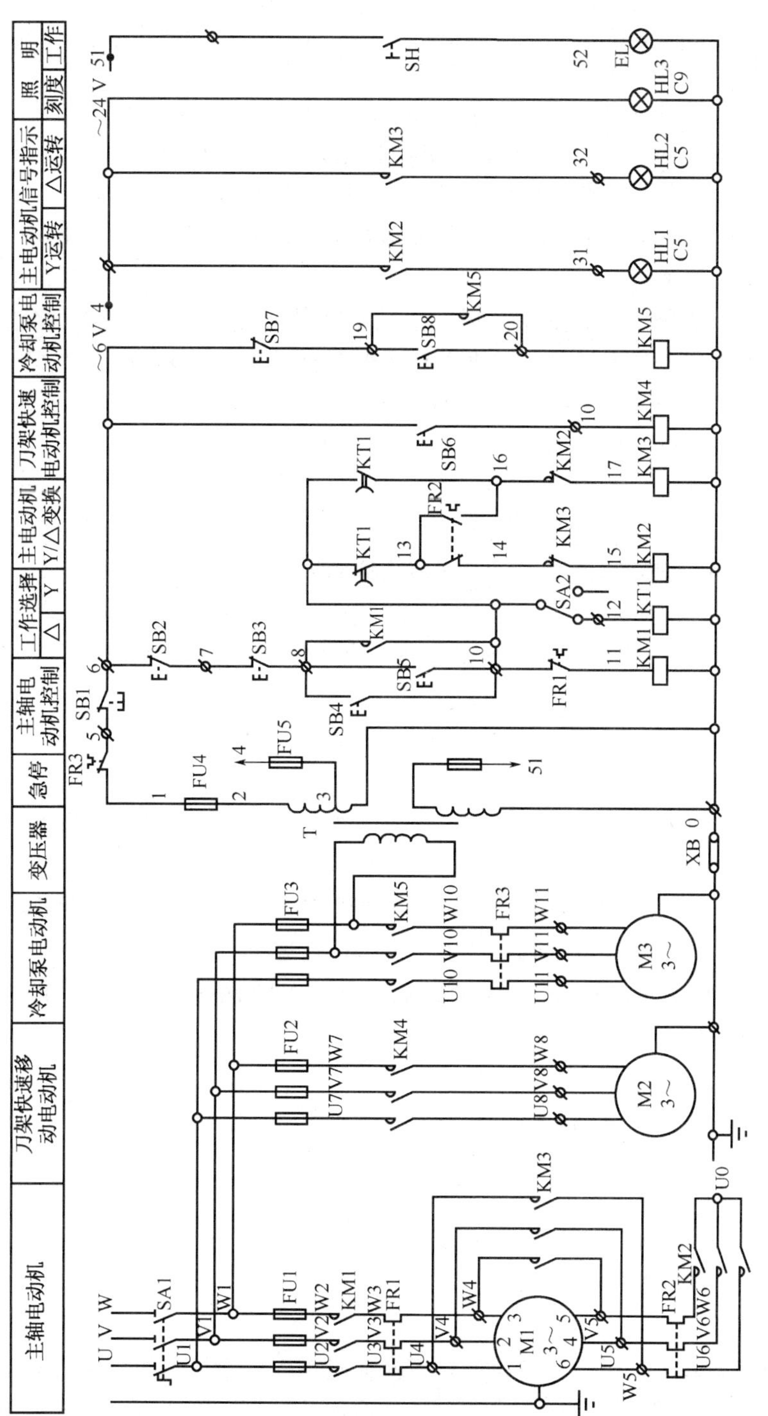

图 6-5 CW6263A 车床电气控制线路

（二）辅助电路

控制电路中设有总停止开关（急停按钮）SB1，当冷却泵电动机 M3 过载时，热继电器 FR3 的常闭接点断开，整个控制电路失电，不能再进行任何操作。当合上电源开关 SA1 时，指示灯 HL3 亮。

1. 主轴电动机的启动

主轴电动机采用两地控制方式，有两个停止按钮 SB2、SB3 和两个启动按钮 SB4、SB5。

当负载小于额定负载的 1/3 时，主轴电动机采用△接法运行。将选择开关 SA2 扳至“△”位，按下 SB4 或 SB5，接触器 KM2 受电动作，主触头闭合，电动机 M1 接成 Y 形启动，指示灯 HL1 亮。由于时间继电器 KT1 无法得电，接触器 KM2 一直受电，其主触头一直闭合，M1 以 Y 接法运行。

当负载大于或等于额定负载的 1/3 时，主轴电动机采用 Y 接法运行。将选择开关 SA2 扳至“Y”位，按下 SB4 或 SB5，电动机 M1 接成 Y 形启动，指示灯 HL1 亮。同时，时间继电器 KT1 得电，经 2～4 s 延时后其延时断开常闭接点闭合，使 KM2 线圈断电，KM3 得电，主轴电动机 M1 以△接法全压运行，指示灯 HL1 灭，HL2 亮。

2. 刀架快速移动

按下按钮 SB6，接触器 KM4 线圈得电，刀架快速移动电动机 M2 旋转，带动刀架快速移动。松开按钮 SB6，则电动机停转，刀架停止移动。

3. 冷却泵电动机启动和停止

当加工过程中需要冷却时，按下按钮 SB8，接触器 KM5 线圈得电，其常开触点 19-20 闭合自锁，冷却泵电动机 M3 启动。

按下 SB7 按钮时，冷却泵电动机 M3 停转。

小　　结

CA6140 型普通车床控制线路中，冷却泵电动机 M2 只能在主轴电动机 M1 启动后启动和运行。电源开关 QF 既能通断电路，又能对电路进行短路、失压和欠压保护。

CW6263A 型普通车床控制线路中，通过转换开关 SA2 选择主轴电动机的运行方式，主轴电动机采用了两地控制。

第三节　M7120 平面磨床电气控制线路

【学习要求】

1. 了解 M7120 平面磨床的电气控制线路。
2. 提高识读复杂电路图的能力。

磨床是机械制造业中广泛用于获得高精度高质量零件表面加工的精密机床。磨床的种类很多，有平面磨床、外圆磨床、内圆磨床、无心磨床及一些专用磨床。磨床的加工形式是磨削加工，以砂轮作为切削刀具，砂轮一般不需要调速，都采用三相异步电动机拖动，砂轮的运动是主运动。辅助运动为砂轮架的上下移动、前后进给和工作台的左右进给。

M7120 磨床是卧轴矩形工作台平面磨床的一种，其机械结构由床身、工作台、电磁吸盘、砂轮箱、滑座等部分组成，工作台上装有电磁吸盘，用于吸附工件。工作台在液压传动机构的作用下，可沿着床身的导轨上下运动，砂轮箱在电动机 M4 的驱动下可沿着立柱导轨上下移动。图 6-6 是 M7120 磨床的电气控制线路图，表 6-4 是 M7120 磨床的主要电器元件符号及功能表。

表 6-4　M7120 磨床的主要电器元件符号及功能表

符　号	名称及用途	符　号	名称及用途
M1	液压泵电动机	VC	桥式整流器
M2	砂轮电动机	YH	电磁吸盘线圈
M3	冷却泵电动机	SB2、SB1	液压泵电动机起、停按钮
M4	砂轮箱升降电动机	SB4、SB3	砂轮电动机起、停按钮
T1	整流变压器	SB5	砂轮箱上升按钮
T2	照明和指示灯变压器	SB6	砂轮箱下降按钮
KM1	液压泵电动机接触器	SB7	电磁吸盘断电按钮
KM2	砂轮电动机接触器	SB8	电磁吸盘充磁按钮
KM3	砂轮箱升降电动机正转接触器	SB9	电磁吸盘工件退磁按钮
KM4	砂轮箱升降电动机反转接触器	FR1	液压泵电动机热继电器
KM5	电磁吸盘充磁接触器	FR2	砂轮电动机热继电器
KM6	电磁吸盘退磁接触器	FR3	冷却泵电动机热继电器

一、主 电 路

主电路中装有 4 台电动机，其中 M1 为液压泵电动机，M2 为砂轮电动机，M3 为冷却泵电动机，M4 为砂轮箱升降电动机。除了 M4 驱动砂轮箱升降，要求能正、反转外，其余的都是单一方向，而且 4 台电动机都采用直接启动方式。砂轮与冷却泵同步工作。用液压传动来拖动工作台能做到传动平稳、换向惯性小、可实现无级调速。

二、辅助电路

1. 液压泵电动机 M1 的控制

这是典型的连续运行的自锁电路，合上电源开关 QS1，欠压保护继电器 KA 吸合，常开触点 KA 闭合，为 KM1、KM2 的通电做准备。这是由于平面磨床的工件是靠直流电磁吸盘的吸力将工件吸牢在工作台上的，只准许在有了可靠的直流电压以后，才允许启动砂轮和液压系统，以保证安全。

当电源指示灯亮时，按下启动按钮 SB2，使 KM1 得电并自锁，液压泵电动机 M1 启动运行，为磨削加工做准备。热继电器 FR1 对电动机 M1 进行过载保护。按下 SB3 时，KM2 失电，M1 断电停转。

2. 砂轮电动机 M2、冷却电动机 M3 的控制

这也是一个自锁电路，按下 SB4，使 KM2 得电并自锁，砂轮驱动电动机和冷却泵电动机同时得电，启动运行。按下 SB3 时，KM2 失电，M2、M3 同时断电，停止运行。

3. 砂轮箱升降电动机 M4 的控制

这 是点动和电气互锁电路。当需要上升时，按下SB5，使KM3有电，其主触点闭合，

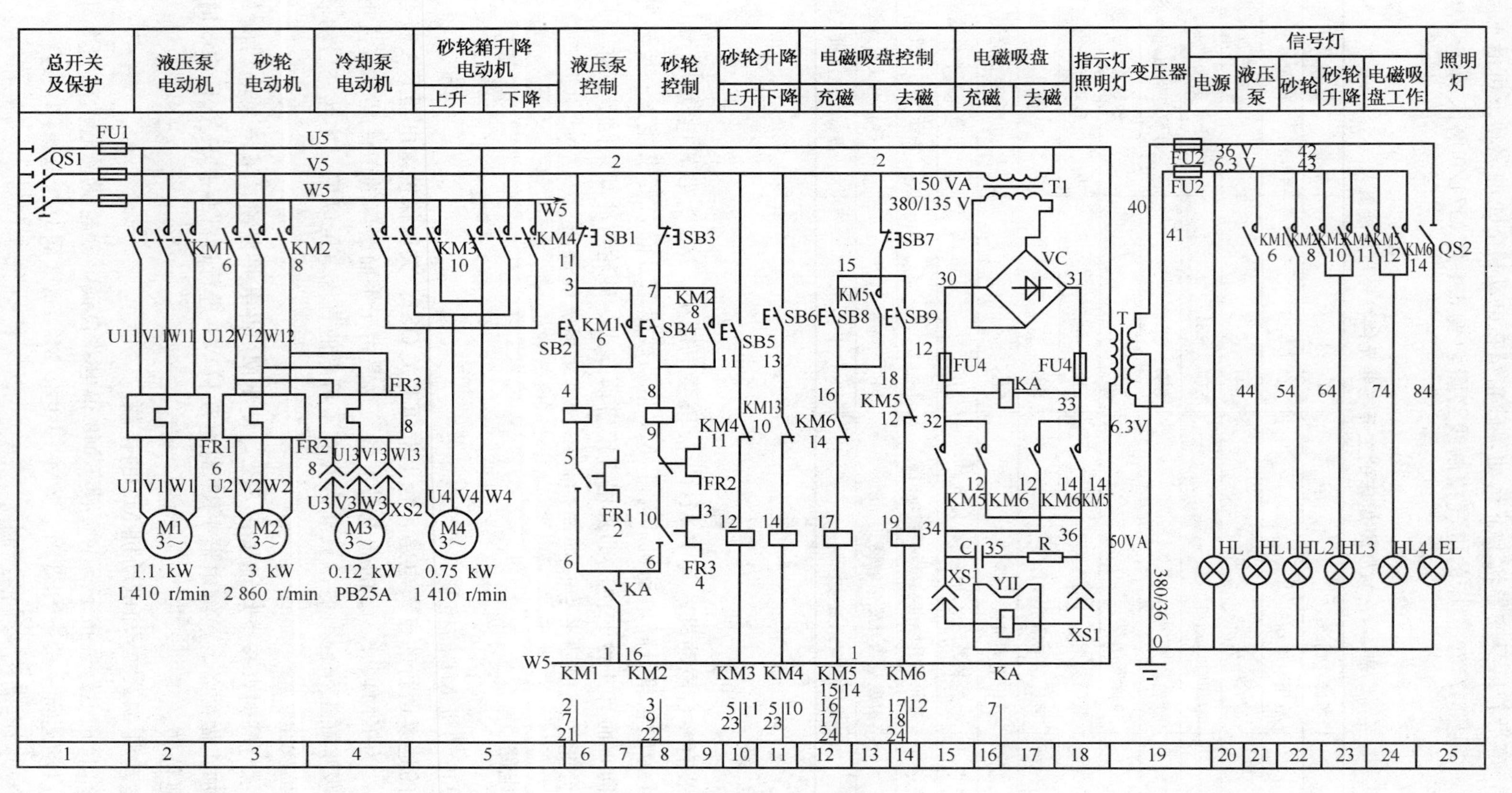

图 6-6 M7120 磨床电气控制线路

砂轮箱升降电动机 M4 得电，进行正转。当砂轮箱上升到预定位置时，松开 SB5，使 KM3 失电，其主触头断开，M4 停车。当需要下降时，按下 SB6，使 KM4 有电，其主触头闭合，M4 反转，砂轮箱下降。当砂轮箱下降到预定位置时，SB6 使 KM4 失电，M4 停转。图中 KM3、KM4 的常闭辅助点分别串接在对方的回路中，起到互锁作用，即当 KM3 得电时，就不会使 KM4 同时得电，防止了两者同时得电而造成电源直接短路。

4. 电磁吸盘控制

电磁吸盘装在工作台上，用于固定加工工件。当电磁铁线圈通电时，电磁铁芯就产生磁场，吸住铁磁材料工件，便于磨削加工。电磁吸盘控制有整流、控制、保护三个部分。整流部分通过整流变压器 T1 把 380 V 电压变换为 135 V，并通过桥式整流输出直流电压，供给吸盘电磁铁。当工件放在电磁吸盘上时，按下充磁 SB8 时，KM5 得电并自锁，电磁铁线圈 YH 通电，产生吸力，吸住工件。为了消除剩磁，需向吸盘线圈 YH 中通入反方向电流，进行消磁工作。为了防止反方向磁化，可采用点动控制。此项功能由 SB9、KM6 实现。当电源电压低时，电磁吸盘的吸力不足，在加工过程中会使工件飞离，造成事故。因此在电磁吸盘电路中设有欠压继电器 KA，电压低时，KA 不动作，使 KM1、KM2 都无法得电，磨床停止工作，确保了生产安全。

5. 照明和指示电路

EL 为照明灯，工作电压为 36 V，由变压器 T 供电；HL 为电源指示灯；HL1 为液压泵电动机 M1 的运转指示灯；HL2 为砂轮电动机 M2 的运行指示灯；HL3 为砂轮箱升降电动机 M4 的运转指示灯；HL4 为电磁吸盘工作指示灯。

小　　结

M7120 型平面磨床的液压电动机和砂轮电动机只有在电磁吸盘的电压达到一定值时才能启动；冷却泵电动机只能在砂轮电动机启动后启动，不需要冷却液时拔下插头 XS2 即可；砂轮箱的上升和下降通过电动机 M4 的正反转点动运行来拖动。

第四节　XA6240A 型万能铣床电气控制线路

【学习要求】

1. 了解 XA6240A 型万能铣床的电气控制线路。
2. 提高识读复杂电路图的能力。

铣床是用铣刀进行连续铣削的机床，也是一种用途十分广泛的金属切削机床，可用于加工平面、斜面和沟槽；如果装上分度头，可以铣切直齿齿轮和螺旋面；如果装上圆工作台，还可以加工凸轮和弧形槽等。铣床的种类很多，主要有卧式铣床、立式铣床、龙门铣床、仿形铣床及各种专用铣床等。

铣床的主运动是铣刀的旋转运动，进给运动是工作台在水平的纵、横方向及垂直方向三个方向的运动，辅助运动则是工作台在以上三个方向的快速移动。

一、主要构成

XA6240A 型万能铣床的结构比较复杂，主要有床身、主轴转动与变速、进给及变速等部分组成。

1. 床身部分

床车部分由床身、底座和悬梁组成，床身底部装有液压泵，供主轴箱变速及润滑。悬梁的前后移动通过齿轮、齿条来实现。

2. 主轴传动及变速部分

主轴传动机构直接安装在床身内部，电动机装在床身后面，利用变速操纵箱内的拨叉来移动齿轮，组成不同的啮合情况，使主轴获得 18 种转速。为保证变速顺利，进给电动机有冲动装置。主轴制动采用电磁离合器，制动平稳、迅速，制动时间不超过 0.5 s。

3. 进给变速部分

进给变速箱是一个独立的部件，装在升降台的左侧，通过齿轮的不同啮合，进给电动机可获得 18 种速度。为保证变速顺利，进给电动机也有冲动装置。工作台三个方向运动的进给传动和快速移动部是通过进给变速箱上的两个电磁离合器进行的。进给电磁离合器吸合时，产生慢速进给；快速电磁离合器吸合时，产生快速移动。两个电磁离合器是互锁的。

二、主 电 路

XA6240A 型万能铣床由 4 台电动机拖动：主轴电动机 M1、进给电动机 M2、冷却泵电动机 M3 和液压润滑泵电动机 M4。铣床有顺铣和逆铣两种加工方式，主轴电动机要求能正反转。进给电动机也要求能正反转，以实现三个方向上的进给运动。为了使主轴传动系统和进给传动系统在变速时齿轮能够顺利啮合，要求主轴电动机和进给电动机能点动一下（称为变速冲动)。电动机之间要求有联锁环节，即在主轴启动后另外的电机才能启动。

三、辅助电路

图 6-7 是 XA6240A 万能铣床的电气控制电路，其主要电器元件符号及功能说明见表 6-5。

表 6-5 XA6240A 万能铣床主要电器元件符号及功能表

符 号	名称及用途	符 号	名称及用途
M1	主轴电动机	MA3	冷却泵继电器
M2	进给电动机	KM5	进给正转接触器
M3	冷却泵电动机	KT	进给反转接触器
M4	液压润滑泵电动机	YC1	主轴制动电磁离合器
KM1	主轴左转接触器	YC2	进给离合器（选定速度）
KM2	主轴右转接触器	YC3	进给快速离合器

1. 主轴的控制

启动主轴时，把转换开关 SA4 转到主轴所需的旋转方向（顺铣或逆铣)，然后按启动按钮 SB3 或 SB4，使接触器 KM1 或 KM2 线圈得电吸合，主轴电动机 M1 旋转。同时，继电器 KA1 线圈得电吸合，其常开触点 6-16 接通并自锁，常开触点 16-18 接通，进给控制电路才能得电。

停止主轴时，按下按钮 SB1 或 SB2 切断接触器 KM1 或 KM2 线圈的供电电路，并接通主轴制动电磁离合器 YC1，主轴即停止转动。

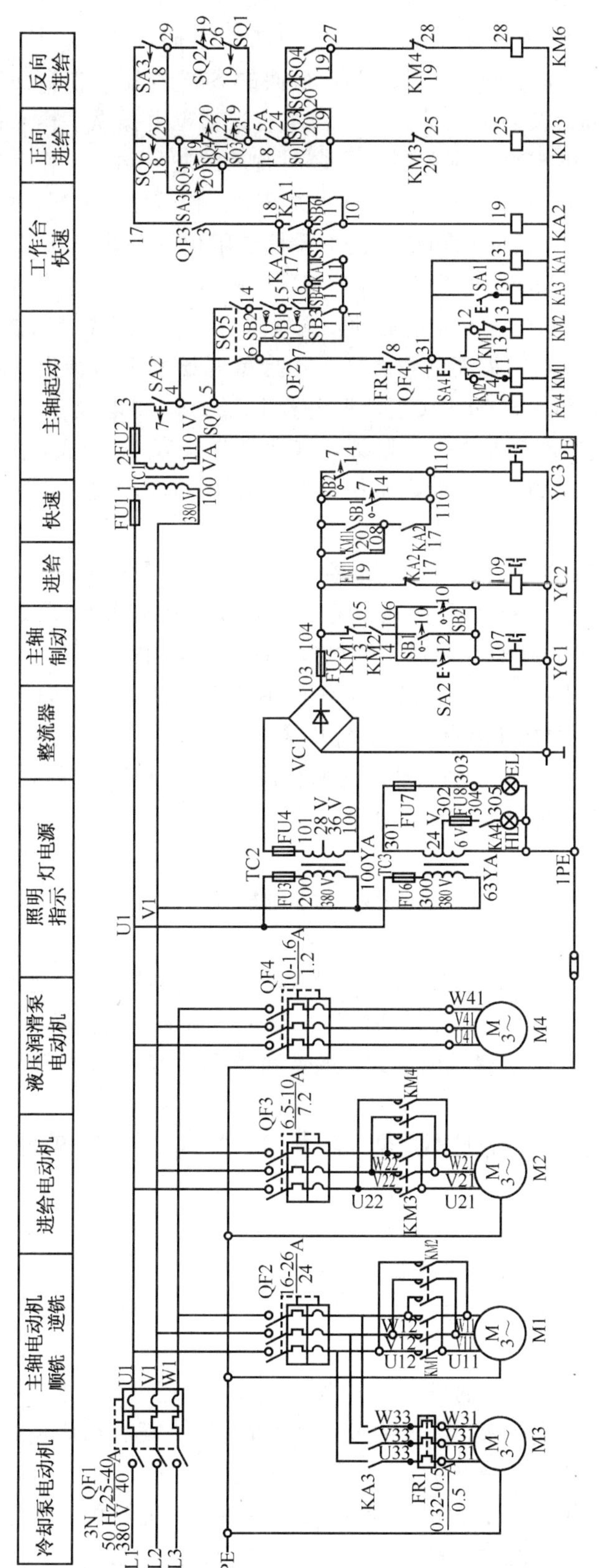

图 6-7　XA6240A 万能铣床电气控制线路

2. 升降台和工作台的控制

升降台的上下运动和工作台的前后运动完全由操纵手柄来控制，手柄的联动机构与限位开关相连接。该限位开关装在升降台的左侧，后面的SQ3控制工作台向前及向下运动，前面的SQ4控制工作台向后及向上运动。工作台左右运动也由操纵手柄来控制，其联动机构与限位开关相连，SQ1和SQ2分别控制工作台向右及向左运动。工作台向后、向上手柄压住限位开关SQ4及工作台向左手柄压住限位开关SQ2，使接触器KM6线圈得电吸合，工作台即选择方向作进给运动。工作台向前、向下手柄压限位开关SQ3及工作台向右手柄压限位开关SQ1，使接触器KM5线圈得电吸合，工作台即按选择方向作进给运动。

只有在主轴启动后，进给运动才能启动，主轴未启动时，工作台只能快速移动。主轴开动后，将进给操纵手柄扳到所需要的位置，工作台就开始按手柄所指方向以选定的速度移动。此时如将快速按钮SB5或SB6按下，继电器KA2线圈得电吸合，其常闭触点104-109断开，切断选定速度进给离合器YC2；随即，其常开接点16-18接通，常开触点108-110接通，接通快速进给离合器YC3。此时，工作台就按选择方向作快速运动。放开快速按钮时，快速移动停止，工作台仍以原进给速度继续运动。

机床附件、圆工作台的回转运动是由进给电机经传动机构驱动的。使用圆工作台时，首先把圆工作台的转换开关SA3转到接通位置，然后按启动按钮SB3或SB4，接触器KM1（或KM2）、KM5线圈得电吸合，接通主轴电机M1及进给电机M2。圆工作台与机床工作台有控制联锁，在使用圆工作台时，机床工作台不能作其他方向的进给运动，即限位开关SQ1、SQ2、SQ3、SQ4的常开触点均处于断开状态。当主轴上刀，换刀时，先将转换开关SA2转到接通位置，接通YC1主轴制动电磁离合器，使主轴不能旋转，然后再上刀、换刀。完毕后再将转换开关转到断开位置，主轴方可启动。

小　　结

图6-7所示XA6240A型万能铣床控制线路中，主轴电动机M1、进给电动机M2和液压油泵电动机M4均采用自动空气开关手动控制，简化了辅助电路。M1和M2只能在M4启动后启动；用转换开关SA4选择铣削方式—顺铣和逆铣（M1的正转和反转）。

第五节　Z3080型摇臂钻床电气控制线路

【学习要求】

1. 了解Z3080型摇臂钻床的电气控制线路。
2. 提高识读复杂电路图的能力。

钻床是一种专门进行孔加工的机床，主要用于钻孔，还可以进行扩孔、铰孔、攻丝等。钻床主要有台式钻床、立式钻床、卧式钻床、深孔钻床等。摇臂钻床是立式钻床的一种，可用于加工大中型工件。

Z3080型摇臂钻床由底座、内外立柱、摇臂、主轴箱、主轴和工作台等部分组成。内立柱固定在底座上，外立柱可绕内立柱回转360°，摇臂与外立柱之间不能作相对转动，它只能与外立柱一起绕内立柱回转，借助于丝杆，摇臂可以沿外立柱上下移动。进行加工时，可利用夹紧机构将主轴箱紧固在摇臂导轨上，外立柱夹紧在内立柱上，摇臂夹紧在外立柱上。主轴箱可以沿着摇臂上的导轨水平移动。可见，钻头可以很容易地在上、下、左、右、前、后各个方向上调整和移动，方便加工工件。

摇臂钻床的主运动是钻头的旋转运动，进给运动是钻头的上下运动，辅助运动有主轴箱沿着摇臂的导轨作水平移动、摇臂沿着外立柱的上下移动和摇臂连同外立柱一起的回转运动。

图 6-8 为 Z3080 型摇臂钻床电气控制电路图，其摇臂的松开→升降→夹紧功能，是由电气—液压—机械装置来实现的，因而该电气控制电路有一定特色。表 6-6 是 Z3080 型摇臂钻床的主要电器元件符号及功能表。

表 6-6　Z3080 型摇臂钻床主要电器元件符号及功能表

符　号	名称及用途	符　号	名称及用途
M1	主轴电动机	KM4	摇臂下降接触器
M2	油泵电动机	KA1	零压继电器
M3	摇臂电动机	KT	时间继电器
M4	冷却泵电动机	YV1	摇臂松开电磁阀
KM1	主轴接触器	YV2	主柱松开电磁阀
KM2	液压电动机接触器	YV3	主轴箱电磁阀
KM3	摇臂上升接触器		

1. 主轴旋转

接通电源开关 QF，按下按钮 SB2，中间继电器 KA1 线圈得电，其常开触点 14-15 闭合自锁，常开触点 13-18 闭合使控制电路带电，常开触点 2-3 闭合，零压指示灯 HL1 亮。按下按钮 SB4，KM1 接触器线圈得电，其常开触点 19-20 闭合自锁，主轴电动机 M1 旋转。按下按钮 SB3 时，断开 KM1 接触器线圈回路，主轴电动机停止。在主轴电动机运行中，如果超载，则热继电器 FR1 动作，其常闭触点 15-16 断开，KA1 线圈断电，控制电路断电，KM1 线圈断电而停车。

2. 摇臂升降

按下按钮 SB5 或 SB6，常开触点 18-21 闭合，常闭触点 23-29 断开，使 YV1 线圈得电，时间继电器 KT 线圈同时得电。KT 的常开触点 18-32 闭合，使 KM2 接触器线圈得电，油泵电动机 M2 旋转。这时摇臂松开的油路接通，摇臂开始松开，松开到位后，限位开关 SQ1 动作，限位开关 SQ4 原来被压住，现在复位，这时 SQ1 的常开触点 22-23 闭合，SQ4 的常闭触点 18-32 闭合。时间继电器 KT 延时约 3 s 后，延时常开触点 21-22 闭合，KM3 接触器线圈得电，其常闭触点 32-33 断开，使 KM2 线圈断电，电动机 M3 开始旋转带动摇臂上升。当松开按钮时，KM3 线圈断电而停车，KM3 的常闭触点闭合，使 KM2 线圈得电，电动机 M2 旋转，摇臂松开的油路反向通入压力油，摇臂开始夹紧。当夹紧到位时，限位开关 SQ4 被压住，断开常闭触点 18-32，KM2 线圈断电，油泵停止转动，恢复正常状态。按下按钮 SB7 或 SB8，摇臂下降，其动作原理同上。

1	2	3	4	5	6	7	8	9	10	11	12	13	14	15
电源引入	电源开关	主轴电动机	保护	油泵电动机	摇臂电动机		冷却泵电动机	控制变压器	保护	信号灯				
					上升	下降				零压	立轴	立柱	立柱主轴箱	主轴箱

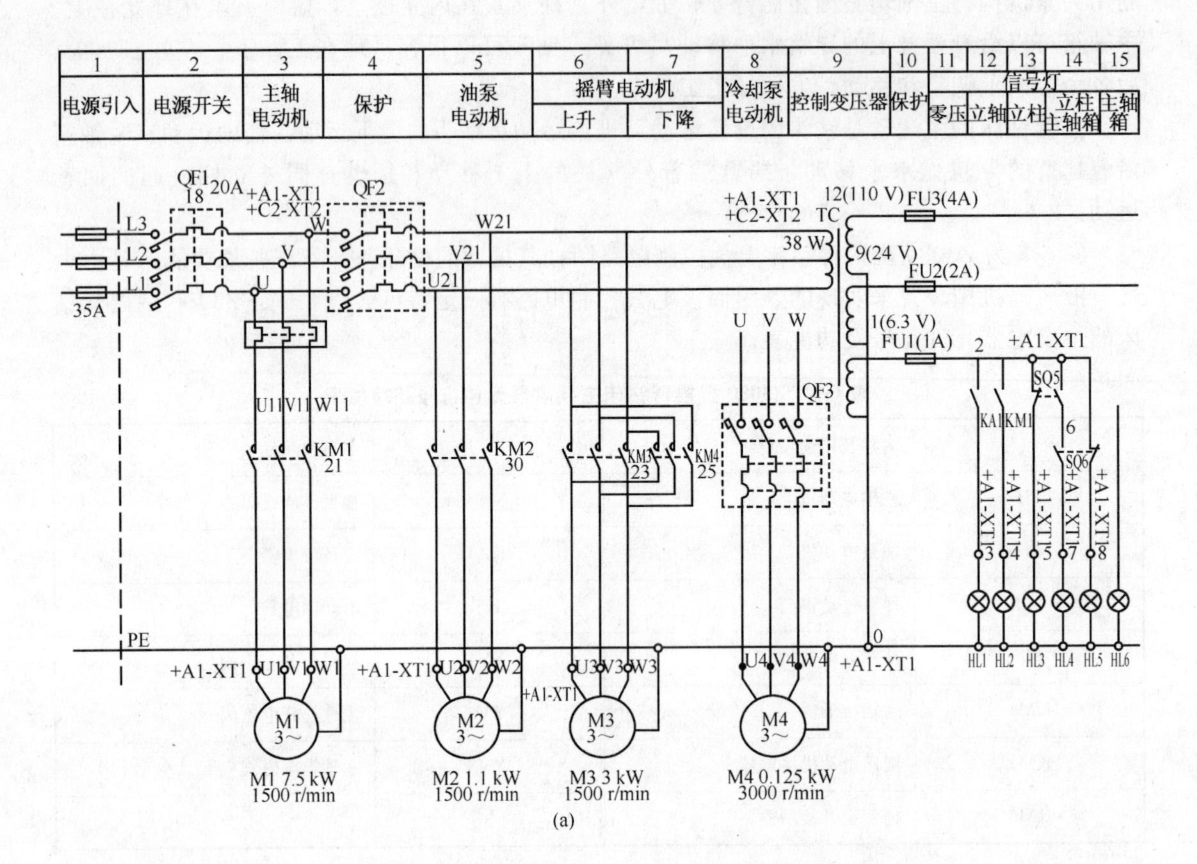

(a)

13	14	15	16	17	18	19	20	21	22	23	24	25	26	27	28	29	30	31	32	33	34	35	36	37
信号灯				开门断电		工作灯	零压急停	主轴转停	摇臂				摇臂松开延时	摇臂松紧带电松开	液压电动机起动				立柱主轴箱	夹紧	立柱松开（带电松开）		主轴箱松开（带电松开）	
立柱	立柱主轴箱	主轴箱	电源						上升		下降													

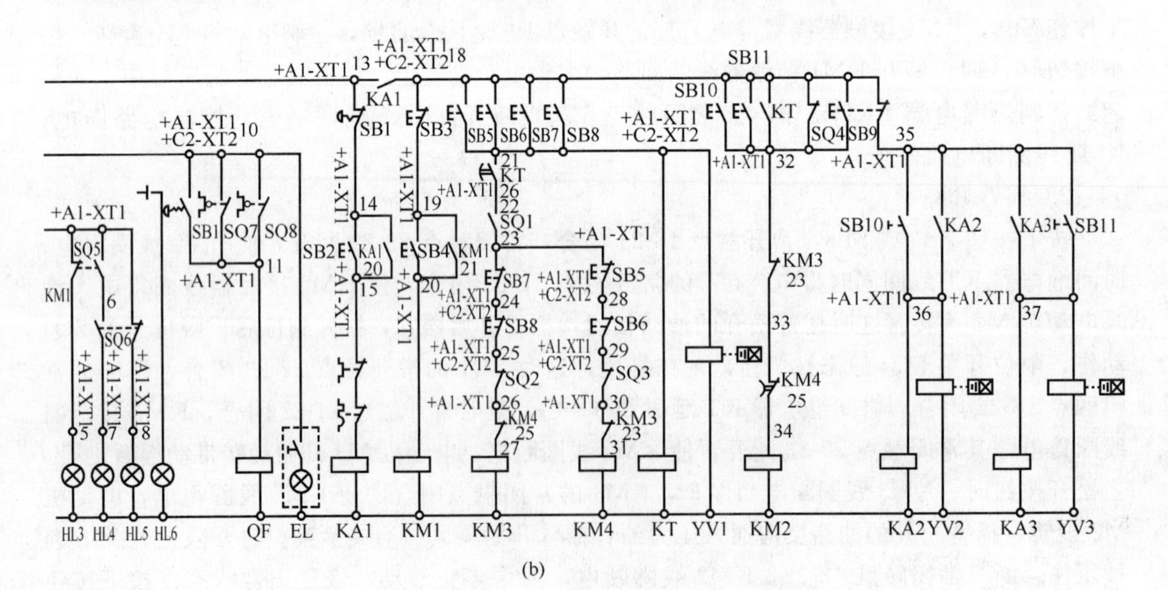

(b)

图 6-8　Z3080 型摇臂钻床电气控制线路

摇臂升降到极限位置时，均有电气安全装置保护，当上升到极限位置时，限位开关SQ2的常闭触点25-26被打开，使KM3线圈断电而停止上升；相反，当下降到极限位置时，限位开关SQ3的常闭开关触点29-30被打开，使KM4线圈断电而停止下降。升降按钮有两套，一套装在电源门上（即SB5、SB8)，另一套装在主轴箱按钮站内（即SB、SB7)。

3．主轴箱、立柱的松开或夹紧

根据使用要求，主轴箱、立柱的松开或夹紧有4种状态：主轴箱、立柱同时夹紧，主轴箱、立柱同时松开，立柱松开、主轴箱夹紧，立柱夹紧、主轴箱松开。

当需要主轴箱、立柱同时夹紧时，按下按钮SB9，其常开触点18-32闭合，使KM2接触器线圈得电，油泵电动机M2旋转，压力油分别进入主轴箱、立柱的油缸，推动活塞使主轴箱、立柱同时夹紧。

当需要立柱松开时，按下按钮SB10，则YV2线圈得电，KA2线圈得电，其常开触点35-36闭合自锁。同时KM2接触器线圈得电；油泵电动机M2旋转，使压力油向相反方向进入立柱油缸，活塞向反方向移动，使立柱松开。

当需要主轴箱松开时，按下按钮SB11，YV3线圈得电，KA3线圈得电，其常开触点35-37闭合自锁。同时KM2接触器线圈得电，油泵电动机M2旋转，使压力油向相反方向进入主轴箱油缸，活塞向反方向移动，使主轴箱松开。

4．开门断电保护

当电气箱门打开后，门开关SQ7的常闭触点10-11闭合，这时QF漏电自动开关立即跳闸断电；当电源门打开后，门开关SQ8的常闭触点10-11闭合，QF漏电自动开关也立即自动跳闸断电。

如需要在门打开后接通电源，则必须把门开关SQ7、SQ8的推杆拉出，再把QF漏电自动开关合上。

小　　结

Z3080型摇臂钻床控制线路中，主轴电动机M1、油泵电动机M2、冷却泵电动机M4均为单向运转，摇臂升降电动机M3为双向运行（采用接触器联锁)；控制线路有多种保护措施；通过信号灯指示钻床的运行状态；控制电路中，中间继电器KA1动作后，接触器和电磁阀等才能受电。

结合本校或本单位机床配置的实际情况，根据其使用说明书、原理接线图、电器布置图等资料，对照实物，把某一型号的机床控制线路分析透彻。

第七章

可编程控制器（PLC）基础知识

第一节　概　述

【学习要求】

了解PLC的功能、特点、构成、等效电路、工作原理及性能指标。

随着科学技术的发展，在继电器-接触器控制的基础上，开发出了可编程控制器。可编程控制器刚问世时，硬件方面以分离元件为主，功能十分简单，主要进行逻辑控制，所以称为可编程逻辑控制器（Programmable Logic Controller），简称PLC。当时，一台PLC只能取代200～300个继电器，可靠性略高于继电器-接触器控制系统，没有成型的编程语言。

随着电子、计算机、自动化、通信等技术的不断发展，PLC技术也日新月异，国际电工委员会（IEC）发表了PLC标准草案，PLC向着标准化、系列化方向发展。PLC的硬件采用多CPU技术，软件方面出现了面向过程的编程语言——梯形图语言及其指令表，以及功能模块描述语言等高级编程语言，其功能越来越强大，不仅可以进行逻辑控制，而且增加了数据运算、传送和处理功能，还可以进行模拟量控制。故美国电气制造商协会（NEMA）于1980年正式将其命名为可编程序控制器（Programmable Controller，简称PC），为区别于个人电脑（Personal Computer，也简称PC），所以仍将可编程控制器称为PLC。

1985年，IEC对PLC做了如下定义：

“可编程序控制器是一种数字运算操作的电子系统，专为工业环境下应用而设计。它采用可编程序的存储器，用来在其内部存储执行逻辑运算、顺序控制、定时、计数和算术运算等操作的指令，并通过数字式、模拟式的输入和输出，控制各种机械或生产过程。”

可见，可编程序控制器实际上是一种通用的工业控制器，它能直接在工业基础环境中应用。目前，每年都有PLC新产品推出，以后PLC的功能还会不断发展、增强。与继电器-接触器控制系统的比较见表7-1。

表7-1　PLC控制系统与继电器-接触器控制系统的比较

比较项目	继电器-接触器控制系统	PLC控制系统
控制功能的实现	采用硬接线完成控制功能	通过编程来实现
对生产工艺过程变更的适应性	适应性差，需重新设计、接线	适应性强，修改程序

续上表

比 较 项 目	继电器-接触器控制系统	PLC 控制系统
控制速度	低，机械动作	快，微处理器运行
可靠性	差，故障多	高
计数及其他特殊功能	一般没有	有
安装、施工	连接导线多，施工量大	安装容易，施工方便
寿命	短	长
维护	复杂，工作量大	工作量小
可扩展性	差，难扩展	好，易扩展

一、PLC 的功能

PLC 能完成的主要功能如下：逻辑控制、定时控制、计数控制、步进控制、A/D、D/A转换、数据处理，通信联网和监控、停电记忆、故障诊断等。

二、PLC 的特点

可编程控制器控制系统与接触器-继电器控制系统相比，具有通用性好、灵活性强、可靠性高、使用简单、维护方便、适应环境能力强、体积小、重量轻、功耗低等优点。

三、PLC 的分类

目前，PLC 的生产厂家很多，型号和规格也不统一，很难详细划分它们的类别，通常只能根据结构形式、I/O 点数以及功能范围三方面来大致分类如下：

（1）按结构形式分：整体式 PLC、模块式 PLC。

（2）按 I/O 点数分：小型 PLC、中型 PLC、大型 PLC。

（3）按功能分：低档机、中档机、高档机。

现阶段在我国市场占有较大份额的生产厂家有：日本的欧姆龙（OMRON）、松下、东芝、三菱、日立、富士；美国的罗克韦尔（ROCKWELL）、美国通用电气公司（GE）与日本法南克（FANAC）合资的（GE-FANAC）；德国的西门子（SIMENS）；法国的施耐德电气公司等。

四、PLC 的等效电路

PLC 控制系统是由输入部分、控制部分、输出部分三大部分组成。输入部分直接接在继电器控制线路中，用来产生控制信号；控制部分采用微处理器及存储器，其控制作用通过内存中已编制好的程序来实现；输出部分则是由 CPU 处理的信号控制负载工作。

使用者希望，编程时不用考虑微处理器及存储器内部的复杂结构，也不必用各种计算机使用的语言，而是按设计继电器控制线路的形式进行。这当然可以，我们就是把 PLC 看成内部由许多软继电器（虚拟继电器）组成的控制器，即把 PLC 的控制部分看做是由许多软继电器组成的等效电路，如图 7-1 所示。

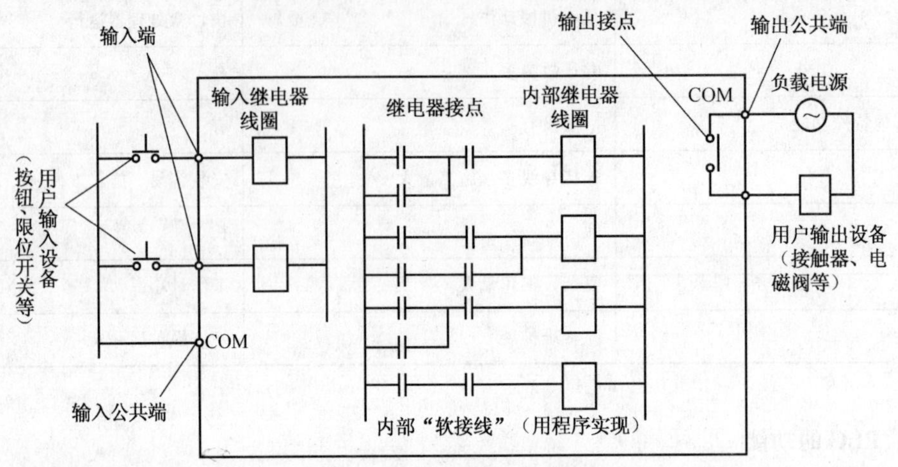

图 7-1　PLC 的等效电路图

五、PLC 的构成

PLC 的实质就是工业计算机，PLC 系统的实际组成与微型计算机（简称微机）基本相同。它也是由硬件系统和软件系统两大部分组成的。

目前 PLC 生产厂家很多，产品结构也各不相同，但其硬件系统的基本结构都可以归纳为以下几部分：中央处理器、输入输出部分、存储器、编程器和电源。图 7-2 为其硬件系统的示意框图。

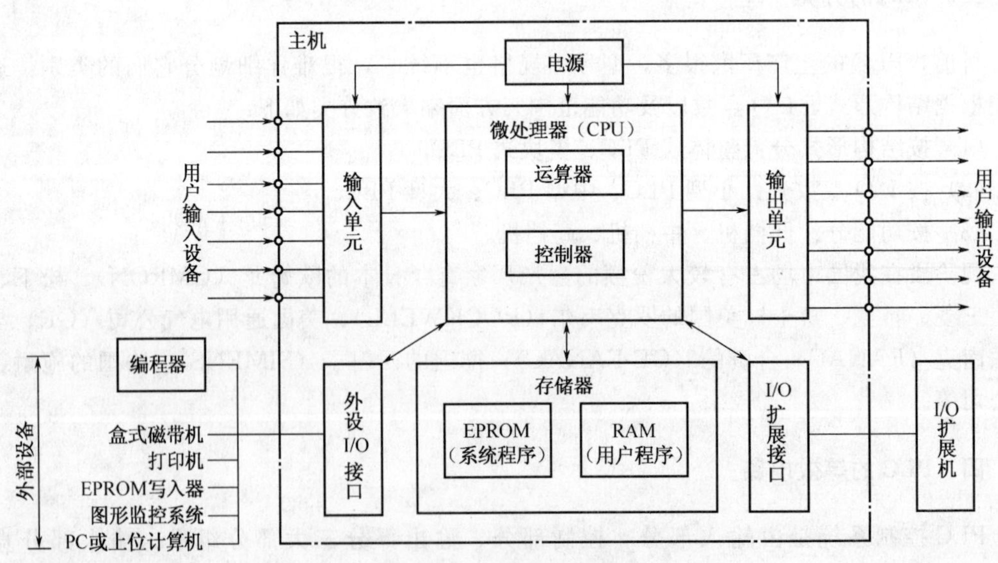

图 7-2　PLC 的构成示意图

软件系统由系统程序和用户程序（根据现场控制的要求用 PLC 的程序语言编制）组成。

六、PLC 的工作原理

PLC 采用循环扫描的工作方式，整个工作过程可分为五个阶段：初始化、与编程器通信、采样输入、程序执行和输出刷新。图 7-3 表示一个不考虑与编程器通信的扫描过程，它分为采样输入、程序执行和输出刷新三个阶段：

1. 采样输入阶段

PLC 首先对各个端口进行扫描，将各输入端的状态送到输入状态寄存器中。

2. 程序执行阶段

PLC 的微处理器逐条执行指令，按要求对输入状态和原运算结果进行处理，并把结果送到相应的状态寄存器。

3. 输出刷新阶段

输出状态寄存器的状态通过输出部件转换成被控设备所能接收的电压或电流信号，以驱动被控设备。

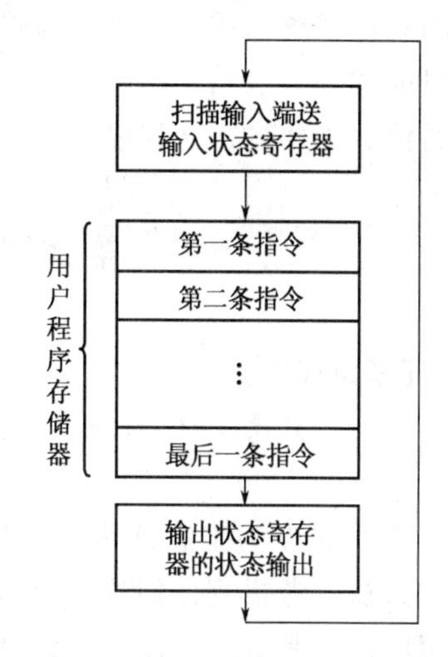

图 7-3　PLC 工作过程示意图

PLC 重复执行扫描过程，周而复始。如果 PLC 正在程序执行阶段，其输入量发生突然变化，则对应的输入状态寄存器的内容是不会变化的，对应的输出信息也就不会随之改变，必须到执行下一个扫描周期的采样输入阶段，PLC 才会采入新的输入数据。在中高档 PLC 中，由于控制功能强，控制程序长，所以采用定时采样和直接输入采样指令。

七、PLC 的主要性能指标

1. 输入/输出（I/O）点数

指 PLC 外部输入、输出端子数。

2. 扫描速度

执行 1 K 步长指令所需要的时间，以 ms/K 为单位。

3. 内存容量

表示 PLC 能存放用户程序的多少。通常用 K 字或 K 字节来表示，1 K=1 024 字节。有的 PLC 用“步”来衡量，一步占用一个地址单元。

4. 指令条数

表示该 PLC 软件功能的强弱。指令越多，编程功能越强。

5. 内部寄存器的配置及容量

PLC 内部有许多寄存器用以存放变量、中间结果、数据等，还有许多辅助寄存器可供用户使用。这些辅助寄存器常可以给用户提供许多特殊功能或简化整体系统，因此，内部寄存器的配置情况常常是衡量 PLC 硬件功能的一个指标。

6. 其他

PLC 除了主控模块外，还可以配接实现各种特殊功能的高功能模块，如 A/D 模块、D/A模块、高速计数模块、远程通信模块等。

小　　结

PLC 是在继电器-接触器控制和计算机控制的基础上开发的产品，逐渐发展成以微处理器为核心，集自动化技术、计算机技术、通信技术为一体的新型工业控制装置。它由硬件系统和软件系统构成，可等效为输入、控制和输出三个部分，控制部分可看做是由许多软继电器组成的等效电路。PLC 采用循环扫描工作方式，其完整工作过程包括初始化、与编程器等通信、采样输入、程序执行和输出刷新三个阶段。

第二节　PLC 的编程语言简介

【学习要求】

了解、熟悉 PLC 的常用编程语言。

PLC 是专为工业自动控制而开发的设备，其使用对象主要是广大电气技术人员及操作维护人员。考虑到他们的传统习惯和掌握能力，PLC 通常不采用微机的编程语言，而常常采用面向控制过程、面向问题的“自然语言”编程。PLC 的一般编程语言有：梯形图 LAD（Ladder Diagram）、指令表（Instruction List）、控制系统流程图 CSF（Control System Flowchart）、逻辑方程式等。

一、梯形图

梯形图是使用得最多的图形编程语言，被称为 PLC 第一编程语言。梯形图在形式上类似于继电器控制电路，也是用图形符号连接而成的，如图 7-4 所示，考虑到梯形图的特殊性及习惯称谓，图中使用的图形符号和文字符号与前几章有所区别。梯形图中，每对接点和每个线圈均对应有一个编号，不同机型的 PLC，其编号的方法也不尽相同。

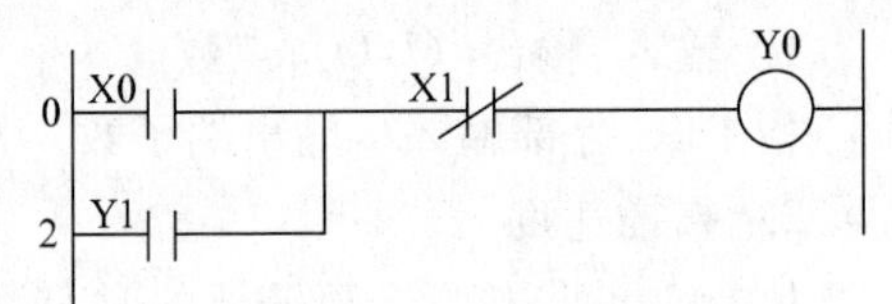

图 7-4　电动机自锁控制线路的梯形图

图 7-4 是电动机自锁控制线路的梯形图，其中，X0、Y1 表示常开接点，X1 表示常闭接点，Y0 表示线圈。梯形图直观易懂，它与继电器-接触器控制电路类似，很容易被工厂电气人员掌握，特别适用于开关量逻辑控制。梯形图常被称为电路或程序，梯形图的设计称为编程。

对比图 7-4 与图 5-8，看看二者是否很相似。

二、指令表

语句表类似于计算机汇编语言的形式，它是用指令的符来编程的。通常每一条指令由操作码和操作数两部分组成，也有的语句不需要操作数。它类似于计算机的汇编语言，但比汇编语言的语句通俗易懂得多，因此应用比较广泛。不同的 PLC，语句表使用的助记符不相同，图形符号也有差异。以三菱 FX_{2N}系列机为例，对应图 7-4 的指令表为：

地址	操作码	操作数
0	LD	X0（表示逻辑操作开始，常开接点与母线连接）
1	OR	Y0（表示常开接点并联）
2	ANI	X1（表示常闭接点串联）
3	OUT	Y0（表示输出）

三、控制系统流程图

控制系统流程图基本沿用了半导体逻辑电路的逻辑方块图，每一种功能的控制都使用一个运算方块，其运算功能方块内的符号确定，常用的逻辑功能有“与”、“或”、“非”等。对应于图 7-4 的控制系统流程图，如图 7-5 所示。控制系统流程图也比较直观易懂，对于熟悉逻辑电路和具有逻辑代数基础的人来说，这种方法很容易掌握。

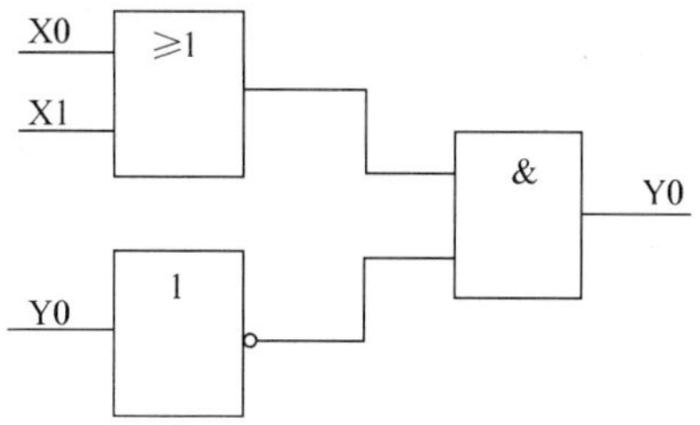

图 7-5　控制系统流程图

四、逻辑方程式

这种方法也是沿用了半导体逻辑电路中的逻辑表达式，对应图 7-5，其逻辑方程式为

$$Y0=(X0+Y0)\cdot\overline{X1}$$

小　　结

PLC 的梯形图、指令表、控制系统流程图、逻辑方程式从不同的角度表达出控制目的，易学易懂。

第三节　梯　形　图

【学习要求】

1. 熟悉 PLC 的梯形图和指令表。
2. 学会识读梯形图和指令表。
3. 学习用梯形图和指令表编制简单的程序。

梯形图编程是类似于设计继电器-接触器电路图的一种编程方法，它也有继电器的触点、线圈、串并联等图形符号，而且还添加了许多功能强大而灵活的指令。梯形图编程比较形象、直观，程序功能容易理解，编程较为简单方便。

指令表编程是利用 PLC 中各个功能的英文字母缩写来编程。由实现某一个功能的指令构成的集合就是指令表。

指令表和梯形图有着严格的对应关系。

熟练地掌握 PLC 的指令系统可以更好地发挥 PLC 的功能。三菱 FX_{2N}系列 PLC 和松下 FP1 系列 PLC 的指令十分丰富，限于篇幅，只能选择性地介绍一些比较常用、比较重要的指令，其他指令可以通过类比的方法或查阅有关资料了解掌握。

梯形图中常常用到以下三个基本概念：

1. 软继电器

PLC 梯形图编程中，某些编程元件沿用了继电器这一名称，如输入继电器、输出继电器、内部辅助继电器等，但是它们不是真实的物理继电器，而是一些存储单元（软继电器），每一个软继电器与PLC存储器中映像寄存器的一个存储单元相对应。该存储单元如果为“1”状态，则表示梯形图中对应软继电器的线圈“通电”，其常开接点接通，常闭接点断开，称这种状态是该软继电器的“1”或“ON”状态。如果该存储单元为“0”状态，对应软继电器的线圈和接点的状态与上述的相反，称该软继电器为“0”或“OFF”状态。

2. 能流

梯形图中并没有真实的物理电流流动，而仅是“概念”电流——能流，是用户程序计算中满足输出执行条件的形象表示方式，能流只能从左到右、由上而下流动。

3. 母线

梯形图两侧的垂直公共线称为母线（Bus bar）。在分析梯形图的逻辑关系时，为了借用继电器电路图的分析方法，可以想像左右两侧母线（左母线和右母线）之间有一个左正右负的直流电源电压，母线之间有“能流”从左向右流动。

一、PLC梯形图的特点

梯形图与继电器控制电路相比较，在电路的结构形式、元器件的符号以及逻辑控制功能等方面是相同的，但它们又有很多不同之处，梯形图具有以下特点：

（1）梯形图按自上而下、从左到右的顺序排列。每个继电器线圈为一个逻辑行。每个逻辑行起于左母线，止于右母线。继电器线圈与右母线直接连接，不能在继电器线圈与右母线之间连接其他元件，线圈不能直接接在左母线上，必要时可用不动作的常闭接点连接线圈。右母线可以不画出。

（2）梯形图上的继电器是软继电器。它是广义的，包括输出继电器、辅助继电器、计时器、计数器、移位寄存器及各种运算结果。

（3）梯形图中，一般情况下（有跳转指令和步进指令等的程序段除外），某个编号的继电器线圈只能出现一次，而继电器接点则可无限引用，既可以是常开接点，又可以是常闭接点。

（4）梯形图是PLC形象化的编程手段，梯形图两端的母线不接任何电源。

（5）输入继电器供PLC接受外部输入信号，而不能由内部继电器的接点驱动。因此在梯形图中只出现输入继电器的接点，而不出现输入继电器的线圈。

（6）输出继电器供PLC作输出控制用。它通过开关量输出模块对应的输出开关（晶体管、双向晶闸管或继电器）去驱动外部负载。因此，当梯形图中输出继电器线圈满足接通条件时，就表示在对应的输出点有输出信号。

（7）PLC对梯形图采用扫描方式顺序执行程序，即按照梯形图符号排列的先后顺序（从上到下，从左到右）逐一处理。因此不存在几条并列支路同时动作的因素，由此可以减少许多有约束关系的联锁电路。

二、PLC梯形图的基本读图方法

PLC控制系统与继电器控制系统虽然有很多相似之处，但它们的工作方式不同，因而存在着本质上的差别。阅读PLC控制系统电路图的基本方法如下：

（1）了解该控制系统的工艺流程图和具有的功能。

（2）看主电路，进一步了解工艺流程图和对应的执行装置或元器件。

（3）看 PLC 控制系统的输入/输出分配表和硬件连接图，了解输入信号和对应输入继电器编号，了解输出继电器编号及所对应负载。

（4）看梯形图时，采用查线法。读图过程同 PLC 扫描用户程序过程一样，即从左到右、自上而下逐线读出。

三、PLC 梯形图的绘制和编程规则

尽管梯形图与继电器电路图在结构形式、元件符号及逻辑控制功能方面有很多类似，但它们又有许多不同之处，梯形图有自己的编程规则。

（1）梯形图类似于继电器控制线路图，绘制梯形图时，接点应画在水平线上，不要画在垂直分支上，如图 7-6 所示。

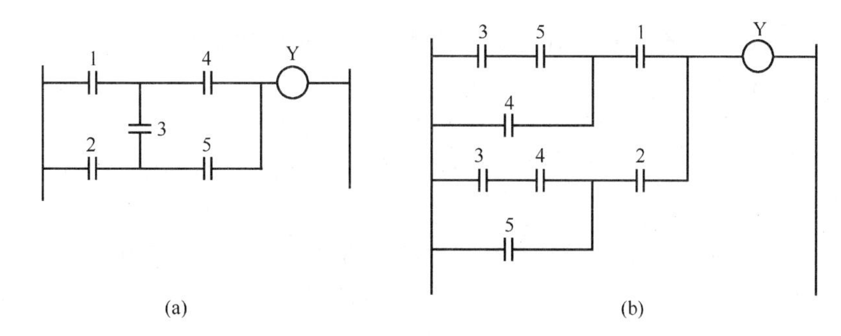

图 7-6　梯形图接点的画法

（a）不正确；（b）正确

图 7-6（a）中接点 3 放在了垂直分支上，这样就很难识别它与其他接点之间的关系，也难以判断通过它对输出线圈的控制。根据从左到右、自上而下的原则和对输出线圈 Y 的几种可能的控制途径，可将图 7-6（a）画为图 7-6（b）的形式。

（2）不含接点的分支线应放在垂直方向，不可放在水平位置。

（3）每一逻辑行总是起于左母线，然后是接点的连接，最后终止于线圈或右母线（右母线可以不画出）。注意：左母线与线圈之间一定要有接点，而线圈与右母线之间则不能有任何接点。编程时，必须按从左到右、自上而下的原则进行。

（4）梯形图中的接点可以任意串联或并联，但继电器线圈只能并联而不能串联。

（5）接点的使用次数不受限制。

（6）对于不可编程的梯形图接点必须经过等效变换，变成可编程梯形图。

（7）几个串联回路相并联时，应将接点多的回路放在梯形图的上面；几个并联回路相串联时，应将接点多的回路放在梯形图的左面。这样所编制的程序语句较少，简洁明了。

（8）在有线圈连续输出时，应将连有接点的线圈放在未连有接点的线圈之下。

（9）编程中所用到的操作码和操作数必须适合所使用 PLC 机型。

另外，在设计梯形图时，输入继电器的接点状态最好按输入设备全部为常开进行设计更为合适，不易出错。建议读者尽可能用输入设备的常开接点与 PLC 输入端连接，如果某些信号只能用常闭输入，可先按输入设备为常开来设计，然后将梯形图中对应的输入继电器接点取反（常开改成常闭、常闭改成常开）。

四、三菱 FX_{2N} 系列 PLC 的编程简介

三菱公司是日本生产 PLC 的主要厂家之一，FX_{2N} 系列是 PLC 的典型产品，这是一种高速度、高性能的小型 PLC。

（一）基本指令

FX_{2N} 系列 PLC 的指令十分丰富，有基本指令 27 条，步进指令 2 条，应用指令 128 种（298 条），下面介绍一些常用指令及其使用说明。

1．LD、LDI、OUT 指令

LD（Load）——“取”指令。用于梯形图中与左母线相连的第一个常开接点。

LDI（Load Inverse）——“取反”指令。用于梯形图中与左母线相连的第一个常闭接点。

OUT——“输出”指令。用于让运算结果驱动一个指定的线圈。

2．AND、ANI 指令

AND——“与”指令。用于常开接点的串联，完成逻辑“与”运算。

ANI（AND Inverse）——“与反”指令。用于常开接点的串联，完成逻辑“与非”运算。

说明：AND、ANI 仅用于单个接点与左边电路的串联，可连续使用。

3．OR、ORI 指令

OR——“或”指令。用于常开接点的并联，完成逻辑“或”运算。

ORI（OR Inverse）——“或反”指令。用于常闭接点的并联，完成逻辑“或非”运算。

说明：OR、ORI 仅用于单个接点的并联操作，紧接在 LD、LDI 指令之后使用，即对其前面 LD、LDI 指令所规定的接点再并联一个接点，可连续使用。

LD、LDI、OUT、AND、ANI、OR、ORI 的用法梯形图，如图 7-7 所示。

指令表如下：

指令表

地址	指令	元器件编号
0	LD	X004
1	OR	X006
2	ORI	M2
3	OUT	Y005
4	LDI	Y005
5	AND	X007
6	OR	M3
7	ANI	X010
8	OR	M0
9	OUT	M3

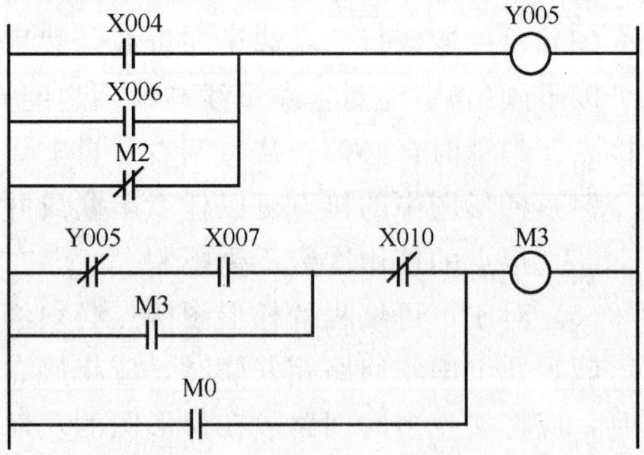

图 7-7　LD、LDI、OUT、AND、ANI、OR、ORI 的用法梯形图

4．ORB 指令、ANB 指令

ORB（OR Block）——“或块”指令。用于串连接点支路的并联。

说明：每一个支路都从 LD/LDI 指令开始操作，以 ORB 指令为该支路接点组的终止。

ANB（AND Block）——“与块”指令。用于并连接点支路的串联。

说明：每一个支路都从 LD/LDI 指令开始操作，以 ANB 指令为该支路接点组的终止。

ORB、ANB 的用法梯形图，如图 7-8 所示。

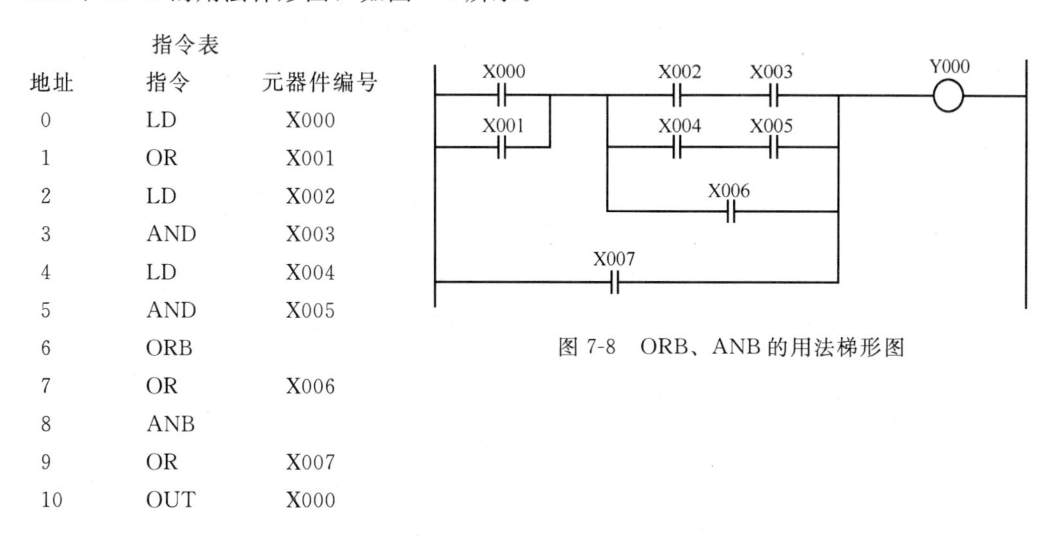

指令表

地址	指令	元器件编号
0	LD	X000
1	OR	X001
2	LD	X002
3	AND	X003
4	LD	X004
5	AND	X005
6	ORB	
7	OR	X006
8	ANB	
9	OR	X007
10	OUT	X000

图 7-8　ORB、ANB 的用法梯形图

5．S/R 指令

S（Set）——“置位”指令。用于线圈的置位操作，并使其具有自保持功能。

R（Reset）——“复位”指令。用于线圈的复位操作，取消线圈的自保持功能。

说明：R、S 一般成对使用，指令的使用次序无限制，其间可插入其他程序；R、S 同时激发时，R 优先执行。

6．PLS/PLF 指令

PLS/PLF——脉冲输出指令，又称为脉冲微分指令对。用于在输入信号的上升沿/下降沿产生 1 个扫描周期的微分信号（窄脉冲）。

图 7-9 所示为 S/R、PLS/PLF 指令的用法梯形图。可见，用输入 X000 的上升沿脉冲来驱动辅助继电器 M0 产生一个扫描周期时间的脉冲信号，操作保持输出继电器 Y000；用输入 X001 的下降沿脉冲来驱动辅助继电器 M1 产生一个扫描周期时间的脉冲信号，解除输出继电器 Y000 的操作保持。

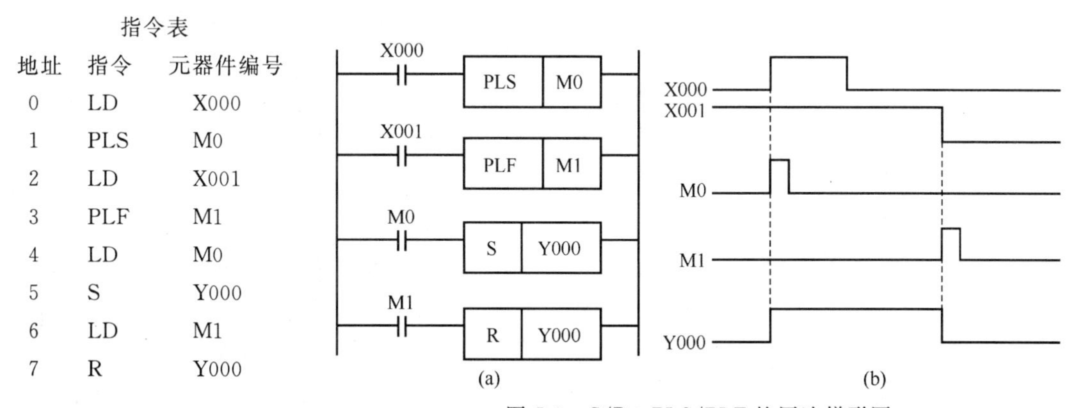

指令表

地址	指令	元器件编号
0	LD	X000
1	PLS	M0
2	LD	X001
3	PLF	M1
4	LD	M0
5	S	Y000
6	LD	M1
7	R	Y000

图 7-9　S/R、PLS/PLF 的用法梯形图

8．MC/MCR 指令

MC（Master Control）——主控指令。用于公共逻辑条件控制多个线圈。

MCR（Master Control Reset）——主控返回指令。用于主控结束时返回母线。

说明：MC/MCR 用于辅助继电器；MC 用于设置子母线，使其后的梯形图可用一般指令进行编程，MCR 用于返回主母线。

9. NOP（Not Operation）指令

空操作指令。用于程序的清除。

10. END 指令

用于程序的结束。

（二）编程举例

采用 PLC 控制时，可依据继电器-接触器控制线路，首先列出继电器-接触器控制与 PLC 控制的对照表，然后画出梯形图，或写出语句表。

1. 将三相异步电动机接触器联锁正反转控制线路改成 PLC 控制电路。

分析：三相异步电动机接触器联锁正反转控制线路（图 5-13）中有停车按钮、正转启动按钮、反转启动按钮、热继电器、正转接触器和反转接触器各 1 个。

(1) 编写现场信号与 PLC 软继电器编号对照表。

输入设备为按钮 SB1、SB2、SB3 和热继电器 FR，输出设备为交流接触器 KM1、KM2。I/O 分配情况如表 7-2 所示。

表 7-2 I/O 分 配 表

分 类	名 称	现场信号	PLC 编号
输入信号	停止按钮	SB1	X000
	正转按钮	SB2	X001
	反转按钮	SB3	X002
	热继电器	FR	X003
输出信号	正转接触器	KM1	Y000
	反转接触器	KM2	Y001

(2) 画梯形图，如图 7-10 所示。

(3) 写指令表。

指令表

地址	指令	元器件编号
0	LD	X001
1	OR	Y000
2	ANI	X000
3	ANI	Y001
4	ANI	X003
5	OUT	Y000
6	LD	X002
7	OR	Y001
8	ANI	X000
9	ANI	Y000
10	ANI	X003
11	OUT	Y001

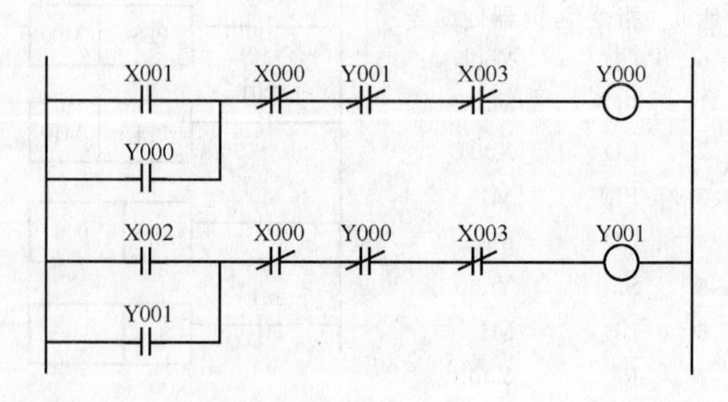

图 7-10 三相异步电动机接触器联锁的正反转控制梯形图

2. 设计一个皮带输送机，由三台三相异步电动机 M1、M2、M3 拖动，三台电动机顺序启动、逆序停止，具体情况是：

（1）启动时，第一台电动机启动 15 s 以后第二台电动机启动；第二台电动机启动 25 s 以后第三台电动机启动。

（2）停车时，第三台电动机停转 30 s 以后第二台电动机停转，第二台电动机停转 20 s 以后第一台电动机停转。

（3）有总停止开关。

总体分析：

这是一个三条皮带组成的输送带控制线路，需要 1 个总停止按钮、1 个启动按钮、1 个停止按钮，还需要 3 个交流接触器分别去控制相应的电动机。延时由 PLC 内部功能实现，不需要时间继电器。

（1）编写现场信号与 PLC 软继电器编号对照表。

输入设备为按钮 SB1、SB2、SB3，输出设备为交流接触器 KM1、KM2、KM3。I/O 分配情况如表 7-3 所示。

表 7-3 I/O 分配表

分类	名称	现场信号	PLC 编号
输入信号	总停止按钮	SB1	X0
	正转按钮	SB2	X1
	停止按钮	SB3	X2
输出信号	控制电动机 M1 的接触器	KM1	Y0
	控制电动机 M2 的接触器	KM2	Y1
	控制电动机 M3 的接触器	KM3	Y2

（2）画梯形图，如图 7-11 所示。

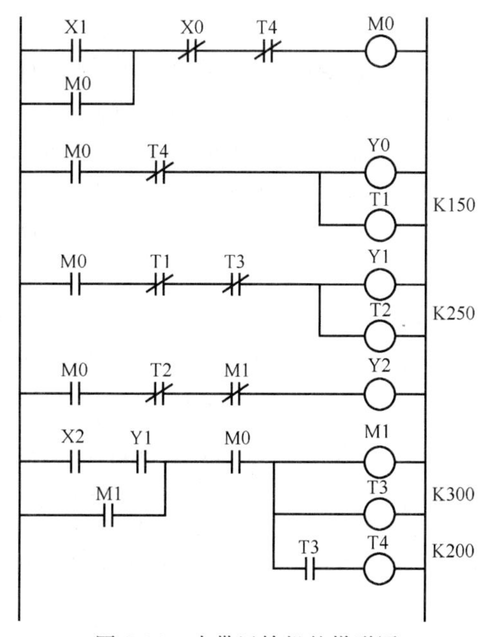

图 7-11 皮带运输机的梯形图

(3) 写指令表。

指令表

地址	指令	元器件编号	地址	指令	元器件编号
0	LD	X1	13	LD	M0
1	OR	M0	14	AND	T2
2	ANI	X0	15	ANI	M1
3	ANI	T4	16	OUT	Y2
4	OUT	M0	17	LD	X2
5	LD	M0	18	AND	Y2
6	ANI	T4	19	OR	M1
7	OUT	Y0	20	AND	M0
8	OUT	T1	21	OUT	M1
	K	150	22	OUI	T3
9	LD	M0		K	300
10	ANI	T4	23	AND	T3
11	OUT	Y1	24	OUT	T4
12	OUT	T2		K	200
	K	250			

五、松下 FP1 系列 PLC 的基本指令简介

日本松下电工株式会社目前有三个大类七种型号的产品，在世界 PLC 产品市场中占有一定的份额，尤其在小型机和微型机方面有其独到之处。

1. ST、ST/、OT 指令

ST 指令——“初始加载”指令。用于从母线连接一个常开接点，开始一个逻辑运算。

ST/指令——“初始加载非”指令。用于从母线连接一个常闭接点，开始一个逻辑运算。

OT 指令——“输出”指令，也称驱动线圈指令。用于将当前的运算结果输出到指定继电器。说明：在执行完 OT 指令后，结果寄存器的内容保持不变。

图 7-12 是应用 ST、ST/、OT 指令的一个简单示例。图 7-12 (a) 为用两只按钮控制两只电灯的电路图，SB1、SB2 是两只按钮，HL1、HL2 是两盏电灯，实现功能是：电路一接通 HL1 不亮、HL2 亮；按下按钮 SB1，HL1 亮；按下 SB2，HL2 熄灭。

图 7-12 (b) 是实现这一功能的梯形图，图 7-12 (c) 是对应的内部寄存器操作情况。SB1 和 SB2 对两盏灯的控制正好相反，原因就在于使用了不同的指令。

将图 7-12 (b) 转换为指令表如下，操作数相当于前面的元器件编号：

地址	指令	操作数	说　明
0	ST	X0	若按下 SB1，输入继电器 X0 为 1，R=1
1	OT	Y0	若 R 中的内容输出到 Y0，灯 HL1 点亮
2	ST/	X1	若按下 SB2，输入继电器 X1 为 1，R=1
3	OT	Y1	若 R 中的内容输出到 Y1，灯 HL2 点亮

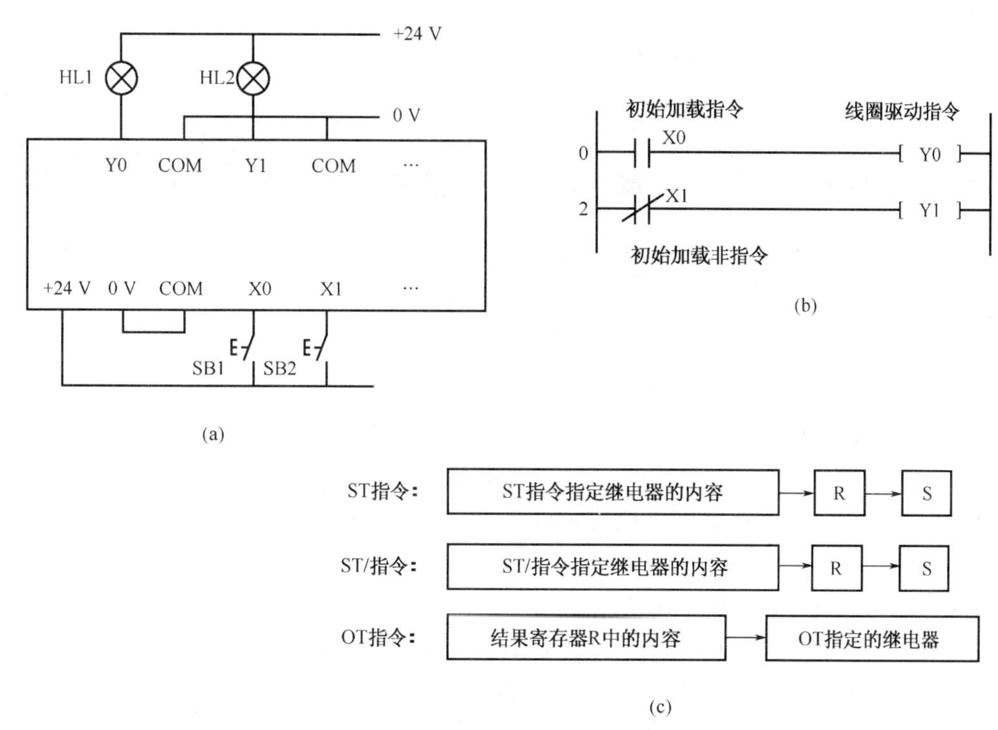

图 7-12　ST、ST/、OT 指令的应用举例
（a）电路图；（b）梯形图；（c）内部寄存器操作

2. PSHS、RDS、POPS 指令

PSHS——推入堆栈指令，其功能是将该指令处的结果推入堆栈保存。

RDS——读出堆栈指令，其功能是将堆栈寄存器的内容读出并送入结果寄存器，注意，进行此操作后，堆栈寄存器的内容不变。PLC 将利用读出的内容继续执行下一步操作。

POPS——弹出堆栈指令，其功能是将堆栈寄存器由 PSHS 指令存入的内容弹出堆栈。注意，进行此操作后，堆栈寄存器由 PSHS 指令存入的内容将被清除，PLC 将利用弹出的内容继续执行下一步操作。

3. /、AN、AN/指令

/——“非”指令。即逻辑非指令，其功能是将该指令处的操作结果取反并存入结果寄存器。

AN——“与”指令。用于串联一个常开接点，把原来保存在结果寄存器中的逻辑操作结果与指定的继电器内容相“与”，完成逻辑“与”运算并将结果存入结果寄存器。

AN/——“与非”指令。用于串联一个常闭接点，把原来保存在结果寄存器中的逻辑操作结果与指定的继电器内容取反后相“与”，完成逻辑“与”运算并将结果存入结果寄存器。

/、AN、AN/指令的用法梯形图如图 7-13 所示。

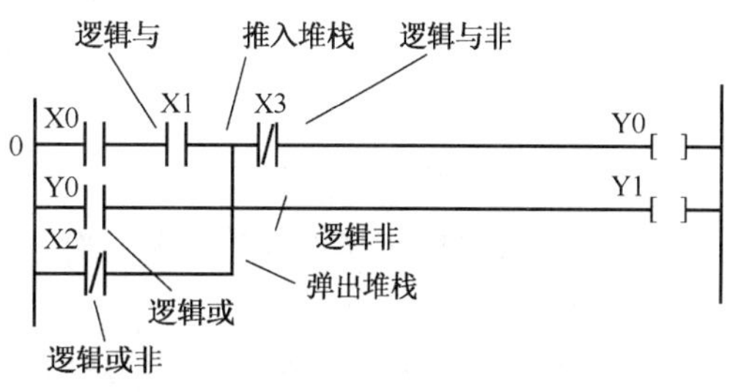

图 7-13　/、AN、AN/指令的用法梯形图

4. OR、OR/指令

OR——“或”指令。用于常开接点的并联，完成逻辑“或”运算并将结果存入结果寄

存器。

OR/——“或非”指令。用于常闭接点的并联，完成逻辑“或非”运算并将结果存入结果寄存器。

5. SET/RST 指令

SET——“置位”指令。其功能是触发信号一旦接通，SET 指定的继电器便通电并自保持，而不管触发信号如何变化。

RST——“复位”指令。其功能是触发信号一旦接通，SET 指定的继电器便断电复位并自保持，而不管触发信号如何变化。

SET、RST 指令的用法梯形图见图 7-14。

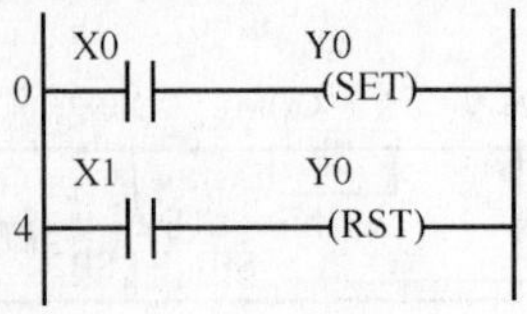

图 7-14 SET、RST 指令的用法梯形图

6. MC、MCE 指令

MC 为主控继电器指令，MCR 为主控继电器结束指令。当预置触发信号接通时，执行 MC 至 MCE 之间的指令。

7. SSTP、NSTP、NSTL、CSTP、STPE 指令

SSTP 指令：表示进入步进程序。

NSTP 指令：当检测到触发信号的上升沿时，执行 NSTP 指令，即开始执行步进过程(脉冲执行方式)，并将包括该指令本身在内的整个步进过程复位。

NSTL 指令：若该指令的触发信号接通，则每次扫描均执行 NSTL 指令。即开始执行步进过程（脉冲执行方式)，并将包括该指令本身在内的整个步进过程复位。

CSTP 指令：复位指定的步进程序。

STPE 指令：关闭步进程序区，并返回一般梯形图程序。

8. NOP 指令

为空操作指令。

9. ED、CNDE 指令

ED 为结束指令，CNDE 为条件终结指令。二者均用于程序的结束，但使用情况不同。

小　　结

梯形图、指令表是最常用的 PLC 编程方法。梯形图编程与设计继电器-接触器电路图的方法相似，比较形象、直观，程序功能容易理解，编程简单方便。指令表编程是利用 PLC 中各个功能的英文字母缩写来编程。指令表和梯形图有严格的对应关系。

第四节　交流电梯的 PLC 控制电路

【学习要求】

1. 了解电梯的电气装置。
2. 学会识读电梯控制的梯形图。

电梯是一种在垂直方向上运行的运输设备，广泛应用于生产和生活中。电梯在各站的厅外设有召唤箱，箱上设置有供乘用人员召唤的按钮或触钮。在电梯的轿厢内一般都设有操纵

箱，操纵箱上设置有手柄开关或与层站对应的按钮或触钮，供司机或乘用人员控制电梯上下运行。下面是几个常用术语：

1. 层站

指各楼层中，电梯停靠的地点。每一层楼，电梯最多只有一个站；但可根据需要在某些层楼不设站。电梯的起点站和终点站，称为两端站，设在一楼的起点站常被称作为基站，起点站和终点站之间还设有停靠站，又称为中间站。

2. 平层

指轿厢接近停靠站时，欲使轿厢地坎与层门地坎达到同一平面的动作。

3. 平层区

指轿厢停靠站上方和（或）下方的一段有限距离。在此区域内，电梯的平层控制装置动作，使轿厢准确平层。

4. 本层开门

欲乘电梯的乘客正逢电梯关门时，可按下厅外上、下召唤按钮中与电梯欲行方向相同的一个按钮，电梯便立即开门，这种操作，称为本层开门。

一、电梯的电气装置

拽引式电梯使用最普遍，它的电气装置主要有电动机、控制屏、选层装置、平层装置、操纵箱、召唤按钮箱、指层灯及安全保护装置等。

1. 拖动电动机

拽引力是由轿厢和对重共同作用于拽引轮上而产生的。当电梯满载上升时，电动机为电动状态；当电梯满载下降时，电动机作发电制动运行。

2. 操纵盘

操纵盘机构安装在电梯轿厢靠门的轿壁上，外面仅露出操纵盘面，它是司机或乘梯人员控制电梯运行的中枢。上面设有与电梯停站数相同的内选停层指令按钮，操纵电梯的各种控制按钮和钥匙开关，以及上下方向指示灯、超载信号灯、指令记忆灯、急停按钮与警铃按钮等。通过操纵按钮可以实现自动关门、启动轿厢、启动运行、轿厢自动减速并停在记忆呼唤的楼层自动开门等过程。

3. 指层灯箱

指层灯箱的作用是提示电梯司机、乘客，电梯目前将要运行的方向和所在的位置。指层灯箱通常装在厅门外上方和轿厢内轿门的上方，一般采用信号灯和数码管两种。

4. 停层感应器

停层感应装置由停层感应器与隔磁铁板组成，它安装在每一层站厅门上方。隔磁板安装在轿厢侧，当电梯上升或下降时，隔磁板依次进入各层站层楼感应器中，控制各层楼继电器与辅助层楼继电器吸合，此时，若在某一层站有顺向呼梯信号时，当轿厢进入该层站时将在停站继电器作用下，实现停层控制。

5. 平层装置

电梯在到达预定的停靠站前，由快速运行切换成慢速运行，以确保平层的实现，为此采用平层装置。平层装置由上、下平展感应器与平层隔磁极组成。在轿顶上方，门厅的另一侧装有上、下平层感应器，中间装有开门感应器。每层站设有平层隔磁板，随着轿厢的上升或下降，当进入平层区域时，平层感应器便伸入隔磁板中，通过平层继电器，切断轿厢上升或下降接触器，实现平层停车。

6. 召唤按钮箱

召唤按钮箱设在电梯各层站的厅门旁，供等候电梯的乘客召唤电梯用。当按下召唤按钮时，首先按钮内记忆灯亮，告知乘客召唤已被记忆，同时轿厢操纵盘面板上的召唤灯亮，通告司机该乘客所在层站，另外轿厢内操纵盘内蜂鸣器发出响声。当电梯到达该层站，即已应答召唤时，召唤记忆灯便自动熄灭。

二、电梯电路的组成

电梯电路由电力拖动系统和电气控制系统两大部分组成。

电力拖动系统必须能完成电梯的启动、匀速（额定速度）运行、制动（减速）、停止等工作程序。应满足可靠性好，能重载启动，能适应频繁启动、停止、变速、换向，能保证一定平层精度，高速范围宽，启动制动平稳，舒适感好，振动小，噪声低等。

电气控制系统是通过电路控制电力拖动系统的工作程序，完成各种电气动作，保证电梯安全正常运行。应满足安全可靠、线路简单，元器件数量少、维修保养方便，自动化程度高、寿命长等要求。

电气控制系统电路的繁简，是根据电梯性能及功能多少而定的。但基本的电气控制电路是不可缺少的，这些电路有：主拖动控制电路，运行过程控制电路，轿内选层记忆及消号控制电路，厅外呼梯记忆及消号控制电路，轿内自动定向、内外截车控制电路，自动开关门控制电路，各种信号指示及照明等控制电路。

三、电梯的控制电路

下面以简单的交流双速集选 PLC 控制 5 层电梯为例，介绍电梯的 PLC 控制电路，这是用 FX_{2N}-64MR PLC 控制 5 层电梯的控制电路。

主电路如图 7-15 所示，拽引电动机采用三相异步电动机。启动时，上行接触器 KM6 或下行接触器 KM7 得电，其主触点闭合，拽引电动机 M 串入电抗 L1l 启动，经一段时间后，

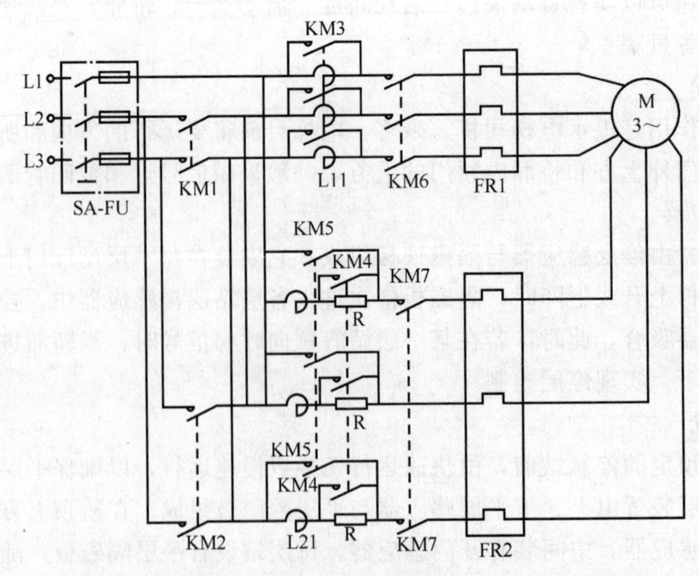

图 7-15　交流双速集选 PLC 控制电梯（五层）的主电路

接触器KM1得电，其动合主触点闭合，拽引电动机M转入固有特性运转；减速时，接触器KM4、KM5断开，慢速绕组串电抗L12和电阻R运行，经一定时间延时后，KM4接通，短接电阻R，电动机串入电抗L21运行，再经一段时间延时后，KM3接通，电动机在慢速固有特性上运行。

元器件明细及I/O分配如表7-4所示。

表7-4　元器件明细及I/O分配表

序号	元件符号	名称、作用或功能	与PLC相对应的I/O点
1	SA1	有/无司机操作方式转换开关	无司机方式X0接通，有司机方式X0断开
2	SA2	司机上/下行选择开关	上行接通X1，下行接通X2
3	SQ1	上强迫换速开关（上极限）	X3
4	SQ2	下强迫换速开关（下极限）	X4
5	KR11	下平层干簧感应继电器	X5
6	KR12	上平层干簧感应继电器	X6
7		门区感应器	X7
8	KR5～KR1	5～1层上行楼层感应干簧感应继电器	X10～X14
9	KR10～KR6	5～1层下行楼层感应干簧感应继电器	X15～X17，X20，X21
10	SB1	4层上行厅召唤按钮	X22
11	SB2	3层上行厅召唤按钮	X23
12	SB3	2层上行厅召唤按钮	X24
13	SB4	1层上行厅召唤按钮	X25
14	SB5	5层下行厅召唤按钮	X26
15	SB6	4层下行厅召唤按钮	X27
16	SB7	3层下行厅召唤按钮	X30
17	SB8	2层下行厅召唤按钮	X31
18	SB9	轿内5层选层按钮	X32
19	SB10	轿内4层选层按钮	X33
20	SB11	轿内3层选层按钮	X34
21	SB12	轿内2层选层按钮	X35
22	SB13	轿内1层选层按钮	X36
23	KM1	上行接触器	Y0
24	KM2	下行接触器	Y1
25	KM3	加速接触器　短接电抗L11	
26	KM4	第一减速接触器　短接电阻R	

续上表

序号	元件符号	名称、作用或功能	与 PLC 相对应的 I/O 点
27	KM5	第二减速接触器　短接电抗 L21	
28	KM6	快速运行接触器	Y2
29	KM7	慢速运行接触器	Y3
30		5 层感应中间继电器	M100
31		4 层感应中间继电器	M101
32		3 层感应中间继电器	M102
33		2 层感应中间继电器	M103
34		1 层感应中间继电器	M104
35		5 层指层中间继电器	M105
36		4 层指层中间继电器	M106
37		3 层指层中间继电器	M107
38		2 层指层中间继电器	M108
39		1 层指层中间继电器	M109
40		5 层轿内指令中间继电器	M110
41		4 层轿内指令中间继电器	M111
42		3 层轿内指令中间继电器	M112
43		2 层轿内指令中间继电器	M113
44		1 层轿内指令中间继电器	M114
45		5 层向下召唤中间继电器	M115
46		4 层向下召唤中间继电器	M116
47		3 层向下召唤中间继电器	M117
48		2 层向下召唤中间继电器	M118
49		4 层向上召唤中间继电器	M119
50		3 层向上召唤中间继电器	M120
51		2 层向上召唤中间继电器	M121
52		1 层向上召唤中间继电器	M122
53		上行中间继电器	M123
54		下行中间继电器	M124
55		司机上行中间继电器	M125
56		司机下行中间继电器	M126
57		快速中间继电器	M127
58		门锁中间继电器	M128
59		上平层感应中间继电器	M129
60		门区感应中间继电器	M130
61		下平层感应中间继电器	M131
62		运行中间继电器	M132
63		换速消除中间继电器	M133

该 PLC 控制电路分析如下：

1．门厅召唤电路

门厅召唤控制梯形图如图 7-16 所示。其工作原理是：当电梯位于 1 层，如果 3 层有厅上召唤信号 X23、2 层有厅上召唤信号 X24 和下召唤信号 X31，则 3 层向上召唤中间继电器 M120、2 层向上召唤中间继电器 M121、2 层向下召唤中间继电器 M118 接通并分别自保；电梯到达 2 层时，2 层指层中间继电器 M108 接通，M121 自保断开，2 楼上召唤信号消号；而下召唤信号 M118 仍然保持，即下召唤信号得到保留。

2．电梯的选向电路

要改变电梯的运行方向，需要改变拽引电动机的旋转方向。主电路中的拽引电动机为三相异步电动机，因此，只要将其电源的任何两相进行对换，即可进行换向。

选向控制梯形图如图 7-17 所示。工作原理为：当电梯位于第 2 层，则 M108 接通，如果按下第 3 层的选层按钮，M112 接通，这时，电梯上行中间继电器 M123 通过动合触点 M112（已闭合）、动断触点 M107、M106 和 M105 接通；而由于 M108 的动断触点断开，电梯下行中间继电器 M124 无法接通，因此电梯选择上行方向。反之，如果第 1 层选层按钮按下，M116 接通，向下方向继电器 M131 接通，选择向下方向运行。

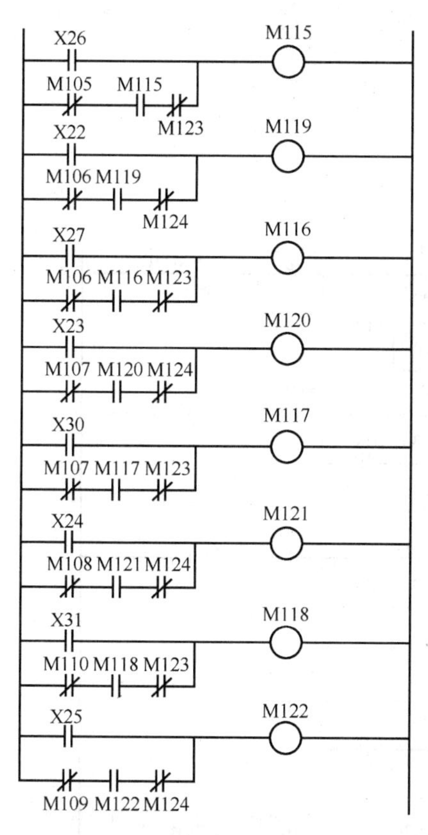

图 7-16　门厅召唤控制梯形图

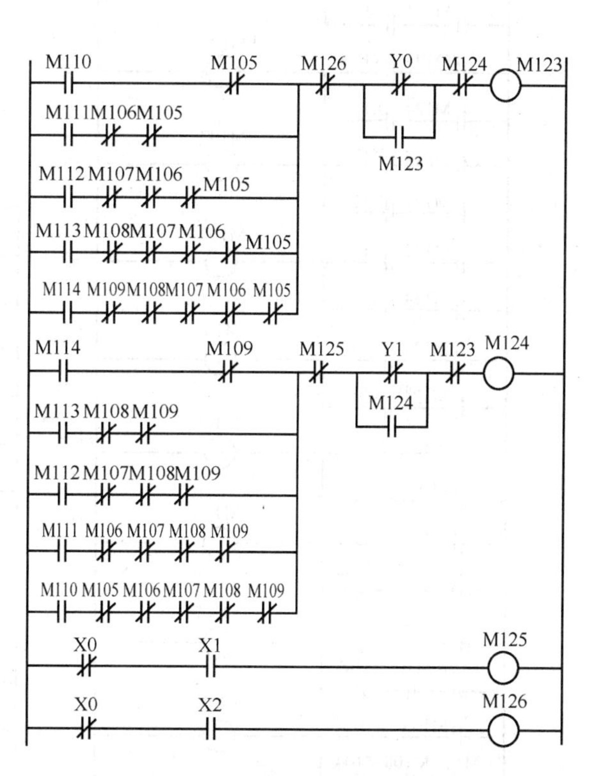

图 7-17　选向控制梯形图

当上、下方向均有召唤信号时（例如，当电梯在 2 层时，若 1 层轿内选层按钮 X36、4 层选层按钮 X33、5 层的轿内选层按钮 X32 按下），相应的轿内中间继电器 M114、M111、M110 接通。如果电梯已经处于上行状态，则执行完 M111、M110 向上指令后再执行 M114

向下指令。这是因为 M111 或 M110 接通使 M123 接通，M123 接通便选择上行方向，M123 的动断触点使 M124 断开。即使 M114 接通，M124 也不会接通，必须待电梯到达 5 层楼后，M110 断开，然后当 M123 断开后，才能选择下行方向。在有司机操作的情况下，如电梯位于 2 层处于上行状态，如果 M111、M110、M114 接通，而电梯在启动前司机按下下行按钮，X2 接通，则 M126 继电器接通，其动断触点断开上行方向继电器 M123，接通 M124，选择下行方向。

3. 楼层感应电路

楼层感应由感应器触点的接通或断开，感应出楼层信号，用于指层、选向、选层、厅召唤的消号等。楼层感应信号只有当电梯运行到上层或下层时才能消失。楼层感应控制梯形图如图 7-18 所示。

当电梯上升或下降至某一楼层时，相应的楼层感应中间继电器便接通指层中间继电器。如：当电梯在 1 层时，M104 接通，然后 M109 接通并保持。电梯到达 2 层时，M103 接通，然后 M108 接通并保持，同时，切断 M109。

4. 轿内选层电路

轿内选层控制梯形图如图7-19所示。在集选控制电梯中，选层控制的执行方式是先响

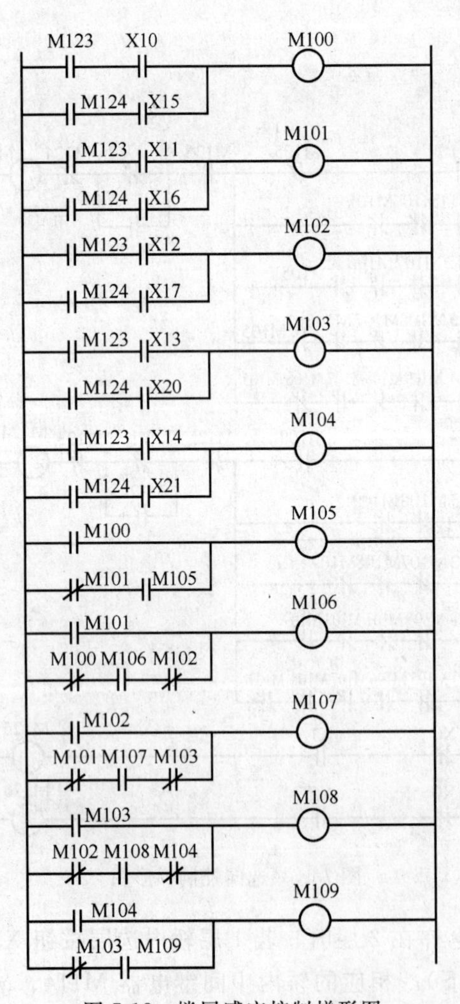

图 7-18 楼层感应控制梯形图

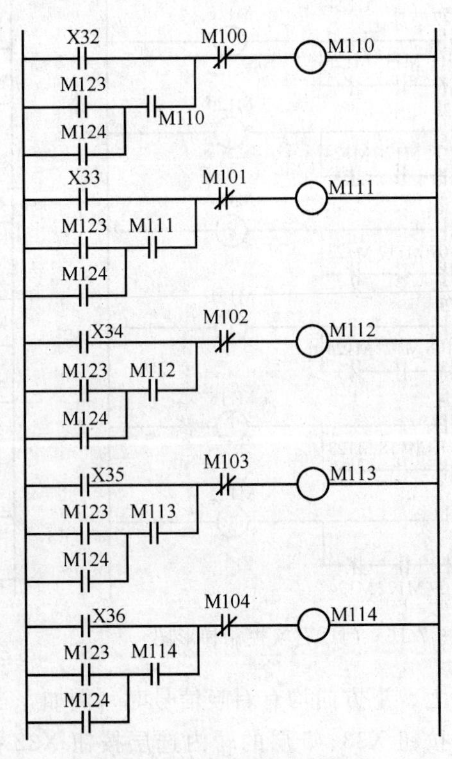

图 7-19 轿内选层控制梯形图

应向上的信号，然后再响应向下的信号，如此循环。上行时应保留下行的信号，下行时应保留上行的信号。

乘客进入轿厢，如果按下第 3 层的轿内选层按钮，则 X34 接通，3 层轿内指令中间继电器 M112 接通并自保持；当电梯到达第 3 层时，由于 3 层感应中间继电器 M102 的常闭触点断开，3 层轿内指令中间继电器 M112 便断开。

5. 电梯的平层控制

图 7-20 所示为电梯平层控制的梯形图。工作原理为：如果电梯因不应有的原因，上行超越平层位置，上平层感应器离开隔磁板，使 X6 断开，M129 断开，这时 Y1 由 Y2、M129、M132 和 Y0 的动断触点和 M131 的动合触点接通，电梯反向平层，直至 M129 接通。最后位于平层位置，M130、M131 均接通，Y0 和 Y1 均断开，进行抱闸制动。T0 为延时断开时间继电器，用于快速运行断开的延时，以保护电动机绕组。

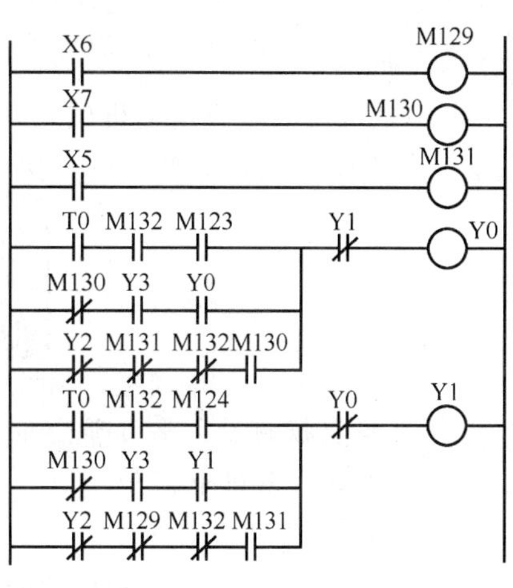

图 7-20　平层控制梯形图

6. 电梯的启动

电梯启动控制的梯形图如图 7-21 所示。其中 M128 为门锁继电器的动合触点，保证门关好后方能启动。其工作原理为：电梯通常以快速启动，启动后，换速继电器 M127 接通，M132 断开，然后，Y2 断开，接通慢速继电器 Y3，电动机在慢速固有特性上运行。

7. 电梯的换速

交流双速电梯通常有两套绕组：快速绕组和慢速绕组。电梯通常快速启动，而在减速时断开快速绕组，接入慢速绕组；当电梯即将到达该停的楼层时，则发出换速信号，断开快速继电器，接通慢速继电器，然后制动。

图 7-22 所示为换速控制梯形图。其原理为：如 3 层有指令信号，即 M112 接通。在电梯将到达 3 层时，M107 接通，使换速继电器 M127 接通，发出换速信号并保持。当电梯到达顶层或底层时，无论有无轿内选层信号都必须换速。当电梯离开任一楼层时，换速消除信号继电器 M133 接通，断开 M127，运行中间继电器 M143 接通，电梯高速运行。

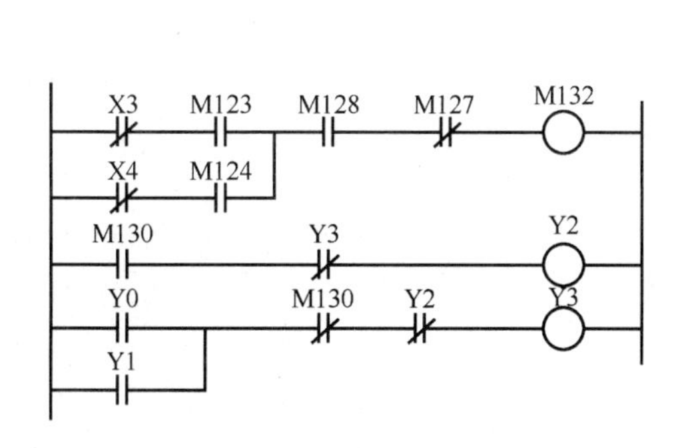

图 7-21　启动控制梯形图

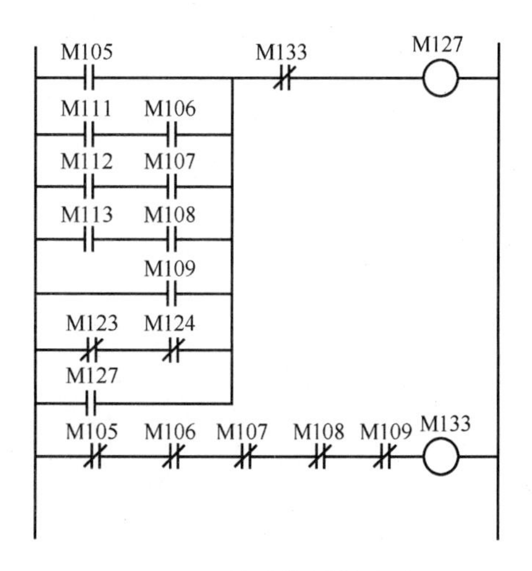

图 7-22　换速控制梯形图

M123、M124动断触点支路为无方向换速控制，保证由于人为或其他原因使M105～M109全部断开时，电梯应进入换速状态，以便在最近楼层平层停止。

小 结

电梯是常用的垂直运输机械之一，采用PLC控制可以大大简化其硬件，控制更加可靠、灵活。采用不同系列的PLC机，梯形图也不相同。

1. 可编程控制器主要由哪些部分组成？
2. 什么是“软继电器”？
3. PLC有哪些编程语言？
4. 梯形图与继电器-接触器控制电路有何异同之处？
5. 写出图7-23所示梯形图对应的指令表。

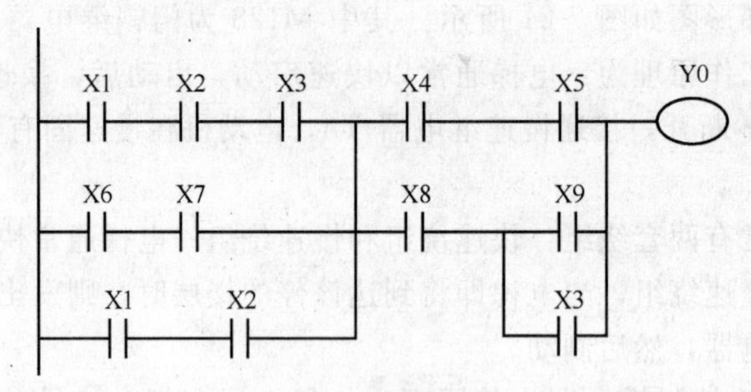

图7-23 题5图

6. 电梯有哪些主要电气装置？各起什么作用？
7. 电梯的基本电气控制电路有哪些？

附录

电机与电气控制技术实验

实验一　单相变压器的空载试验和短路试验

一、目的与要求

1. 熟悉和掌握单相变压器的空载和短路实验方法。
2. 根据单相变压器的空载和短路实验数据，计算变压器的参数。

二、预习要点

1. 在空载与短路试验中，各种仪表应怎样连接和所处位置，才能使测量误差最小。
2. 如何用实验方法测定变器的铁耗及铜耗。

三、实验仪器及设备

1. 单相变压器 T。
2. 三相自耦调压器 BT。
3. 电压表（0～60 V）、电压表（0～600 V）各一块。
4. 电流表（0～2 A）。
5. 普通功率因数表（D26-W 型）。
6. 低功率因数瓦特表（D34-W 型）。
7. 连接导线若干。

四、实验线路

实验线路如附图 1-1、附图 1-2、附图 1-3 所示。

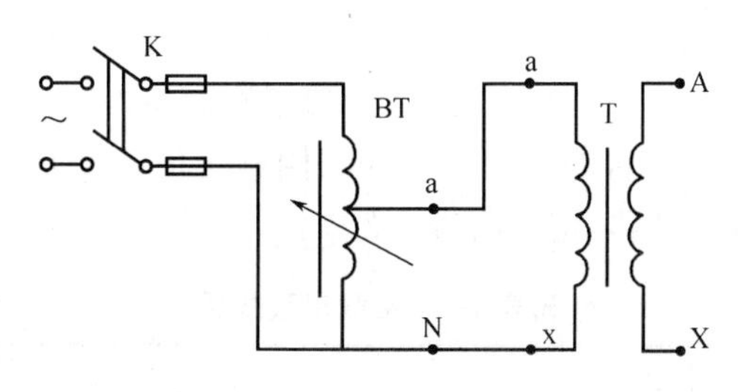

附图 1-1　测变比接线图

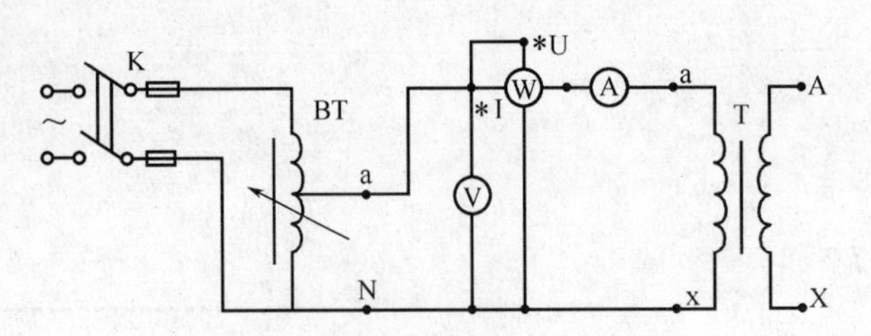

附图 1-2　单相变压器空载实验接线图

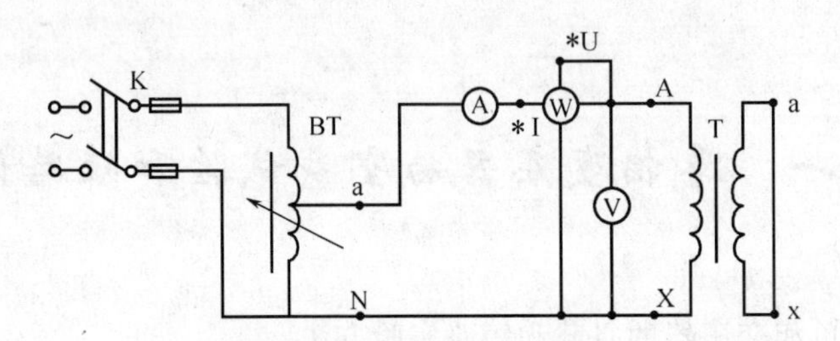

附图 1-3　单相变压器短路实验接线图

五、实验步骤

（一）测变比

按附图 1-1 接线，电源电压经调压器 BT 接至变压器的低压线圈 ax，高压线圈开路，经老师检查允许后，方可合上电源开关，将低压线圈外施电压从 0.5 U_{2N} 开始增加直到 U_{2N}，分别用电压表测量低压线圈电压 U_{ax} 及高压线圈 U_{AX}（3～4）组，填入附表 1-1。

附表 1-1　测变比数据

U_{AX}（V）	U_{ax}（V）	K

（二）空载实验

1. 按附图 1-2 接线，并要认真检查线路的接线，电源经调压器 BT 接至变压器的低压线圈，高压线圈开路，由于变压器空载运行时功率因数甚低，一般在 0.2 以下，所以应选用低功率因数瓦特表（D34-W）进行测量，以减少功率测量误差。

2. 从低压侧合闸通电后，将电压调节到低压侧额定值，即 $U_0=U_{2N}$ 时，读取空载电压 U_0，空载电流 I_0 和空载功率 P_0，记于附表 1-2 中。

附表 1-2　空载实验数据

U_0（V）	I_0（A）	P_0（W）

3. 读取数据后，降低电压到最低值，然后切断电源。

（三）短路实验

1. 按附图 1-3 接线，然后认真检查，经指导老师允许后，方可通电。

2. 将低压侧短接、高压线圈接电源，变压器短路电压数值约为（3～8）% U_{1N}，为避免过大的短路的电流，接通电源前须将调压器调至输出电压为零的位置，然后再合开关 K，向高压侧送电，逐渐升高电压，使短路电流 $I_K = I_N$。读取此时的短路功率 P_K 和短路电压 U_K，记于附表 1-3 中。

附表 1-3　短路实验数据

U_K（V）	I_K（A）	P_K（W）	t（℃）

3. 同时也要记录周围环境温度 t，实验后降低电压到最低值，再切断电源。

六、实验报告

1. 根据所测数据计算下列数据。

（1）计算变比 K，取其平均值作为被试变压器的变比。

（2）根据空载实验数据按下式计算空载参数。

$$\cos\varphi_0 = \frac{P_0}{U_0 I_0} \qquad Z_m = \frac{U_0}{I_0} \qquad r_m = \frac{P_0}{I_m^2} \qquad x_m = \sqrt{Z_m^2 - r_m^2}$$

所得参数为低压侧的如需折算到高压侧，应乘以变比的平方。

（3）根据短路实验数据按下式计算短路参数：

$$\cos\varphi_m = \frac{P_K}{U_K I_K} \qquad Z_K = \frac{U_K}{I_K} \qquad r_K = \frac{p_k}{I_K^2}$$

$$X_K = \sqrt{Z_K^2 - r_K^2} \qquad r_K(75℃) = \frac{K+75}{K+t} r_k \text{（铜线 } K=235\text{）}$$

$$Z_K(75℃) = \sqrt{r_K^2(75℃) + X_K^2} \qquad P_K(75℃) = I_K^2 r_K(75℃)$$

将计算数据记入附表 1-4 所示。

附表 1-4　计 算 数 据

环境温度下（Ω）			换算到（75℃）（Ω）		
Z_K	r_K	X_K	r_K（75℃）	Z_K（75℃）	P_K（75℃）

（4）为什么做变压器空载实验时，一般在低压侧通电进行测量，而短路实验则一般在高压侧通电进行测量？

实验二　变压器的极性实验

一、实验目的

掌握用交流电压表法确定变压器极性。

二、预习要点

什么叫同名端？什么叫非同名端？

三、实验线路

实验线路如附图 2-1、附图 2-2、附图 2-3 所示。

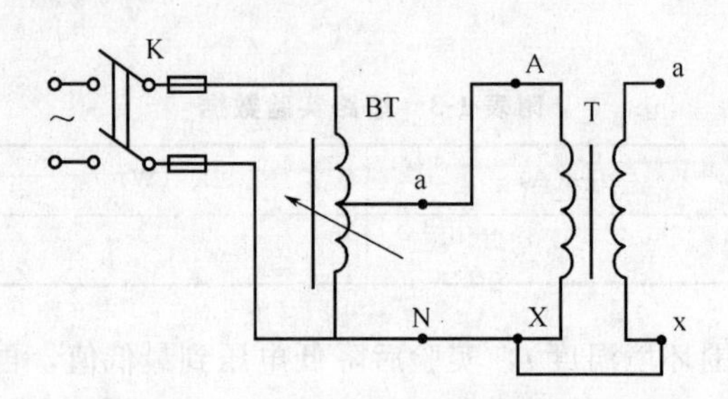

附图 2-1　单相变压器极性的测定接线图

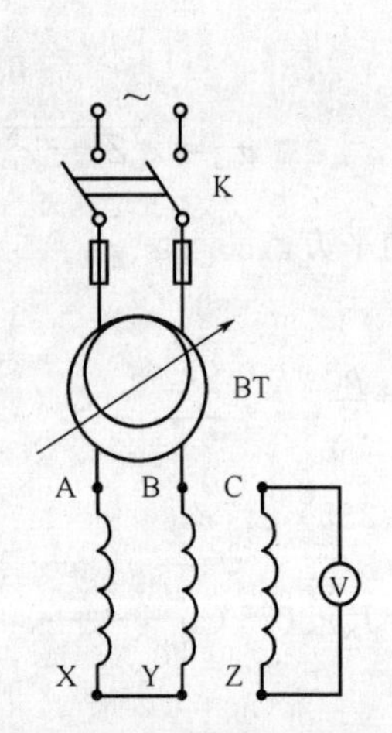

附图 2-2　测定原边相间极性接线图

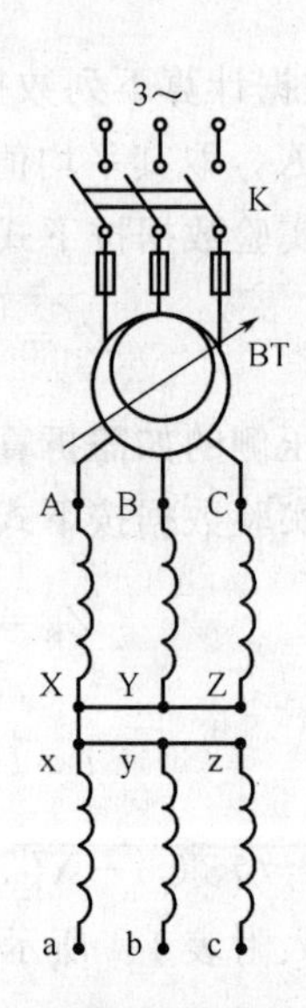

附图 2-3　测定原付边极性接线图

四、实验仪器及设备

1. 单相变压器 T。
2. 三相变压器 T。
3. 调压器 BT。
4. 电压表 V。
5. 万用表。

五、实验步骤

1. 单相变压器极性的测定

(1) 首先找出单相变压器的高压绕组及低压绕组的端子，暂定标记为 A、X 和 a、x。

（2）按附图 2-1 接线，即将高压 X 端与低压 x 端用导线连接起来。

（3）在高压侧通过调压器加一个低于 250 V 的交流电压（一般加 100 V）。

（4）用电压表测量高低压侧电压 U_{AX}、U_{ax} 及高压端 A 与低压端 a 之间的电压 U_{Aa}。

当 $U_{Aa}=U_{AX}-U_{ax}$ 说明 A 和 a 极性相同，为同名端。

若 $U_{Aa}=U_{AX}+U_{ax}$，则端点 A 和 a 为非同名端，即异名端，应把低压侧两个端点标号互换。

2. 三相变压器极性的测定

①首先用万用表电阻挡测量 12 个出线端间通断情况及电阻大小，找出三相高压线圈，暂定标记 A、B、C、X、Y、Z。

②按图 2-2 接线，将 X、Y 两点用导线相联，在 A、B 端加一个便于测量的较低电压 100 V。

③用电压表测 U_{AB}、U_{CZ}。

若 $U_{CZ}=0$，则表示 A、B 标记正确，为同极性端。

若 $U_{CZ}=U_{AB}$，则表示 A、B 标记不正确，为同极性端。应把 B、Y 的标记对换一下。

④用同样的方法，在 V、W 两相施加低电压，确定 W 相的标记。

⑤根据所测高压线圈的相互间极性后，确定首末的正式标记。

3. 测定原、副方极性

①暂定低压线圈三相标记为 a、b、c、x、y、z。

②按附图 2-3 接线，即把高低压线圈的三相绕组分别接成 Y 形，然后把高低压线圈的中点用导线相联。

③高压线圈通过调压器 BT 施加三相低电压约 0.5 U_{1N}。

④用电压表测 U_{AX}、U_{BY}、U_{CZ}、U_{ax}、U_{by}、U_{cz} 及 U_{Aa}、U_{Bb}、U_{Cc}。

若 $U_{Aa}=U_{AX}-U_{ax}$，则 U_{AX} 与 U_{ax} 同相，A 与 a 端点极性相同，标记正确。

若 $U_{Aa}=U_{AX}+U_{ax}$，则端点 A 和 a 为非同名端，即异名端，应把低压侧两个端点标号互换。

用同样方法判定 V、W 两相原副方极性。

⑤测定后，把低压线圈首末端作正式标记。

六、实验报告

1. 将实验数据结果进行整理，并加以分析。
2. 画出变压器的端面图，标出所有标记。
3. 现有一台性能良好，但没有标记的三相变压器，你能正确地把它们的标记标上吗？
4. 心得体会。

实验三　变压器的连接组别

一、目的与要求

掌握用双电压表法确定变压器的连接组别。

二、预习要点

1. 国产电力变压器有哪几种标准连接组？

2. 如何用相量图来判定变压器的连接组别？

三、实验用仪器及设备

1. 三相变压器 T。
2. 三相调压器 BT。
3. 电压表（0～600 V）。
4. 连接导线若干。

四、实验线路

实验线路图如附图 3-1、附图 3-2、附图 3-3 所示。

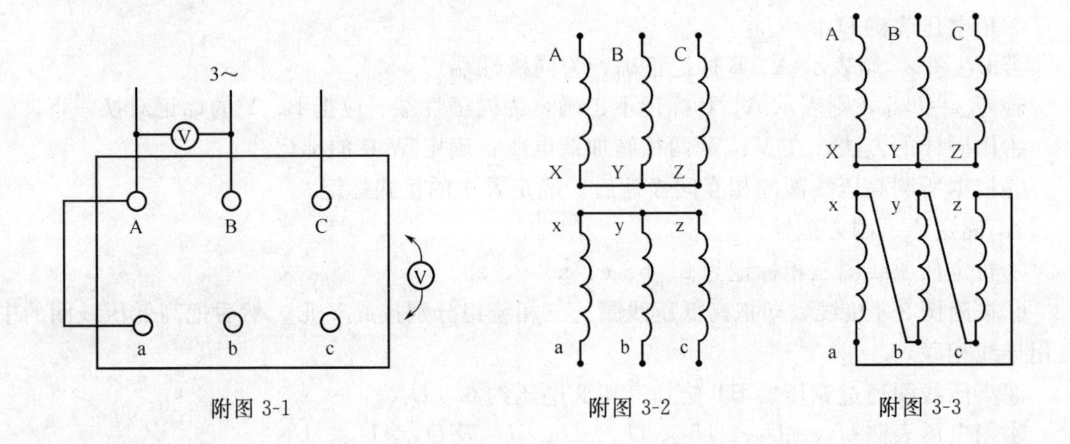

附图 3-1　附图 3-2　附图 3-3

五、实验步骤

本实验采用双电压表法确定变压器的连接组别，为此，各实验桌的三相变压器连接组别可以不属于同一组别，附图 3-2、附图 3-3 分别是星形接法和三角形接法中的一种，各组根据所测数据进行计算，然后对照附表来确定本组的变压器连接组别，各实验小组分别测定两种不同的连接组别。

1. 按附图 3-1 接线，经过老师检查允许后，方可合上电源开关。
2. 在高压侧通过调压器加一个低于 250 V 的交流电压（一般加 100 V）。
3. 用电压表分别测量 U_{AB}、U_{ab}、U_{bB}、U_{bC}及 U_{cB}的值，并记于附表 3-1。

附表 3-1

U_{AB}（V）	U_{ab}（V）	U_{bB}（V）	U_{bC}（V）	U_{cB}（V）	组别号

4. 读取数据后，降低电压到最低值，然后切断电源。
5. 观察变压器的结构及原副绕组的连接方式。
6. 据所测数据用下述公式计算：

$$L=U_{ab}\sqrt{1+K+K^2}$$

$$P=U_{ab}\sqrt{1+K^2}$$

$$R=U_{ab}\sqrt{1+\sqrt{3}K+K^2}$$

$$Q=U_{ab}\sqrt{1-\sqrt{3}K+K^2}$$

$$N=U_{ab}\sqrt{1-K+K^2}$$

$$T=U_{ab}(1+K)$$

$$M=U_{ab}(K-1)$$

U_{ab}——实验中所测低压侧线电压。

$K=U_{AB}/U_{ab}$（均取实验中所测线电压）。

7. 对照附表 3-2，确定变压器连接组别，如不符，则需重新测量。

附表 3-2

组　别	0	1	2	3	4	5	6	7	8	9	10	11
绕组接法	Y，y	Y，d	Y，y	Y，d	Y，y	Y，d	Y，y	Y，d	Y，y	Y，d	Y，y	Y，d
	D，d	D，y	D，d	D，y	D，d	D，y	D，d	D，y	D，d	D，y	D，d	D，y
	D，z	Y，z	D，z	Y，z	D，z	Y，z	D，z	Y，z	D，z	Y，z	D，z	Y，z
U_{bB}	M	Q	N	P	L	R	T	R	L	P	N	Q
U_{bC}	N	Q	M	Q	N	P	L	R	T	R	L	P
U_{cB}	N	P	L	R	T	R	L	P	N	Q	M	Q

8. 改变变压器的连接组别，再次测定，并将结果记入附表 3-1 中。

六、实验报告

1. 画出变压器的端面图和绕组的连接方式。
2. 将实测的电压值进行计算，然后对照附表，最后确定连接组别。
3. 为什么要进行连接组别的测定。
4. 三相变压器连接组别与哪些因素有关。
5. 心得体会。

实验四　直流并励电动机的启动、调速、反转实验

一、目的与要求

1. 学会使用四点启动器启动直流并励电动机的方法。
2. 掌握直流并励电动机调节励磁回路电阻和电枢回路电阻的调速方法。
3. 掌握直流并励电动机改变转向的方法。
4. 掌握转速表的用法。

二、预习要点

1. 直流电动机启动时，为什么要用四点启动器？

2. 直流电动机启动时，励磁回路电阻和电枢回路电阻应调到什么位置？为什么？

3. 直流电动机调速及改变转向的方法有哪些？

三、实验仪器及设备

1. 直流并励电动机 M。
2. 四点启动器 R_{st}。
3. 电枢回路调节电阻 R_{pa}。
4. 励磁回路电阻 R_{pf}。
5. 直流电流表、直流电压表、转速表。
6. 连接导线若干。

四、实验线路

实验线路如附图 4-1 所示。

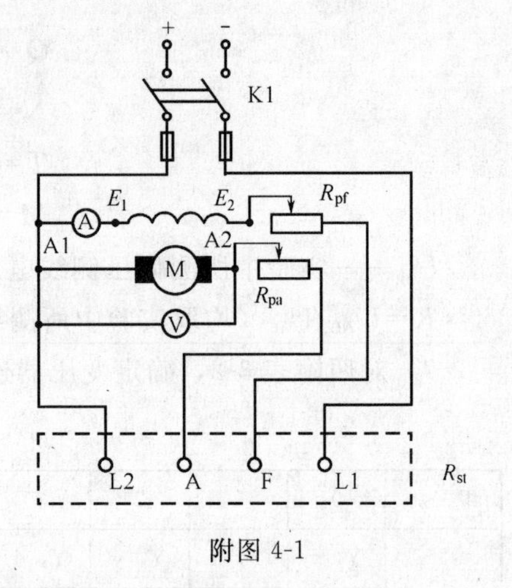

附图 4-1

五、注意事项

1. 启动前，启动电阻 R_{st} 应取最大值，而励磁回路 R_{pf} 和电枢回路的调节电阻 R_{pa} 取最小值。

2. 励磁回路错接或不通，如在此情况下启动，将发生转速过高或电流过大。

3. 使用转速表，应掌稳放正，让胶接触头与电机转轴保持同心，不得过分压紧接触头。

六、实验步骤

（一）启动实验

1. 按实验线路图进行接线。

2. 检查启动器及各调节电阻的位置。启动前，启动电阻 R_{st} 应取最大值，而励磁回路 R_{pf} 和电枢回路的调节电阻 R_{pa} 取最小值，并应检查励磁回路接线必须牢靠，启动运行中不得开路。

3. 经老师检查允许后，方可合上电源开关，启动电动机。

4. 用转速表测量电机转速，记下数据，并观察电动机旋转方向。

（二）调速实验

1. 分四次增加励磁回路电阻 R_{pf}，即减少励磁电流 I_f，使电动机转速上升，直至转速 $n=1.3\,n_N$，读取励磁电流及转速四组记于附表 4-1。

附表 4-1　改变励磁回路电阻调速数据

R_{pf}（Ω）					
I_f（A）					
n（r/min）					

2. 调励磁回路电阻 R_{pf}，使电动机转速 $n=1\,840$ r/min，然后分四次增加电枢回路电阻 R_{pa}，转速下降直到 R_{pa} 达最大值为止，读取转速，电枢两端电压 U_a 值 4～5 组记于附表 4-2。

附表 4-2　改变电枢回路电阻调速数据

R_{pa} (Ω)					
U_a (V)					
n (r/min)					

3. 观察电动机旋转方向，停机，切断电源。

（三）反转实验

1. 将电枢绕组两端对调，重新启动电机，观察电动机旋转方向，并测取电机转速。

2. 切断电源。再将励磁绕组两端对调，重新启动电动机。观察电动机旋转方向，并测取电机转速。

3. 切断电源。同时将电枢绕组和励磁绕组两端对调，重新启动电机，观察电动机旋转方向，并测取电机转速。

4. 切断电源，停机。

七、实验报告

1. 根据所测数据进行整理，分析数据结果。
2. 用改变励磁电阻调速所测的数据绘制 $n=f(I_f)$ 曲线。
3. 用改变电枢回路电阻调速所测的数据绘制 $n=f(U_a)$ 曲线。
4. 为什么启动电机时，启动器的电阻要放在最大值，而 R_{pa}、R_{pf}应取最小值？
5. 试述改变 R_{pa}及 R_{pf}的调速原理。
7. 本次实验的心得体会。

实验五　三相异步电动机的空载与短路实验

一、实验目的

1. 通过实验掌握三相异步电动机参数测定的方法。
2. 通过实验进一步巩固两瓦特表测三相功率的方法。

二、预习要点

1. 做三相异步电动机的空载，短路试验时应注意哪些问题？
2. 如何用空载试验来分离铁耗和机械损耗。

三、实验线路图

实验线路图如附图 5-1 所示。

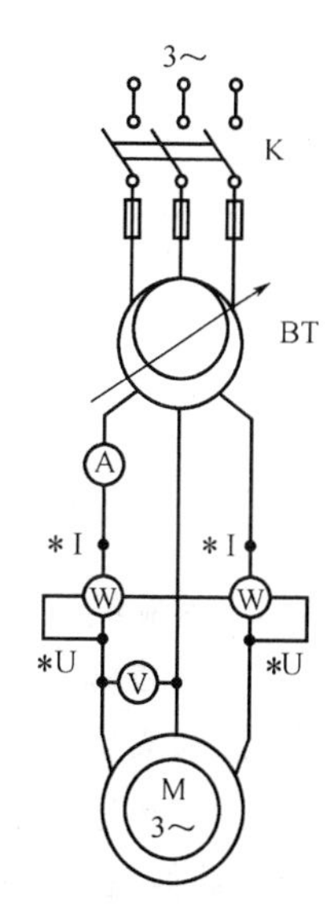

附图 5-1

四、实验用仪器及设备

1. 三相异步电动机	1 台
2. 功率表	2 块
3. 电压表（0～600 V）	1 只

4. 电流表（0～2 A） 1只

5. 三相调压器 BT 1台

6. 堵转棒 1根

7. 弹簧称 1个

五、实验步骤

（一）空载实验

1. 按附图 5-1 接线后，应仔细检查线路，并将三相调压器输出电压调至零位。

2. 经老师检查允许后，方可合电源开关 K，启动电机时将应逐渐增加调压器的输出电压以免启动电流超过 2 A，启动后电机应空转一段时间（2 min 左右）。

3. 用调压器调节加在三相异电动机定子绕组上的电压，并读取 $U_0=U_N$ 时的电动机的输入功率 P_0，空载电流 I_0，空载功率 P_0 为两块功率表读数之代数和，空载时 $\cos\varphi_0<0.5$，此时有一块瓦特表的读数为负，$\cos\varphi_0>0.5$ 时，两块表的读数为正值，并记录于附表 5-1。

附表 5-1

I_0（A）	U_0（V）	W_1（W）	W_2（W）	P_0（W）

4. 测取空载特性数据，将调压器电压调至 110％ U_N 的值开始，逐步降低（不允许反复变化）到最低值（即电流开始回升时）为止，测取 U_0、I_0、P_0 值（7～9）组，记入附表 5-2，如实验中电压变化有反复，应重新测取。

附表 5-2

I_0（A）	U_0（V）	W_1（W）	W_2（W）	P_0（W）

注：停机时注意观察电机的转向，为堵转做准备。

5. 实验结束后，应立即测定子绕组的电阻 R_0。

（二）短路实验（亦称堵转实验）

1. 如果确认电机的转向已观察清楚，用堵转棒将转子堵住（注意转向）。

2. 如果还不能确认电机的转向，加低电压试转以观察电机的转向，然后使调压器回零，切断电源停机，再用堵转棒将转子堵住（注意转向）。

3. 接通电源，调节调压器，逐渐升高电压，使短路电流 $I_K=I_N$，读取此时的 U_K、P_K

并记于附表 5-3。

附表 5-3

I_K（A）	U_K（V）	W_1（W）	W_2（W）	P_K（W）

4. 在测 I_K、U_K、P_K 的同时，用弹簧称实测电动转矩 T_K，并记下读数。

六、实验报告

1. 作空载特性曲线将铁耗 P_{Fe} 和机械损耗 P_Ω 进行分离，可将空载实验所测数据和按下式所计算的结果填入附表 5-4。

$$P_{Fe}+P_\Omega=P_0-P_{Cu0}$$

P_{Cu0}——定子绕组的空载铜耗。

Y 接法 $P_{Cu0}=3I_0^2R_0$

△接法 $P_{Cu0}=I_0^2R_0$

附表 5-4

U_0（V）	$\frac{U_0}{U_N}$	$\left(\frac{U_0}{U_N}\right)^2$	I_0（A）	P_0（W）	R_0（Ω）	P_{Cu}（W）	P_{Fe}+P（W）	P_{Fe}（W）	P_Ω（W）

按上述数据作曲线 $P_{Fe}+P_\Omega=f\left(\frac{U_0}{U_N}\right)^2$，延长曲线的直线部分与纵轴相交部可将铁耗与机械损耗分开。

2. 测得数据，计算电动机的励磁参数 r_m、x_m、Z_m 和短路参数 r_K、x_K、Z_K、r_2'、$x_{\sigma1}$、$x_{\sigma2}'$。

$$Z_m=\frac{U_{\phi0}}{I_{\phi0}} \qquad r_m=\frac{P_{Ee}}{m_1I_0^2} \qquad x_m=\sqrt{Z_m^2-r_m^2}$$

$$Z_K=\frac{U_{\phi k}}{I_{\phi k}} \qquad r_k=\frac{P_K}{m_1I_K^2} \qquad X_K=\sqrt{Z_K^2-r_K^2}$$

注意：式中 $U_{\phi0}$、$I_{\phi0}$、$U_{\phi k}$、$I_{\phi k}$ 都是指相值。

并假设 $x_{\sigma1}=x_{\sigma2}'$

$r_2' = r_K - R_0$　　　　　　$x_{\sigma1} = x_{\sigma2}' = \dfrac{X_K}{2}$

3. 试述本次实验所测数据能否正确的把铁耗与机械损耗分开？原因何在？

实验六　三相异步电动机的负载实验

一、实验目的

1. 用直接负载法求取感应电动机的工作特性。
2. 掌握异步电动机运行参数 I_1、n、s、T_2、η、$\cos\Psi_1$ 随负载变化的变化趋势。

二、预习要点

感应电动机的工作特性有哪些？

三、实验线路图

实验线路图如附图 6-1 所示。

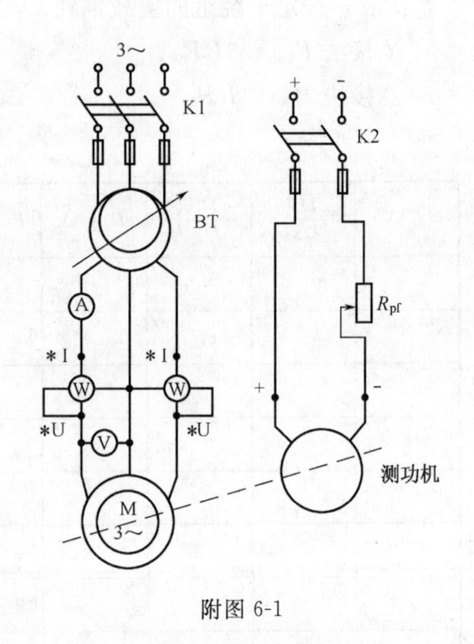

附图 6-1

四、实验仪器及设备

1. 三相感应电动机　　1 台；
2. 功率表　　2 块；
3. 电压表（0～600 V）　　1 只；
4. 电流表（0～2 A）　　1 只；
5. 三相调压器 BT　　1 台；
6. 涡流测功器与感应电动机同轴相连
7. 转速表　　1 块；
8. 滑线电阻 R_{pf}　　1 个；
9. 连接导线　　若干。

五、实验步骤

1. 按附图 6-1 接线，并应仔细检查。

2. 经老师检查允许后方可合上电源开关 K1，调节调压器进行降压启动，使加在感应电动机的电压逐渐升高，最后使电动机在额定电压下空载运行。查看各仪表及观察电动机运行有无异常。

3. 将 R_{pf} 调至最大值，合上电源开关 K2，减小 R_{pf}（即调节涡流测功器的励回电流，可调节电动机负载的大小），使电动机电流 $I_1 = I_N$，读取电动机的输入功率、转速 n 及负载转矩 T_2。

4. 再减小 R_{pf}（即增大涡流测功器的电流），使电动机电流 $I_1 = 1.2\ I_N$，然后逐渐增加 R_{pf}（即减小电动机负载）直至空载，分别读取电动机的电流、输入功率、转速 n 及负载转矩 T_2 组记于附表 6-1 中（测 7～8 组）。

附表　6-1

实验测量数据							计算数据			
U_{AB}(V)	I_1(A)	W_1(W)	W_2(W)	P_1(W)	N(r/min)	T_2(N·m)	P_2(W)	S(%)	η	$\cos\varphi_1$

5. 核对数据无误后，将调压器输出电压降至零，然后切断电源，使电动机停转。

六、实验报告

1. 根据所测数据，计算下列数据并填表。

$$S=\frac{n_1-n}{n_1} \qquad \cos\varphi_1=\frac{P_1}{\sqrt{3}U_1I_1} \qquad \eta=\frac{P_2}{P_1}$$

$P_2=T_2\Omega=T_2\dfrac{2\pi n}{60}$（注意：测功器读数的单位为 kg·m 要换算成 N·m。）

2. 画出电动机的工作特性 $n=f(P_2)$，$S=f(P_2)$，$I_1=f(P_2)$，$T_2=f(P_2)$，$\eta=f(P_2)$ $\cos\varphi_1=f(P_2)$ 曲线。

3. 由实验所得数据，经过计算作出的工作特性曲线与理论分析是否相符，为什么？

实验七　三相异步电动机的启动、反转、调速与制动

一、目的与要求

1. 通过实验掌握三相异步电动机的几种启动方法。
2. 掌握绕线式异步电动机转子串入电阻调速的方法。
3. 掌握三相异步电动机改变转向的方法。
4. 掌握三相异步电动机的能耗制动方法。
5. 了解三相启动变阻器的结构及使用方法。

二、预习要点

1. 为什么在绕线式异步电动机的转子回路串接入适当的电阻，不仅可以使启动电流减小，转子功率因数提高，启动转矩增大？

2. 在一定负载下，调节绕线式异步电动机转子的回路电阻，为什么可改变转速？

3. 如何改变三相异步电动机的转向？基本原理是什么？

4. 能耗制动的基本原理。

三、实验仪器及设备

1. 三相绕线式异步电动机 1台；
2. 三相变阻器 R_{st} 1台；
3. 直流发电机 1台；
4. 三相鼠笼式异步电动机 1台；
5. 三相自耦调压器 1台；
6. 电压表、电流表 各1块；
7. 励磁回路调节电阻 R_{pf} 1个；
8. 直流发电机负载电阻（即灯箱）
10. 转速表 1块。

四、实验线路

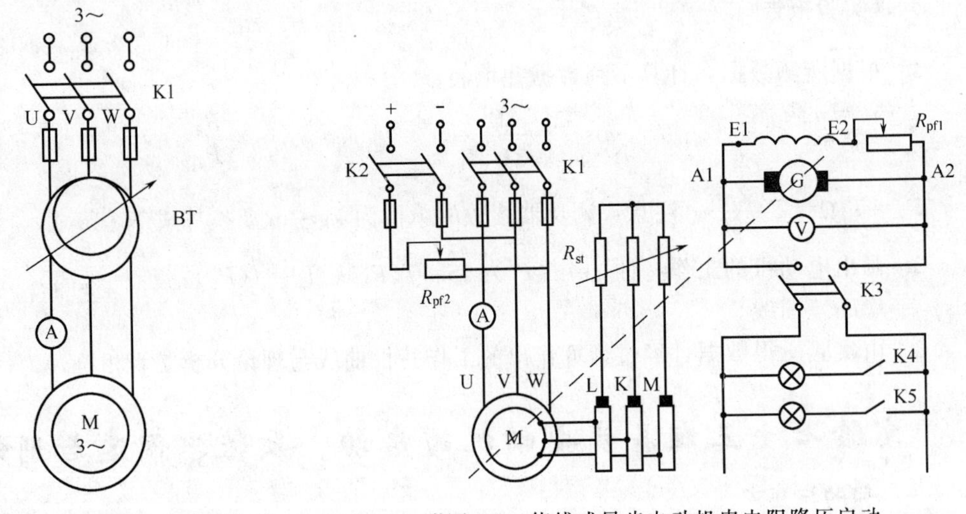

附图 7-1　自耦变压器降压启动　　附图 7-2　绕线式异步电动机串电阻降压启动

五、实验步骤

（一）用自耦调压器降压启动

线路如附图 7-1，启动时，合上电源开关 K1，此时电动机借助自耦调压器降压启动，将启动电流限制在电流表量程范围内，直到加压到定子绕组的额定电压为止，电动机进入正常运行状态，注意观察启动时的电流；然后断开 K1 停车，请注意观察电动机的旋转方向，为反转作准备。

（二）反转（续前面步骤 1）

1. 将异步电动机定子绕组 U、V 两端对调，然后重新启动，观察电动机的旋转方向。
2. 停机，再将定子绕组 U、W 两端对调，然后重新启动，观察电动机的旋转方向。

（三）绕线式异步电动机转子串入电阻启动和调速

1. 转子串入电阻启动

接线如附图 7-2，调节三相滑线变阻器 R_{st} 电阻于最大值位置，发电机励磁回路电阻 R_{pf}

为最大值，作好启动准备。

合上电源闸刀开关 K1，观察并记录电动机启动时的启动电流，缓慢减少电阻值直到为零（即变阻器 R_{st} 被切除，转子绕组自身形成闭合回路），电机进入正常运行，观察并记录不同启动电阻时的启动电流值。

2. 绕线式异步电动机转子串入电阻调速

（1）待电动机正常动行后，减小发电机励磁回路电阻 R_{pf1}，将发电机电枢两端电压建立在额定值；

（2）合上负载开关 K2，然后逐渐合上几盏灯泡，使发电机带一定负载，即电动机带一定负载运行。

（3）调节变阻器 R_{st} 电阻逐渐增大至最大值，分别测取和记录不用电阻值时相应的电动机转速。填入附表 7-1。

R_{st}（Ω）							
n（r/min）							

（4）数据测完后，将 K3 断开，励磁回路调节电阻 R_{pf1} 调到最大值，同时将直流制动回路电阻 R_{pf2} 调节到适当位置，为电动机停车制动作准备。

（四）制动（续前面步骤）

断开电源闸刀开关 K1 停车，并立即合上直流闸刀开关 K2，让电动机定子绕组 V、W 接到直流电源上，在转子上产生制动转矩，使其很快停转。注意电动机转子静止后立即断开直流闸刀开关 K2，以防绕组被烧坏。

六、实验报告

1. 抄录绕线型异步电动机的名牌参数。
2. 整理所有实验数据和记录实验现象。
3. 绘出电动机转速随 R_{st} 的变化曲线。
4. 心得体会。

实验八　常用低压电器认识实验

一、目的与要求

1. 认识、熟悉常用的低压电器及实验设备，掌握使用方法和检查方法。

2. 熟悉交流接触器的结构、工作原理、用途、型号及规格，了解电源电压对交流接触器工作情况的影响。

3. 熟悉时间继电器的结构、工作原理、用途、型号及规格，掌握时间继电器的使用、整定值的调节方法，掌握时间继电器动作时间的测定方法。

二、预习要点

1. 按钮、熔断器、闸刀开关、交流接触器、时间继电器的结构、工作原理。
2. 上述低压电器的用途、使用方法及维护常识。

三、实验仪器及设备

1. 交流接触器 KM　CJ0-10 或 CJ10-10　　1 只
2. 熔断器 FU　RCA1-30　　1 只
3. 时间继电器 KT　JS7-3A　　1 只
4. 按钮盒或按钮 SB（LA18）　　1～3 只
5. 热继电器（双金属片式）FR　　1 只
6. 闸刀开关 QS　　1 个
7. 万用表　　1 个
8. 调压器　　1 台
9. 401 电秒表　　1 只
10. 电压表　　1 块
11. DZ5 型自动空气开关　　1 个
12. 连接导线　　若干

四、实验内容与步骤

1. 用干布或毛刷把外壳擦干净，检查外观是否完好。

2. 仔细观察各电器的结构，认识其部件，明确各接线端子的用途。

3. 检查设备各个电器的状态是否正常，元件的位置是否正确。有螺旋弹簧的，其底平面应与轴心严格垂直，各层弹簧之间不应有接触处。

（一）按　钮

按动钮帽，观察动作情况，并用万用表检查钮帽被按下前后常开接点、常闭接点的通断情况。

（二）交流接触器

1. 测定交流接触器的最低吸合电压和释放电压

交流接触器的电磁系统在电源电压为其额定值的 85%～105% 应能可靠动作；当电源电压低于其额定值的 40% 时，应可靠释放。

(1) 短接交流接触器任一对常闭接点，在任意一对常开接点间插入一小纸片，请指导教师检查。

(2) 测交流接触器的释放电压

按附图 8-1 接线，经指导老师复查无误后，方可进行下列操作。

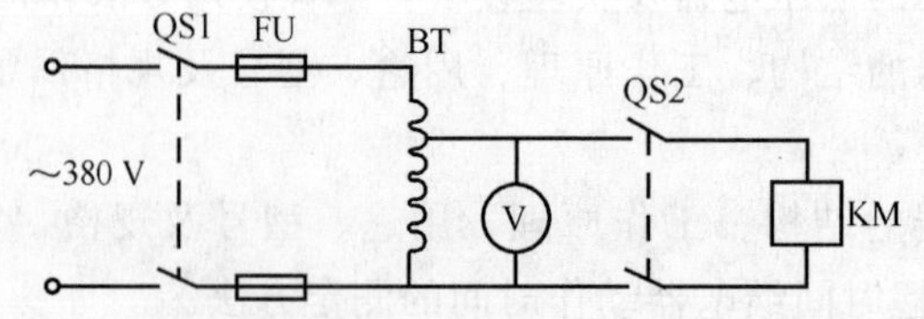

附图 8-1　交流接触器释放电压和最低吸合电压测试电路

①合 QS1，调电压为 380 V。

②合 QS2，交流接触器吸合。

③观察接触器吸合前后接点通断情况，倾听吸合的声音。

④转动调压器 BT 的手柄（动作应平缓，但不宜太慢），使电压均匀下降，同时注意交流接触器的变化，把开始出现噪音是的电压记入附表 8-1。

⑤交流接触器释放后立即断开 QS2，并记录释放电压入附表 8-1。

附表 8-1　交流接触器释放电压（V）

额 定 电 压	开始出现噪音时的电压	释 放 电 压	释放电压/额定电压

2. 测量交流接触器的最低吸合电压

从释放电压开始，调节调压器 BT，观察接触器，直至其可靠地吸合上为止，把结果记录入附表 8-2。

附表 8-2　交流接触器最底吸合电压（V）

额 定 电 压	最 低 吸 合 电 压	最低吸合电压/额定电压

（三）时间继电器（JS7-3A）

1. 观察时间继电器的结构，学会调节整定值。

JS7-3A 型时间继电器由电磁系统、接点盒、气室及传动机构组成。其接点盒内有两对延时接点：一对延时闭合接点和一对延时断开接点，无瞬时接点盒；电磁系统由线圈、铁芯和衔铁组成；传动机构由推板、活塞杆、杠杆及宝塔形弹簧组成。气室上面的调节螺钉可调节延时的长短。

2. 测定时间继电器延时

(1) 按附图 8-2 接好线路，将时继的延时整定为 5 s；电秒表置零，位置切换开关拨到“触动性”挡。

(2) 本组同学自行检查无误，请指导老师认可后，方可进行下列操作：

(3) 合 QS，合上开关 QS，时继线圈得电，其电磁系统动作；同时，电秒表开始计时。经过整定的延时后，继电器延时触头切换，其延时常开触头闭合，使电秒表停止工

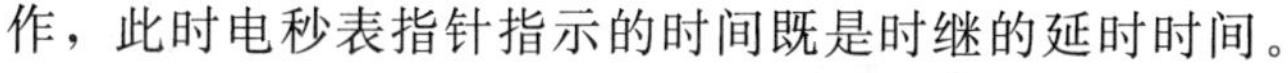
作，此时电秒表指针指示的时间既是时继的延时时间。

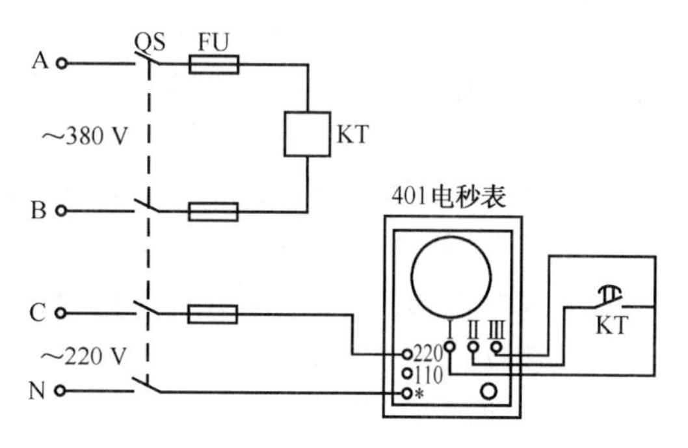

附图 8-2　时间继电器延时测定电路

(4) 延时整定

要求：延时整定为 5 s，误差不超过 0.1 s。

若时继延时与设定时间不符，则拉开 QS，断开电源，再次调节时间继电器的延时锞钉，并将秒表复零后，再次合上 QS，测量 KT 的延时，直至满足要求为止。

五、相关知识

（一）401 型电秒表使用方法简介

1. 使用时，将表盘“220 V”或“110 V”端及“＊”端接到 220 V 或 110 V 交流电

源，在Ⅰ、Ⅲ端子或Ⅰ、Ⅱ端子间外接被测的接点或开关，根据需要将位置切换开关拨到“连续性”或“触动性”挡。

2. 位置切换开关拨到“连续性”挡：Ⅰ、Ⅲ短接电秒表指针转动，Ⅰ、Ⅲ断开指针停转。

3. 位置切换开关拨到“触动性”挡：Ⅰ、Ⅱ断开时Ⅰ、Ⅲ只需短接一下，指针就会一直转下去（无论以后Ⅰ、Ⅲ是断开还是闭合），直到Ⅰ、Ⅱ接通才会停转。

（二）低压熔断器的使用与维护

对低压熔断器检查方法主要是用万用表电阻挡检测熔体的电阻值是否为零来判断熔体是否熔断，若为零则需要更换熔体。低压熔断器的常见故障及处理方案，如附表 8-3 所示。

附表 8-3　低压熔断器的常见故障及处理方法

故障现象	可能原因	处理方法
电路接通瞬间熔体熔断	熔体电流等级选择过小	更换合适的熔体
	负载侧短路或接地	排除负载故障
	熔体安装时受机械损伤	更换熔体
熔体未见熔断，但电路不通	熔体或接线座接触不良	重新连接

（三）按钮的使用与维护常识

1. 选择按钮时，主要考虑以下几个因素

(1) 根据使用场合选择控制按钮的种类。

(2) 根据用途选择合适的形式。

(3) 根据控制回路的需要确定按钮数。

(4) 按工作状态指示和工作情况要求选择按钮和指示灯的颜色。

2. 按钮在安装时应注意以下几点

(1) 按钮安装在面板上时，应布置整齐，排列合理，如根据电动机启动的先后顺序，从上到下或从左到右排列。

(2) 同一机床运动部件有几种不同的工作状态时（如上、下、前、后，松、紧等），应使每一队相反状态的按钮安装在一组。

(3) 按钮的安装应牢固，安装按钮的金属板或金属按钮盒必须可靠接地。

(4) 由于按钮的触头间距较小，极易发生短路故障，因此应注意保持触头间的清洁，常见故障及处理方法如附表 8-4 所示。

表 8-4　按钮常见故障及处理方法

故障现象	可能原因	处理方法
触头接触不良	触头烧损	修正触头或更换产品
	触头表面有尘垢	清洁触头表面
	触头弹簧失效	重绕弹簧或更换产品
触头间短路	塑料受热变形 导线接线螺钉相碰短路	更换产品，并查明发热原因，如灯泡发热所致，可降低电压
	杂物和油污在触头间形成通路	清洁按钮内部

（四）接触器的使用与维修

1. 安装和使用交流接触器时应注意的问题

（1）安装前检查接触器铭牌与线圈的技术参数（额定电压、电流、操作频率等）是否符合实际使用要求；检查接触器外观，应无机械损伤，用手推动接触器可动部分时，接触器应动作灵活，灭弧罩应完整无损，固定牢固；测量接触器的线圈电阻和绝缘电阻正常。

（2）接触器一般应安装在垂直面上，倾斜度不得超过 5°；安装和接线时，注意不要将零件失落或掉入接触器内部，安装空的螺钉应装有弹簧垫圈和平垫圈，并拧紧螺钉以防振动松脱；安装完毕，检查接线正确无误后，在主触点不带电的情况下操作几次，然后测量产品的动作值和释放值，所测得数值应符合产品的规定要求。

（3）使用时应对接触器作定期检查，观察螺钉有无松动，可动部分是否灵活等；接触器的触头应定期清扫，保持清洁，但不允许涂油，当触头表面因电灼作用形成金属小颗粒时，应及时清除。拆装时注意不要损坏灭弧罩，带灭弧罩的交流接触器绝不允许不带灭弧罩或带破损的灭弧罩运行，应及时清除。

2. 交流接触器的常见故障及处理方法，如附表 8-5 所示。

附表 8-5 交流接触器常见故障及处理方法

故障现象	可能原因	处理方法
触头过热	通过动、静触头间的电流过大	重新选择大容量触头
	动、静触头间接触电阻过大	用刮刀或细锉修整或更换触头
触头磨损	触头间电弧或电火花造成电磨损	更换触头
	触头闭合撞击造成机械磨损	更换触头
触头熔焊	触头压力弹簧损坏使触头压力过小	更换弹簧和触头
	线路过载使触头通过的电流过大	选用较大容量的接触器
铁芯噪声大	衔铁与铁芯的接触面接触不良或衔铁歪斜	拆下清洗，修整端面
	短路环损坏	焊接短路环或更换
	触头压力过大或活动部分受到卡阻	调整弹簧，消除卡阻因素
衔铁吸不上	线圈引出线的连接处脱落，线圈断线或烧毁	检查线路及时更换线圈
	电源电压过低或活动部分卡阻	检查电源，消除卡阻因素
衔铁不释放	触头熔焊	更换触头
	机械部分卡阻	消除卡阻因素
	反作用弹簧损坏	更换弹簧

（五）低压断路器的使用与维护常识

1. 低压断路器使用时应注意：

（1）低压断路器应垂直于配电板安装，电源引线应接到上端，负载引接线接到下端。

（2）低压断路器用作电源总开关或电动机的控制开关时，在电源进线侧必须加装刀开关或熔断器，以形成明显的断开点。

（3）低压断路器在使用前应将脱扣器工作面的防锈油脂擦干净；各脱扣器动作值一经调整好，不允许随意变动，以免影响其动作值。

（4）过程中若遇分断短路电流，应及时检查触头系统，若发现电烧灼痕，应及时修理或更换。

断路器上的积尘应定期清除，并定期检查各脱扣器动作值，给操作机构添加润滑剂。

2. 低压断路器的常见故障及处理方法，如附表8-6所示。

附表8-6 低压断路器常见故障及处理方法

故障现象	可能原因	处理方法
不能合闸	欠压脱扣器无电压 线圈连接松脱或损坏	施加电压 重新连接或更换线圈
	储能弹簧变形	更换储能弹簧
	反作用弹簧力过大	重新调整
	机构不能复位再扣	调整再扣接触面至规定值
电流达到规定值，断路器不动作	热脱扣器双金属片损坏	更换双金属片
	电磁脱扣器的衔铁与铁芯距离太大或电磁线圈损坏	调整衔铁与铁芯的距离或更换断路器
	主触头熔焊	检查原因并更换主触头
启动电动机时，断路器立即分断	电磁脱扣器瞬动整定值过小	调整整定值至规定值
	电磁脱扣器某些零件损坏	更换脱扣器
断路器闭合一定时间后自行分断	热脱扣器整定值过小	调高整定值至规定值
断路器温升过高	触头压力过小	调整触头压力或更换弹簧
	触头表面过分磨损或接触不良	更换触头或整修接触面
	两个导电零件连接螺钉松动	重新拧紧

（六）热继电器

热继电器是利用电流的热效应来切断电源，从而实现对用电设备进行保护的控制电器。主要用于电动机的过载保护、断相保护、电流的不平衡运行保护及其他电器设备发热状态的控制。

1. 使用热继电器应注意的问题

(1) 必须按照产品说明书中规定的方式安装，安装处的环境温度应与所处环境温度基本相同。当与其他电器安装在一起，应注意将热继电器安装在其他电器的下方，以免其动作特性受到其他电器发热的影响。

(2) 热继电器安装时，应清除触头表面尘污，以免因接触电阻过大或电路不同而影响热继电器的动作性能。

(3) 热继电器出现端的连接导线应按照标准选择。导线过细，轴向导热性差，热继电器可能提前动作；反之，导线过粗，轴向导热快，继电器可能滞后动作。

(4) 使用中的热继电器应定期通电校验。

(5) 热继电器在使用中应定期用布擦净尘埃和污垢，若发现双金属片上有锈斑，应用清洁棉布蘸汽油轻轻擦除，切忌用砂纸打磨。

(6) 热继电器在出厂时均调整为手动复位方式，如果需要自动复位，只要将复位螺钉顺时针方向旋转3～4圈，并稍微拧紧即可。

2. 热继电器的常见故障及处理方法，如附表 8-7 所示。

附表 8-7　热继电器常见故障及处理方法

故障现象	可 能 原 因	处 理 方 法
热元件烧断	负载侧短路，电流过大	排除故障、更换热继电器
	操作频率过高	更换合适参数的热继电器
热继电器不动作	热继电器的额定电流值选用不当	按保护容量合理选用
	整定值偏大	合理调整整定值
	动作触头接触不良	消除触头接触不良因素
	热元件烧断或脱焊	更换热继电器
	动作机构卡阻	消除卡阻因素
	导板脱出	重新放入并调试
动作不稳定，时快时慢	热继电器内部机构某些部件松动	将这些部件加以紧固
	在检查中弯折了双金属片	用两倍电流预试几次或将双金属片拆下来热处理以除去内应力
	通电电流波动太大，或接线螺钉松动	检查电源电压或拧紧接线螺钉
热继电器动作太快	整定值偏小	合理调整整定值
	电动机启动时间过长	按启动时间要求，选择具有合适的可返回时间的热继电器
	连接导线太细	选用标准导线
	操作频率过高	更换合适的型号
	使用场合有强烈冲击和振动	采取防振动措施
	可逆转动频繁	改用其他保护方式
	安装热继电器与电动机环境温差太大	按两低温差情况配置适当的热继电器
主电路不通	热元件烧断	更换热元件或热继电器
	接线螺钉松动或脱落	紧固接线螺钉
控制电路不通	触头烧坏或动触头片弹性消失	更换触头或弹簧
	可调整式旋钮到不合适的位置	调整旋钮或螺钉
	热继电器动作后未复位	按动复位按钮

六、思 考 题

观察继电器与接触器结构上的异同，分析它们在原理上的相通之处。

实验九　三相异步电动机点动与自锁控制电路

一、目的与要求

1. 进一步加深对点动控制和自锁控制原理的理解。

2. 掌握实现自锁的方法。

3. 通过对点动和连续控制的实际接线，初步掌握根据电气原理图转换为实际接线的技能。

二、实验线路及原理回顾

点动控制线路如附图 9-1 所示，自锁控制线路如附图 9-2 所示。

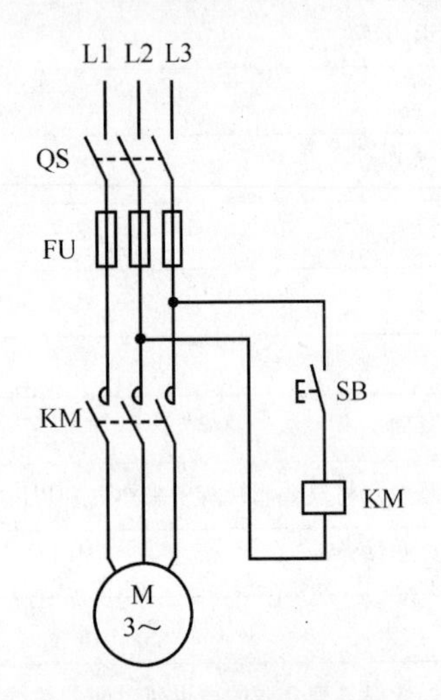

附图 9-1 点动控制线路

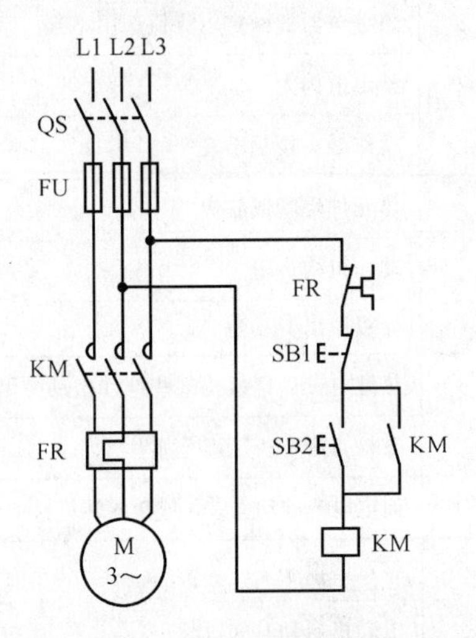

附图 9-2 自锁控制线路

（一）三相异步电动机点动控制线路的动作原理

控制线路如附图 9-1 所示，动作原理如下：

1. 启动

首先合上电源开关 QS，再按下按钮 SB，接触器线圈 KM 受电，电磁系统动作，衔铁吸合，带动其在主电路中的三对主触点 KM 闭合，电动机 M 就接通电源全压启动运行。

2. 停止

松开 SB，接触器的线圈断电，其主触点断开，电动机便断电停转。

点动控制的特点就是按下启动按钮电动机才运转，松开启动按钮电动机就停转。

（二）三相异步电动机自锁控制线路动作原理

控制线路如附图 9-2 所示，动作原理如下：

1. 启动

合上电源开关 QS，按启动按钮 SB2，按触器 KM 的吸引线圈获电，3 对常开主触点闭合，将电动机 M 接入电源，电动机开始启动。同时，与 SB2 并联的 KM 的常开辅助触点闭合，即使松手断开 SB2，吸引线圈 KM 通过其辅助触点可以继续保持通电，维持吸合状态，电动机连续运转。

2. 停止

按下停止按钮 SB1，接触器 KM 的线圈失电，其主触点和辅助触点均断开，电动机脱离电源，停止运转。这时即使松开停止按钮，由于自锁触点断开，接触器 KM 线圈不会再通电，电动机不会自行启动。只有再次按下启动按钮 SB2 时，电动机方能再次启动运转。

可见，点动与自锁控制线路的区别主要在自锁触点上。点动控制线路没有自锁触点，不需设停止按钮（其启动按钮同时也起到了停止按钮的作用）；而自锁控制线路必须有自锁触点，并另设停车按钮。

（三）电气控制线路相关知识

1. 正确接线

在动手接线前，要首先理清思路，再用备好的导线直接连接控制线路。

（1）接线时主电路和辅助电路最好使用不同颜色的导线，便于检查。

（2）接线的原则是先接串联支路，后接并联支路；先主电路后辅助电路。每个接线端子上一般不超过两根导线，同一走向的几根导线应能成一束，接线要正确、牢固、清晰、简单，便于检查和操作。

2. 检查控制线路

这是实验中的重要环节，也是基本功。在接好控制线路后，首先自行检查控制线路，明确接线图上各节点与所对应的电器元件上的接点是否一致、接线是否正确、牢固，在自己认为无误后，再请指导老师检查。

3. 通电测试

实验接线必须经指导老师检查并同意后，方可进行通电实验。通电实验可分两步进行：

（1）控制电路通电测试

①断开主电路——可将控制电路接电源的两根导线接在接线板上熔断器之前，断开接线板上的熔断器；或者断开接线板上熔断器出线端上与主电路的连接导线。

②合上开关QS，观察有无异常现象；按实验步骤给出动作指令，观察各接触器和继电器是否按规定的顺序动作。若正常，断开电源开关，才能进行下一步实验。

（2）整个控制线路的通电实验在控制电路通电实验正常后，再将主电路连接好。合上电源开关，观察电器和电机是否正常运行。如果电机不启动或运行中突然自行停转，应立即停车（按下停车按钮、拉下电源开关）。

三、实验仪器及设备

1. 小容量三相异步电动机（U_N＝380 V）　　1台。
2. 连接导线　　若干。
3. 实验台　　台面布置如附图9-3所示。
4. 实验接线板　　1块；实验接线板面布置如附图9-4所示。

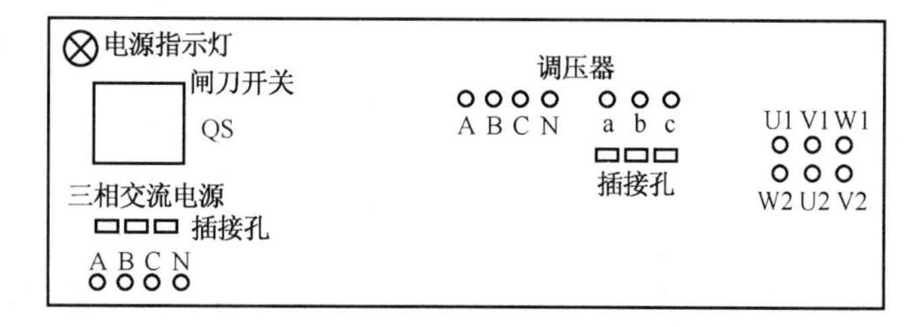

附图9-3　实验台台面布置图

由于实验室的电器元件需要多次反复使用，各电器的接线端子极易损坏，为了延长电器的使用寿命，节约投资，也为了让学生在学习控制线路的结构与工作原理的同时能及时进行实际体会和加深理解、节省时间、提高学习效率，巩固学习效果，所以我们把电器元件固定在实验接线板上，把各电器的接线端引出，与在接线板板面上的接线柱相连，连接导线也是专门制作的（颜色有两种），每根导线两端均焊有接线用的叉子，这样，学生接线就十分方便。实验时，直接在接线板上进行电路的连接和实验；实训时，则为学生提供单独的电器元件和配电板，由学生自行安装电器元件，并进行控制线路的安装配线。

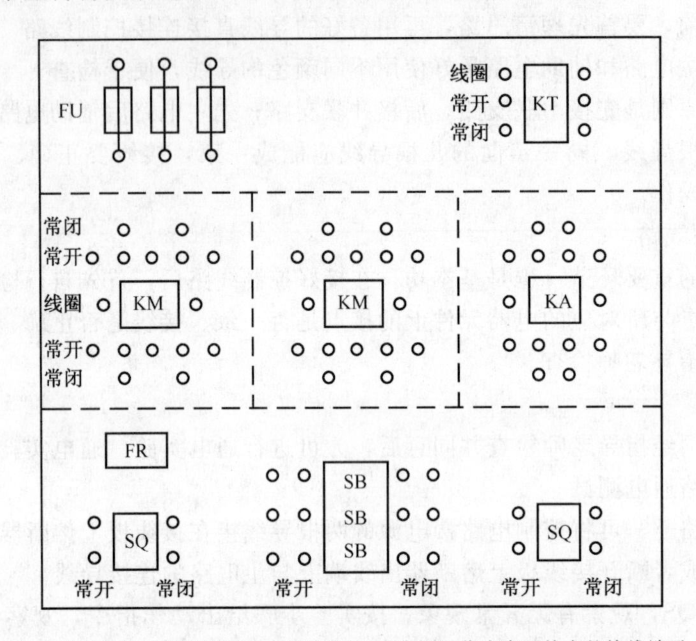

图中："○"表示接线端子引出的接线柱；"常开"代表常开接点的接线端子，"常闭"表示常闭接点的接线端子；"线圈"则代表线圈的接线端子。

附图 9-4 实验接线板电器及其接线端子布置图

四、实验内容与步骤

（一）点动控制

1. 检查各电器是否符合实验要求，熟悉其使用方法。

2. 按附图 9-1 接线，应先接主电路，后接辅助电路。按钮应采用绿色或黑色的按钮。

3. 本组同学自行检查无误后，经指导老师认可后，方可进行通电实验。

4. 先测试辅助电路

（1）断开电动机与主电路的连接。

（2）合上电源开关 QS，按下按钮 SB，观察接触器 KM 是否可靠吸合。如果不能吸合，则立即松开按钮，断开电源开关，报告实验指导老师；如果可靠吸合，则松开按钮，断开电源开关，进行下一步操作。

5. 接入电动机，合上电源开关，按下按钮时观察电动机是否运转，松开按钮后观察电动机是否继续停止转动，并注意体会按下/松开按钮与电动机运转/停止的关系。

6. 松开按钮 SB，拉开 QS，切断电源。

（二）连续控制（自锁控制）

1. 按附图 9-2 连接线路，经指导老师检查无误后，进行以下步骤。

2. 合上电源开关 QS。

3. 按下启动按钮 SB2，观察电动机是否运转；松开启动按钮，观察电动机是否继续运转。

4. 按下停止按钮 SB1，观察电动机是否继续运转。

5. 断开电源开关 QS，在与 SB2 并联的辅助触头（自锁接点）上插入小纸片后，再按下或松开启动按钮 SB2，观察电动机的工作情况。

6. 松开 SB1，切断电源。

五、注意事项

1. 按下按钮时要干脆利索、一按到底，勿用力过猛。
2. 操作次数不宜过多、过频繁。

六、思 考 题

1. 比较点动控制线路和自锁控制线路，从结构和功能上看二者的主要区别在哪里？
2. 解释你在自锁控制实验的第 5 步所看到的现象。

实验十　三相异步电动机正反转控制线路

一、目的与要求

1. 掌握三相异步电动机正反转控制的原理与方法。
2. 掌握低压控制电器的使用及简单控制线路的接线方法。
3. 掌握实现联锁的方法。
4. 通过对正反转控制线路的实际安装接线，初步掌握根据电气控制原理图进行安装接线的技能。
5. 掌握单一联锁和双重联锁的不同接法，并熟悉在操作过程中有哪些不同。

二、原理回顾

由电机工作原理可知，只要将鼠笼式异步电动机定子的三相电源线任意对调两根，即改变电源相序，便可改变旋转磁场的方向，从而改变电动机的转向，实现电动机的双向运转即正反转。

本实验用两个接触器改变定子电源相序实现电动机的正反转。用接触器主触头改变定子绕组三相交流电源的相序，通过接触器及按钮的常闭辅助触头进行正反转联锁控制，通过常开辅助触头实现对电动机的连续运行控制。

三、实验仪器与设备

小容量三相异步电动机（U_N=380 V）	1 台
实验接线板	1 块
连接导线	若干

四、注意事项

电动机正反转操作的变换不宜过快，次数不宜过多。

五、实验线路、内容与步骤

（一）接触器联锁的正反转控制线路

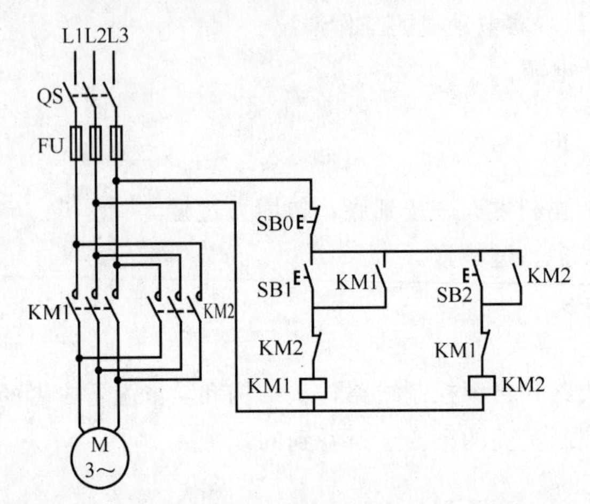

附图 10-1 接触器联锁的三相异步电动机正反转控制线路

1. 按附图 10-1 接线，动手接线前，希望同学们要有明确的思路，先接主电路，后接辅助电路。

2. 本组同学自行检查无误，请指导老师检查认可后，方可通电实验。

3. 在不接电动机的情况下，合上电源开关 QS，依次按下按钮 SB1、SB2、SB0，试验主、辅电路的动作是否正常。如果不正常，则立即断开电源开关，报告指导老师。如果电路动作正常，则按下停车按钮，断开电流开关，进行下一步操作。

4. 接入电动机，按下列步骤操作，注意观察，并填写附表 10-1。

（1）合上电源开关 QS。

（2）按下 SB1，松开。

（3）按下 SB2，松开。

（4）按下 SB0，松开。

（5）按下 SB2，松开。

（6）按下 SB1，松开。

（7）按下 SB0，松开。

（8）断开 QS，切断电路。

附表 10-1 接触器联锁的正反转控制线路

步骤	电机转向	KM1 联锁触头	KM1 自锁触头	KM2 联锁触头	KM2 自锁触头
（1）					
（2）					
（3）					
（4）					
（5）					
（6）					
（7）					
（8）					

（二）接触器、按钮双重联锁的正反转控制线路

1. 按附图 10-2 接线，先接主电路，后接辅助电路。

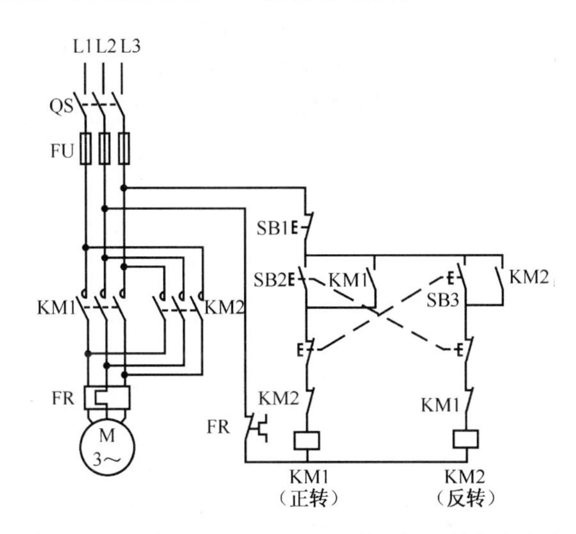

附图 10-2 接触器、按钮双重联锁的正反转控制线路

2. 本组同学自行检查无误，请指导老师检查认可后，方可通电实验。

3. 在不接电动机的情况下，试验主电路和辅助电路。

4. 接入电动机，按下列步骤操作，注意观察，并填写附表 10-2。

附表 10-2 接触器、按钮联锁的正反转控制线路

触头状态 步骤	电机转向	KM1 联锁接点	KM1 自锁接点	KM2 联锁接点	KM2 自锁接点	SB1 联锁接点	SB1 自锁接点	SB2 联锁接点	SB2 自锁接点
（1）									
（2）									
（3）									
（4）									
（5）									
（6）									
（7）									
（8）									
（9）									
（10）									

（1）合上电源开关 QS。

（2）按下 SB2，松开。

（3）将 SB3 下一半（即不要按到底）。

（4）将 SB3 按到底，松开。

(5) 将 SB2 按下一半。

(6) 将 SB2 按到底，松开。

(7) 按下 SB1，让电动机停车。再同时按下 SB2 和 SB3，同时松开。

断开 QS，改接线路——用导线将接触器的联锁触头分别短接，合上 QS，继续下一步骤。

(8) 按下 SB2，松开。

(9) 按下 SB3，松开。

(10) 同时按下 SB2 和 SB3，松开。

最后，断开 QS，切断电路。

六、思 考 题

1. 结合实验分析接触器联锁、按钮联锁、复合联锁控制线路有何不同？
2. 如果 FU 有一相熔断，可能发生什么情况？

实验十一　位置控制及自动往返控制线路

一、目的与要求

1. 掌握自动化生产中运用较为广泛的行程原则控制方法。
2. 掌握限位保护的方法和意义。

二、原理回顾

在行程控制原则中，可利用撞块和行程开关的动作，将机械信号转化为电器信号，从而实现电动机正反转的自动循环。

本实验通过人为拨动行程开关模拟生产机械撞块（挡铁）的动作。

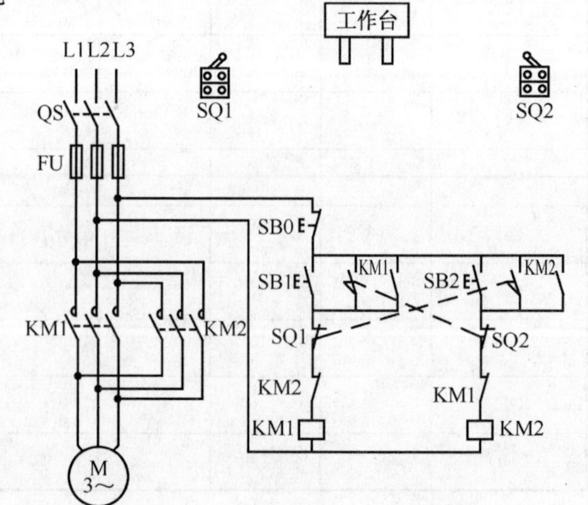

附图 11-1　自动往返控制线路

三、实验线路

实验线路如附图 11-1 所示。

四、实验仪器及设备

1. 小容量三相异步电动机（$U_N=380$ V）
2. 实验台
3. 接线板
4. 连接导线
5. 常用电工工具

五、实验内容及步骤

1. 检查各电器元件的质量情况，了解其使用方法。
2. 按附图 11-1 接线，先接主电路，后接控制电路。

3．本组同学自行检查无误后，请指导老师认可后，方可进行实验。

4．在不接电动机的情况下，合上电源开关 QS，依次按下按钮 SB1、SB2、SB0，依次拨动 SQ1、SQ2，试验主、辅助电路的动作是否正常。如果工作不正常，立即松开按钮，断开电源开关，报告实验指导老师；如果正常工作，则让各电器恢复正常状态后，断开电源开关，进行下一步操作。

5．接入电动机，按下列步骤操作，注意观察。

（1）按一下 SB1，松开，稍待片刻后，按停止按钮 SB0；

（2）按一下 SB2，松开，稍待片刻后，按停止按钮 SB0；

（3）模拟自动往返状态：

①先按一下 SB1，松开：

②片刻后拨动 SQ1，松开；

③片刻后，拨一下 SQ2，松开。

如此重复，观察电路动作状态。

六、思 考 题

1．在实际运行中，如果需要用两个位置开关 SQ3、SQ4 进行限位保护，它们应该怎样连入电路？

2．按下 SB2 时若电动机不转，分析可能有哪些原因？

实验十二　三相异步电动机 Y—△降压启动控制线路

一、目的与要求

1．通过对三相异步电动机 Y—△降压启动控制线路的实际安装接线，掌握由电气原理图变换成安装接线图的知识。

2．通过实验进一步理解降压启动的原理。

二、原理回顾

电动机启动时，首先将定子绕组接成星形接法，待转速上升到一定程度时，再将定子绕组的接线由星形改成三角形，电动机就进入全电压正常运行状态，这就是 Y—△降压启动的方法。由于电动机星形启动时，定子每相绕组所加电压降低为额定电压的 $1/\sqrt{3}$ 倍（即由 380 V 降为 220 V），使 $I_{Y线}=I_{△线}/3$，这说明接成星形启动时的线电流仅为三角形启动时的 1/3，这正是降压启动要达到的目的。

只有正常运转时定子绕组接成三角形的三相鼠笼异步电动机，才可以采用 Y—△降压启动方法，以达到限制启动电流的目的。

附图 12-2 所示 Y—△降压启动控制线路的工作原理分析：先合上电源开关 QS。

（1）电动机 Y 接法启动

按下 SB2
- →KM 线圈通电
  - →KM 自锁触点闭合。
  - →KM 主触点闭合 ┐
- →KMY 线圈通电
  - →KM_Y 主触点闭合 ┘→电动机 Y 接启动。
  - →KM_Y 常闭辅助触点断开→$KM_{△}$ 无法通电。

(2) 电动机△接法运行：当电动机转速升高到一定值时，

按下 SB3→KM_Y 线圈断电 { →KM_Y 主触点断开→电动机暂时失电，惯性旋转。
→ KM_Y 常闭触点恢复闭合

→ $KM_\triangle$ 线圈通电 { →$KM_\triangle$ 主触点闭合→电动机△接法运行。
→$KM_\triangle$ 自锁触点闭合自保。
→KM_Y 不能通电→$KM_\triangle$ 常闭辅助触点断开。

(3) 停车时按下 SB1 即可。

三、实验仪器及设备

1. 小容量三相异步电动机（U_N＝380 V）
2. 实验台
3. 接线板
4. 电流表（10 A）及插接头
5. 连接导线
6. 电压表

四、实验线路

1. Y 接法电动机实验线路直接采用附图 12-1～附图 12-3。

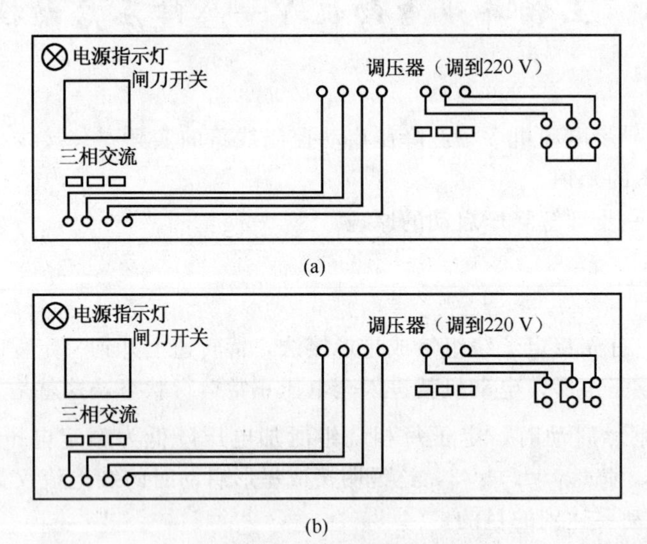

附图 12-1 起动电流
(a) 测量定子绕组星形连接时的起动电流；
(b) 测量定子绕组三角形连接时的起动电流

2. △接法电动机的实验线路也是附图 12-1～附图 12-3，但不需要调压器。

五、实验内容与步骤

1. 按附图 12-1 (a) 接线，将插接头与电流表连接好，插入实验台上的插孔，将调压器的输出电压调到 220 V。合上三相电源闸刀开关，注意观察电动机直接启动时电流表的最大读数为 $I_{Y启动}$ ＝________ (A) 此数值即为星形直接启动的启动电流。拉下电源开关 QS，调压器置零。

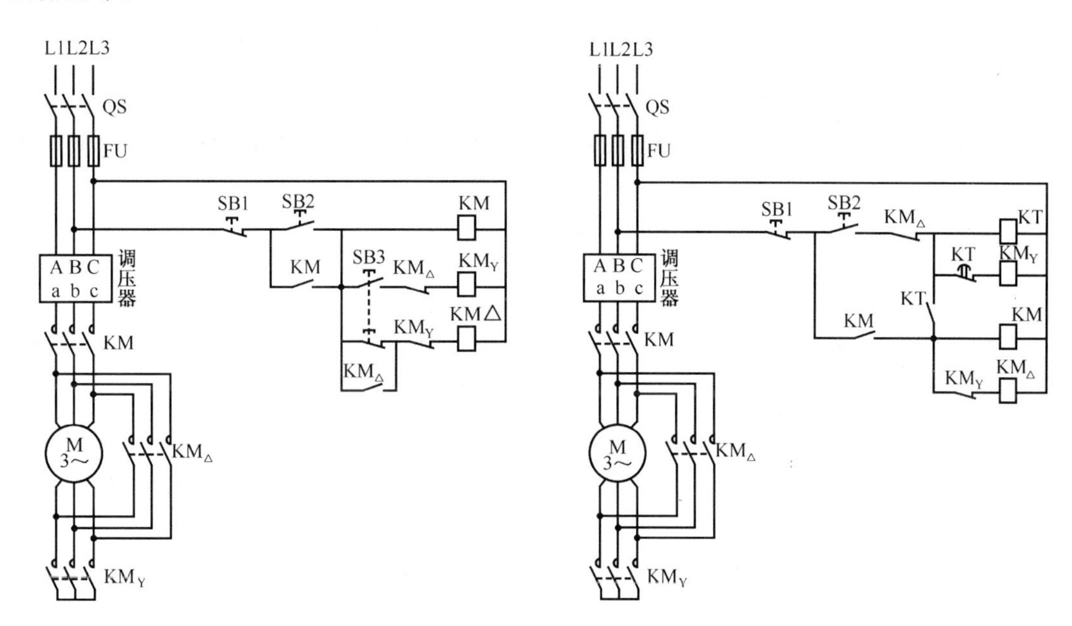

附图 12-2　接触器控制的 Y—△降压启动控制线路　　附图 12-3　时间继电器控制的 Y—△降压启动控制线路

2．按附图 12-1（b）接线，将插接头与电流表连接好，插入实验台上的插孔，将调压器的输出电压调到 220 V。合上三相电源闸刀开关，注意观察电动机直接启动时电流表的最大读数为 $I_{\triangle启动}=$________（A）此数值即为三角形降压启动的启动电流。拉下电源开关 QS，调压器置零。

3．比较 $I_{Y启动}/I_{\triangle启动}=$________，结果说明什么问题？

4．按附图 12-2 所示的接触器控制的 Y—△降压启动控制线路进行接线，插入电流表，将调压器的输出电压调到 220 V。经老师检查后方可通电实验。

（1）合上电源开关，按下启动按钮 SB2，电动机 Y 连接降压启动，注意观察电流表读数。

（2）过一会儿，再按下 SB3（要按到底），电动机进入△连接的运行状态，注意观察电流表读数。

（3）按下停车按钮 SB1，拉下电源开关 QS，调压器置零。

5．按附图 12-3 所示的自动控制 Y—△降压启动控制线路进行接线，插入电流表，调压器置于 220 V。经老师检查后方可通电实验。

（1）合上电源开关，按下启动按钮 SB2，即可实现全部降压启动过程直到正常运行。注意观察电流表读数的变化。

（2）调节时间继电器的延时螺钉，以调整启动的整定时间。

（3）按下停车按钮 SB1。拉下电源开关 QS，调压器置零。

六、思 考 题

1．采用 Y—△降压启动的方法时，对电动机有何要求？

2．降压启动的最终目的是控制什么物理量？

3．接触器控制的 Y—△降压启动控制线路与自动控制线路比较，有哪些优点？

实验十三　三相异步电动机反接制动控制线路

一、目的与要求

1. 通过对三相异步电动机反接制动控制线路的实际安装接线，掌握由电气原理图变换为安装接线图的能力。

2. 通过实验进一步理解反接制动的原理。

二、原理回顾

反接制动是利用改变电动机定子绕组的电源相序（即三相电源的任意两相反接时），产生与原旋转方向相反的制动力矩，从而迫使电动机迅速停止转动。

三、实验线路

实验线路如附图 13-1 所示。

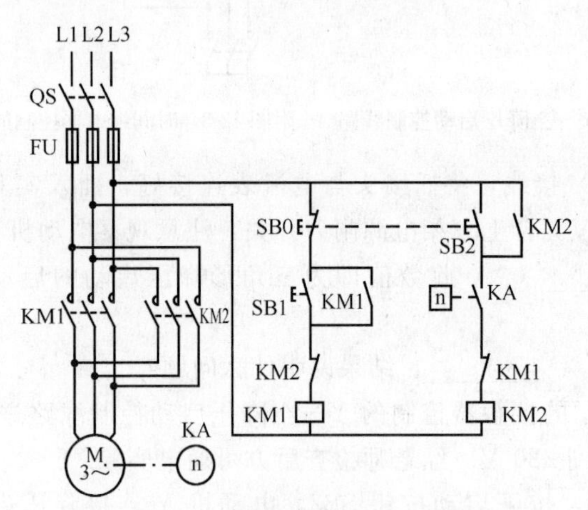

附图 13-1　电动机单向反接制动控制线路

四、实验器材

安装好速度继电器的小容量三相异步电动机（$U_N=380$ V）；实验台；接线板；电流表及插接头；连接导线；常用电工工具。

五、实验步骤

1. 自行选择以前做过的一个实验接好线，经指导老师检查后方可通电实验：合上电源开关，按下启动按钮，让电动机进入正常运行状态后，按下停车按钮，让电动机自行停车，记录自断电至电动机完全停转的时间（本实验中的时间没有经过精确测量，由实验者估计。目的是从感性认识上比较电动机在有无制动措施的情况下行车时间的相对长短）。

2. 按附图 13-1 接线，完成单向运行反接制动自控线路的安装接线，经指导教师检查后方可通电实验。

（1）合上电源开关 QS。

（2）按动启动按钮 SB1，使电动机启动并进入稳定运行状态。

（3）将停止按钮 SB2 按到底，实行自动控制的反接制动，记录制动时间。

比较第1步与第（3）步的停车时间。

也可这样做：

（4）合上电源开关QS。

（5）按动启动按钮SB1，使电动机启动并进入稳定运行状态。

（6）将停止按钮SB2按下一半，让电动机自由停车，记录按下按钮到电动机完全停转的时间。

（7）等电动机停稳后，按下启动按钮，待电动机稳定运行后再将停车按钮SB2按到底，记录制动时间。

比较第（6）步与第（7）步的停车时间。

六、讨论题

断开电源开关，把附图13-1中SB2的常闭接点两端并联的KM2自锁接点的连接线拆除，重复第（4）步至第（7），观察所发生的现象，并解释原因。

实验十四　顺序控制线路

一、目的与要求

1. 通过对三相异步电动机顺序控制线路的实际安装接线，掌握由电气原理图变换为安装接线图的能力。

2. 通过实验进一步加深对顺序启动和顺序停止控制原理的理解。

二、原理回顾

顺序控制是通过控制电路使两台以上电动机按一定顺序启动和停车。

把控制电动机先启动的接触器的常开接点，串联在控制后启动电动机的接触器的线圈支路中，即可实现顺序启动。用两个（或多个）停止按钮控制电动机的停止顺序，或将控制电动机先停的接触器的常开接点与控制后停电动机的停止按钮并联即可实现顺序停车。

三、实验线路及动作原理

实验线路图如附图14-1所示。

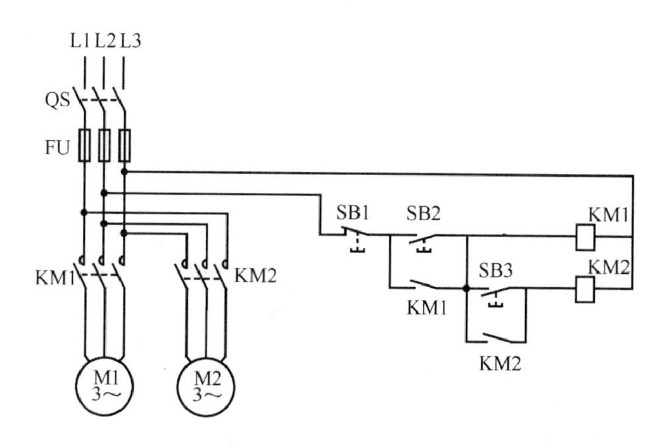

附图14-1　两台异步电动机顺序启动的控制线路

四、实验器材

小容量三相异步电动机（U_N＝380 V；2 台）；实验台；接线板；连接导线；常用电工工具。

五、实验内容及步骤

按附图 14-1 接线，经指导老师检查许可后方可进行通电实验。具体步骤由同学们自行设计。

六、讨 论 题

完成附图 14-1 所示控制线路接线后，各实验小组再自行设计一至二个顺序控制线路进行接线和实验（接线仍须经过老师检查认可），针对出现后可能出现的问题展开讨论，并将自行设计的线路和讨论内容写入实验报告。

实验十五　两地控制线路

一、目的与要求

1. 通过对多地控制线路的实际安装接线，掌握由电气原理图变换为安装接线图的能力。
2. 通过实验进一步加深对多地控制原理的理解。

二、原理回顾

多地控制是指在两个或两个以上地点控制电动机，便于生产和操作。以两地控制为例说明如下：为达到从两个地点控制同一台电机的目的，必须在另一启动地点再装一组主令电器（如启动、停止按钮），这两组起、停按钮的连接原则是：启动按钮要相互串联，停止按钮要相互并联。

三、实验设备

小容量三相异步电动机（U_N＝380 V，1 台）；启动、停止按钮（各 2 个）；实验台；接线板；连接导线。

四、实验线路

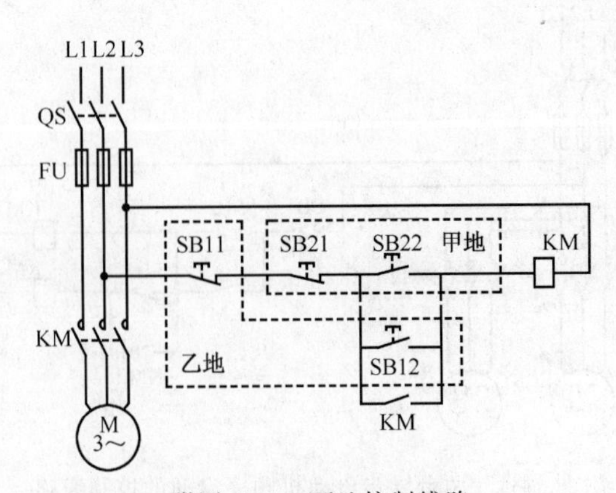

附图 15-1　两地控制线路

五、实验内容及步骤

按附图 15-1 接线，经指导老师检查许可后方可进行通电实验。具体步骤由同学们自行设计。

六、讨 论 题

完成附图 15-1 所示控制线路接线后，各实验小组再自行设计一至二个顺序控制线路进行接线和实验（接线仍须经过老师检查认可），针对出现后可能出现的问题展开讨论，并将自行设计的线路和讨论内容写入实验报告。

参 考 文 献

[1] 叶水音．电机学．北京：中国电力出版社，1993.
[2] 徐虎．电机及拖动基础．北京：机械工业出版社，2002.
[3] 周立，张龙．电机与拖动基础．北京：中国铁道出版社，2006.
[4] 杨天明，陈杰．电机与拖动．北京：北京大学出版社，2006.
[5] 陈景谦．电工技术．北京：机械工业出版社，2001.
[6] 劳动部培训司组织编写．电力拖动与自动控制．北京：劳动人事出版社，1988.
[7] 杨玉菲．电气控制技术．北京：中国铁道出版社，2006.
[8] 赵承荻．电机与电气控制技术．北京：高等教育出版社，2002.
[9] 李振安．工厂电气控制技术．重庆：重庆大学出版社，1995.
[10] 张永飞．可编程控制器应用技术．北京：中国电力出版社，2004.
[11] 常斗南．可编程序控制器．北京：机械工业出版社，2004.
[12] 朱献清．电气技术训图．北京：机械工业出版社，2007.
[13] 孙政顺，曹京生．PLC 技术．北京：高等教育出版社，2005.
[14] 程周．实用电气线路．北京：高等教育出版社，2005.
[15] 郑凤翼，郑丹丹．图解机械设备电气控制线路．北京：人民邮电出版社，2006.
[16] 徐兰文，安英奇．安装电工实用技术．北京：高等教育出版社，2005.
[17] 张松林．电机及拖动基础．北京：机械工业出版社，1992.
[18] 杨其富．现场电工必读．北京：中国电力出版社，2005.

责任编辑：阚济存　武亚雯
封面设计：陈东山

DIANJI YU DIANQI KONGZHI JISHU

铁路职业教育铁道部规划教材

地址：北京市西城区右安门西街8号
邮编：100054
网址：http://www.tdpress.com

高职高专“十三五”规划教材
高等职业教育 **计算机类新型一体化** 规划教材

（慕课版）MOOC

PHP程序设计基础教程

◎ 林世鑫 主编

★ 本书各章节均**提供案例**，且**配有图解**，提供**免费教学资源**，包括**慕课学习**平台、精美PPT。

★ 书中**二维码**，扫描可观看**教学视频**、获取**案例源程序**。

★ 添加**微信号：15911107573**，获取本书海量教学资源。

扫描二维码获取
本书所有案例完整源代码
及习题答案